技術大全シリーズ

プラスチック材料大全

本間精一 著

日刊工業新聞社

はじめに

　本書はプラスチックに携わるいろいろな立場の読者にとって参考になるように、プラスチック材料に関する事柄を多角的に記述した。プラスチック材料に関する書籍はすでに多く出版されているので、類書とは異なる特徴をもたせる必要があるため、本書は次の点を配慮した。
　① 材料側からの目線と使用側からの目線を章を分けて解説する。これによって広い視点でプラスチックの本質を理解できるようにする。
　② プラスチックの基礎特性から応用物性まで含めて解説し、基礎特性と応用物性との因果関係を理解できるようにする。
　この観点から本書は以下の内容を解説している。
　(1) ポリマーにはシリコーン樹脂のようにシリコンを分子骨格にもつ無機系ポリマーもあるが、一般的には炭素結合からなる有機系ポリマーが主体である。有機系ポリマーの主な構成元素は炭素、酸素、水素であるが、これらの元素の結合の仕方によって非常に多くのポリマーが生み出されるところに高分子化学の奥深さがある。本書では有機化学に深入りしない範囲で化学式を用いた説明を加えながらプラスチック材料の基礎から応用までを解説する。
　(2) 現在市販または市場開発が進みつつあるプラスチックには多くの種類がある。本書では可能な限り多くのプラスチックを取り上げて性質、特徴、用途を解説する。また、それぞれのプラスチックでは製品要求に対応するために多くの改質品種が開発されており、対象製品に応じてこれらの改質品種をうまく使いこなすことが必要である。本書では改質技術と改質品種の応用についても解説する。
　(3) 材料物性は JIS（ISO 整合）に基づいた試験法で測定された値である。これらの試験法はあくまでも規格に基づいた試験であり、製品設計データとして直接に利用できるわけではない。本書では試験法の特徴を説明した上で、製品設計に応用するときの材料試験データの見方や留意点について解説する。
　(4) プラスチック材料は成形加工を経て製品になる。高品質なプラスチック製品を作るには、材料選定を適切に行い、成形工程における品質低下を防止することが大切である。本書では、材料選定の考え方、成形においてしば

しば遭遇する品質低下要因と対策について述べる。併せて、使用段階における品質低下要因と防止策についても触れる。また、プラスチック製品の品質評価では、目標品質に応じて適切な評価手法を用いなければならない。本書では、一般的に用いられている品質評価法について解説する。

プラスチックの大家が講演の中で「プラスチックのことでわからなかったら、プラスチックに聞いてみよ」と話された言葉が印象に残っている。著者もプラスチックの仕事に関係してから約50年が経過し、この間に得られた体験や知見から、この言葉の意味を理解できるようになった。意図するところは、細かいデータにとらわれることなくプラスチックの本質を見抜く目を養うことが大切であるという意味と解釈している。「プラスチックに聞いてみる」ときの拠り所になるように本書を執筆した。

本書は know how としての内容ではなく、プラスチックの本質を理解しやすいように know why に重点を置いて記述している。本書が応用力のある材料技術を習得する一助になれば幸いである。

最後に、本書を執筆するに当たり適切な助言をいただいた書籍編集部の森山郁也氏に深く感謝申し上げる。

2015年12月　　　本間　精一

目　次

はじめに……………………………………………………………………… 1

第1章　プラスチックの基礎

1.1　プラスチックとは……………………………………………………… 10
　1.1.1　ポリマーの概念…………………………………………………… 10
　1.1.2　熱可塑性プラスチックと熱硬化性プラスチック……………… 11
　1.1.3　成形材料ができるまで…………………………………………… 13

1.2　熱可塑性プラスチック………………………………………………… 16
　1.2.1　製造法……………………………………………………………… 16
　1.2.2　基礎特性…………………………………………………………… 24
　1.2.3　成形加工法………………………………………………………… 48
　1.2.4　二次加工法………………………………………………………… 52

1.3　熱硬化性プラスチック………………………………………………… 55
　1.3.1　硬化反応…………………………………………………………… 55
　1.3.2　製造法……………………………………………………………… 58
　1.3.3　成形加工法………………………………………………………… 58

第2章　プラスチックの種類と特徴

2.1　汎用プラスチック……………………………………………………… 66
　2.1.1　ポリオレフィン…………………………………………………… 66
　2.1.2　ポリ塩化ビニル（PVC）………………………………………… 70
　2.1.3　スチレン系樹脂…………………………………………………… 71
　2.1.4　ABS樹脂…………………………………………………………… 73
　2.1.5　メタクリル樹脂（PMMA）……………………………………… 74
　2.1.6　その他の汎用プラスチック……………………………………… 75

2.2　汎用エンジニアリングプラスチック………………………………… 77
　2.2.1　ポリアミド（PA）………………………………………………… 77
　2.2.2　ポリアセタール（POM）………………………………………… 80
　2.2.3　ポリカーボネート（PC）………………………………………… 82
　2.2.4　変性ポリフェニレンエーテル（mPPE）……………………… 83
　2.2.5　飽和ポリエステル………………………………………………… 86

2.3　スーパーエンジニアリングプラスチック…………………………… 89
　2.3.1　ポリフェニレンスルフィド（PPS）…………………………… 89

2.3.2　液晶ポリマー（LCP） ·· 91
　2.3.3　ポリアリレート（PAR） ·· 94
　2.3.4　ポリスルホン（PSU） ·· 95
　2.3.5　ポリエーテルスルホン（PES） ·· 97
　2.3.6　ポリエーテルエーテルケトン（PEEK） ·································· 98
　2.3.7　ポリエーテルイミド（PEI） ·· 99
　2.3.8　ポリアミドイミド（PAI） ·· 100
　2.3.9　ポリイミド（PI） ·· 102
　2.3.10　フッ素樹脂 ·· 103
2.4　その他の高機能プラスチック ·· 106
　2.4.1　環状ポリオレフィン ·· 106
　2.4.2　フルオレン系ポリエステル ·· 107
　2.4.3　シンジオタクチックポリスチレン（SPS） ································ 108
2.5　環境対応プラスチック ·· 109
2.6　熱可塑性エラストマー ·· 112
2.7　熱硬化性プラスチック ·· 114
　2.7.1　フェノール樹脂（PF） ·· 114
　2.7.2　ユリア樹脂（UF） ·· 115
　2.7.3　メラミン樹脂（MF） ·· 116
　2.7.4　エポキシ樹脂（EP） ·· 117
　2.7.5　ジアリルフタレート樹脂（PDAP） ······································ 117
　2.7.6　不飽和ポリエステル（UP） ·· 117
　2.7.7　ポリウレタン（PUR） ·· 118
　2.7.8　シリコーン樹脂（SI） ·· 118

第3章　プラスチックの応用物性

3.1　物理特性 ·· 122
　3.1.1　比重、密度 ·· 122
　3.1.2　比容積 ·· 124
　3.1.3　吸水率 ·· 127
　3.1.4　熱的性質 ·· 129

3.2　強度特性 ·· 136
　3.2.1　応力と破壊様式 ·· 136
　3.2.2　静的強度 ·· 137
　3.2.3　衝撃強度 ·· 149
　3.2.4　クリープ変形およびクリープ破壊 ······································ 156

3.2.5　疲労強度 ………………………………………………………… 161

3.3　耐熱性 ………………………………………………………………… 165
　　3.3.1　耐熱性に影響する要因 …………………………………………… 165
　　3.3.2　材料比較のための耐熱温度 ……………………………………… 166
　　3.3.3　強度の温度特性 …………………………………………………… 170
　　3.3.4　脆化温度 …………………………………………………………… 173
　　3.3.5　高温における熱劣化 ……………………………………………… 174

3.4　硬さ ……………………………………………………………………… 177
　　3.4.1　押し込み硬さ ……………………………………………………… 177
　　3.4.2　引っ掻き硬さ ……………………………………………………… 180

3.5　耐摩擦摩耗性 …………………………………………………………… 183
　　3.5.1　摩擦と摩耗 ………………………………………………………… 183
　　3.5.2　静摩擦係数 ………………………………………………………… 184
　　3.5.3　動摩擦係数 ………………………………………………………… 185
　　3.5.4　限界 PV 値 ………………………………………………………… 186
　　3.5.5　耐摩擦摩耗性に関する注意点 …………………………………… 187

3.6　寸法安定性 ……………………………………………………………… 187

3.7　光学的性質 ……………………………………………………………… 190
　　3.7.1　光学的特性 ………………………………………………………… 190
　　3.7.2　光線透過率 ………………………………………………………… 191

3.8　耐紫外線性、耐候性 …………………………………………………… 193
　　3.8.1　紫外線による劣化原理 …………………………………………… 193
　　3.8.2　紫外線劣化と物性変化 …………………………………………… 194
　　3.8.3　耐候劣化の寿命評価 ……………………………………………… 196

3.9　耐燃性 …………………………………………………………………… 198
　　3.9.1　燃焼特性 …………………………………………………………… 198
　　3.9.2　燃焼試験法と評価 ………………………………………………… 199

3.10　ガス透過性 …………………………………………………………… 202
　　3.10.1　ガス透過性に影響する材料要因 ………………………………… 202
　　3.10.2　ガス透過性試験法 ………………………………………………… 203
　　3.10.3　ガス透過特性 ……………………………………………………… 204

3.11　耐薬品性 ……………………………………………………………… 206

3.11.1　薬品に対する基礎挙動 ……………………………… 206
　　3.11.2　耐薬品性試験法 ……………………………………… 207
　　3.11.3　耐薬品性を考慮した材料選定 ……………………… 209

3.12　電気的性質 ………………………………………………… 210
　　3.12.1　電気特性 ……………………………………………… 210
　　3.12.2　電気的性質の測定法 ………………………………… 211
　　3.12.3　各種プラスチックの電気特性 ……………………… 214

3.13　成形性 ……………………………………………………… 216
　　3.13.1　流動特性 ……………………………………………… 216
　　3.13.2　成形収縮率 …………………………………………… 220

第4章　プラスチックの改質

4.1　添加剤による改質 ………………………………………… 226
　　4.1.1　成形加工性の改良 …………………………………… 226
　　4.1.2　性能の改良 …………………………………………… 228
　　4.1.3　機能性の賦与 ………………………………………… 228
　　4.1.4　耐久性の向上 ………………………………………… 230

4.2　充填材による強化 ………………………………………… 231

4.3　ポリマーアロイ …………………………………………… 239
　　4.3.1　ポリマーアロイの材料設計 ………………………… 239
　　4.3.2　性能の改良 …………………………………………… 243

4.4　フィラーナノコンポジット ……………………………… 247
　　4.4.1　改良原理 ……………………………………………… 247
　　4.4.2　製造法 ………………………………………………… 248
　　4.4.3　改良効果 ……………………………………………… 248

第5章　材料選定と品質低下対策

5.1　材料選定 …………………………………………………… 254
　　5.1.1　材料選定の手順 ……………………………………… 254
　　5.1.2　材料物性を見るときの注意点 ……………………… 258

5.2　射出成形における品質低下の要因と対策 ……………… 261
　　5.2.1　熱分解 ………………………………………………… 261
　　5.2.2　水分による加水分解 ………………………………… 264
　　5.2.3　結晶化度 ……………………………………………… 265
　　5.2.4　ウェルドライン ……………………………………… 268

5.2.5　残留ひずみ………………………………………………………… 272
　　5.2.6　応力集中…………………………………………………………… 277
　　5.2.7　再生材使用による強度低下……………………………………… 279

5.3　応力亀裂と対策……………………………………………………………… 282
　　5.3.1　クレーズとクラック……………………………………………… 282
　　5.3.2　ストレスクラック………………………………………………… 283
　　5.3.3　ケミカルクラック………………………………………………… 286

第6章　プラスチック製品の品質評価

6.1　熱分解、劣化に関する評価………………………………………………… 292
　　6.1.1　熱分解温度の測定法……………………………………………… 292
　　6.1.2　分子量の測定法…………………………………………………… 293
　　6.1.3　分子量に代わる測定法…………………………………………… 297
　　6.1.4　色相変化の測定法………………………………………………… 298

6.2　材質判別法…………………………………………………………………… 299

6.3　強度低下、破壊に関する評価……………………………………………… 301
　　6.3.1　異物の分析法……………………………………………………… 301
　　6.3.2　結晶化度の測定法………………………………………………… 303
　　6.3.3　残留ひずみの測定法……………………………………………… 303
　　6.3.4　気泡、クラックの観察法………………………………………… 309
　　6.3.5　破面解析法………………………………………………………… 311
　　6.3.6　成形品の強度測定法……………………………………………… 313

6.4　充填材強化成形品に関する評価…………………………………………… 315

6.5　非相溶ポリマーアロイ成形品の評価……………………………………… 317

索　引……………………………………………………………………………… 321

プラスチックの基礎

　プラスチックには熱可塑性プラスチックと熱硬化性プラスチックがある。両プラスチックの主要な構成成分はポリマー（高分子）であるが、分子構造には大きな違いがある。本章では、プラスチックの基礎知識を深めるためポリマーの概念、両プラスチックの構造的な相違点、成形材料のできるまでの工程、製造法、成形加工法などについて解説する。

1.1 プラスチックとは

▶ 1.1.1　ポリマーの概念

　「ポリマー（高分子）」の基本的な定義は IPUPAC（国際純正応用化学連合）の高分子命名員会によって提案されており、本質的には構成単位（モノマーユニット）が合成反応によって繰り返し結合した重合体（ポリマー）とされている[1]。この繰り返し結合の数を重合度といい、分子量はモノマーユニットの分子量と重合度の積である。一般的に分子量 10,000 以上（重合度 100 以上）のものを「ポリマー」、10,000 以下（重合度 2～100）のものを「オリゴマー（低重合体）」と称している。

　例えば、ポリエチレンの化学式は次の通りである。

$$[-CH_2-CH_2-]_n$$

　ここで、モノマーユニット（原子量 C：12、H：1）の分子量 m は 28 であるから、重合度 n が 10,000 の場合には分子量（$m \times n$）は 280,000 となる。ただし、ポリマーには分子量分布があるので、実際には平均分子量として表現する。また、単純な線状ポリマーではなく分岐構造、網状構造などもあるので複雑である。

　ポリマーには天然ポリマー、半合成ポリマー、合成ポリマーがある。天然ポリマーには、自然界に存在するセルロース、デンプン、タンパク質、天然ゴムなどがある。半合成ポリマーは天然ポリマーを化学変性したもので、ニトロセルロース、アセチルセルロースなどがある。合成ポリマーは、主として石油原料から化学合成されたモノマーを重合してポリマーに合成したものである。合成ポリマーにはポリエチレン、ポリプロピレン、ポリアミド、ポリエチレンテレフタレートなどを始め、その他の多くのポリマーがある。現在ではポリマーというと合成ポリマーを意味することが多い。また、ポリマーを原料にした材料または製品には、プラスチック、繊維、ゴム、塗料などがある。

▶ 1.1.2　熱可塑性プラスチックと熱硬化性プラスチック

　JIS 用語の定義では、プラスチックは「必須の構成成分として高重合体（ポリマー）を含み、かつ完成製品へのある段階で流れによって形を与え得る材料」となっている。分かりやすく表現すれば、ポリマーを必須構成成分とした成形可能な材料である。また、プラスチックのことを「樹脂」と表現することもある。樹脂の語源は樹木から分泌され滲みだして固まった樹脂状物質のことであるが、その後、プラスチックのことを「合成樹脂」または略して「樹脂」と表現するようになった。

　プラスチックは熱可塑性プラスチックと熱硬化性プラスチックに大別される。

（1）熱可塑性プラスチック

　「可塑性」とは、力を加えると変形し、力を除いても元に復元しない性質をいう。加熱すると可塑性を示すものを「熱可塑性」という。熱可塑性プラスチックは、加熱すると可塑性を示して賦形でき、冷やすと固体（成形品）になるものである。再度加熱すると可塑性になり成形できる。熱可塑性プラスチックは熱可塑性ポリマーを主原料にして、必要に応じて添加剤、充填材、着色剤を加えたものである。プラスチックの性質は、主原料である熱可塑性ポリマーの性質を反映する。

　熱可塑性ポリマーの概念図を**図 1.1** に示す。熱可塑性ポリマーは長い鎖状の巨大分子の集合体である。個々のポリマーは共有結合（一次結合）で結合している。一方、ポリマー分子間はファンデルワールス結合や水素結合（二次結合）で結合し、かつ分子間に絡み合いも存在する。それぞれの結合エネ

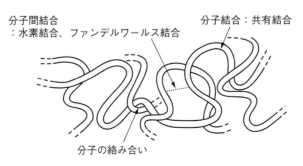

図 1.1　熱可塑性ポリマーの概念図

表 1.1 分子結合の種類と結合エネルギー[2]

分類	結合の種類	結合エネルギー(kcal/mol)	分子間力が働く分子間距離(nm)	該当するプラスチック
一次結合（分子結合）	共有結合	50〜200	0.1〜0.2	プラスチック全般
二次結合（分子間結合）	水素結合	2〜7	0.2〜0.4	ポリアミド
	ファンデルワールス結合	0.01〜1	0.3〜0.5	プラスチック全般

ルギーの大きさを**表1.1**に示す[2]。ポリマー分子の共有結合エネルギーは金属結合に匹敵する大きさである。一方、分子間のファンデルワールス結合や水素結合エネルギーは分子結合エネルギーの約1/100オーダーである。また、分子間には絡み合い点が多いほど分子間力は大きくなる。なお、水素結合はアミド基（−NHCO−）や水酸基（−OH）を有する一部のポリマーに限られており、多くのポリマーの分子間はファンデルワールス結合で結合している。

熱可塑性ポリマーを加熱すると分子の熱運動が活発になり、分子間隔が拡がるので、分子相互間の結合力が弱くなる。そのため、温度上昇に伴って強度や弾性率は低下し、やがて可塑性を示すようになる。同時に熱運動によって体積膨張を示す。逆に、冷却すると熱運動は次第に不活発になり、やがて固化する。この過程では体積減少を示す。

（2）熱硬化性プラスチック

熱硬化性プラスチックは、成形材料の段階では流動性を示して成形でき、加熱すると硬化するプラスチックである。いったん硬化すると加熱しても流動しないので再度成形することは困難である。

熱硬化性プラスチックの硬化後の分子構造の概念を**図1.2**に示す。熱可塑性ポリマーとは異なり橋かけ構造（架橋構造）になっている。分子間に橋が架かった構造であるので「網状ポリマー」とも呼ばれている。架橋構造になることで見かけ分子量は増大してポリマーとなる。架橋分子は強固な共有結合であるので、架橋構造になると分子の熱運動は制約される。そのため再度加熱しても可塑性を示さなくなる。もちろん、熱硬化性といってもすべての分子が架橋しているわけではないので、温度上昇に伴ってある程度は強度や

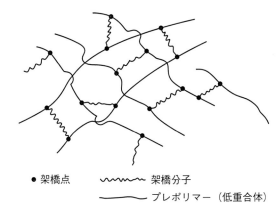

● 架橋点　〰〰〰 架橋分子
　　　　　――― プレポリマー（低重合体）

図1.2　熱硬化性プラスチックの概念図

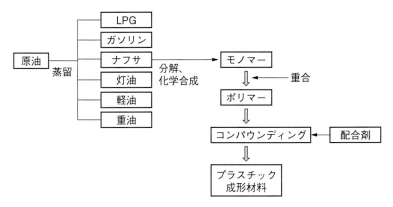

図1.3　成形材料ができるまでの工程（石油原料の例）

弾性率は低下する。

　また、架橋反応によって共有結合するため架橋収縮を起こす。熱硬化性プラスチックの強度特性は架橋密度に左右される。ここで「架橋密度」とは、全体の構造単位に対する架橋を起こした構造単位の数の割合である。

▶ 1.1.3　成形材料ができるまで
（1）熱可塑性プラスチック

　石油を原料とする熱可塑性プラスチックを例にして、成形材料ができるまでの工程を**図1.3**に示す。同図のように原油を常圧蒸留によって沸点別に分

離する。分離成分の1つであるナフサ（粗製ガソリン）を分解または化学合成してエチレン、プロピレン、ベンゼンなどの基礎化学原料を作る。ポリマーのスタート原料になるものを「モノマー」というが、これらの基礎原料を直接にモノマーとして、または基礎原料から誘導されたモノマーからポリマーを合成する。モノマーを反応させてポリマーを合成することを「重合」という。ポリマーに添加剤、充填材、着色剤などを練り込んで成形材料を製造する工程を「コンパウンディング」という。

熱可塑性プラスチックの種類と略語を**表1.2**に示す。同表では、結晶性と非晶性および汎用プラスチック、汎用エンジニアリングプラスチック、スーパーエンジニアリングプラスチックに分類している。

表1.2 非晶性プラスチックと結晶性プラスチックの種類

	非晶性プラスチック （ISO 略語）	結晶性プラスチック （ISO 略語）
汎用プラスチック （〜100℃）	ポリ塩化ビニル（PVC） ポリスチレン（PS） AS 樹脂（SAN） ABS 樹脂（ABS） メタクリル樹脂（PMMA）	ポリエチレン（PE） ポリプロピレン（PP）
汎用 エンジニアリング プラスチック （100℃〜150℃）	ポリカーボネート（PC） 変性ポリフェニレンエーテル（mPPE）	ポリアミド6（PA6） ポリアミド66（PA66） ポリアセタール（POM） ポリブチレンテレフタレート（PBT） ポリエチレンテレフタレート（PET）
スーパー エンジニアリング プラスチック （150℃〜350℃）	ポリアリレート（PAR） ポリスルホン（PSU） ポリエーテルスルホン（PES） ポリアミドイミド（PAI） ポリエーテルイミド（PEI）	ポリフェニレンスルフィド（PPS） ポリエーテルエーテルケトン（PEEK） 液晶ポリマー（LCP） ポリイミド（PI）* フッ素樹脂

＊結晶性プラスチックではあるが、結晶化速度が遅いため非晶性プラスチックに分類することもある

（2）熱硬化性プラスチック

　化学原料からプレポリマー（低重合体：オリゴマー）を合成する。プレポリマーを硬化剤で架橋すると熱硬化性プラスチックになる。ただ、ポリウレタンやシリコーン樹脂では原料化合物を直接反応させて作る場合もある。架橋させる前のプレポリマーを熱硬化性プラスチックと表現する場合や、架橋させたものを熱硬化性プラスチックと表現する場合もあり、やや曖昧な表現である。また、これらのプレポリマーは成形材料の原料として使用するばかりでなく、塗料や接着剤などにも多く使用されている。

　表1.3にプレポリマーから成形までの工程例を示す。まず、線状のプレポリマーを合成する。プレポリマーに硬化剤（架橋剤ともいう）を混ぜ、必要に応じて添加剤、着色剤、充填材などを加えて成形材料を作る。成形工程で加熱するとプレポリマーの分子間に硬化剤が反応して橋かけ構造（架橋構造）になる。

　表1.4に熱硬化性プラスチックの種類と略語を示す。

表1.3　熱硬化性プラスチックの成形までの工程と分子形態

工程	内容	分子の形態概念図
プレポリマー（低重合体）	低分子量の線状ポリマーを作る（固体状、液状）	（線状の図）
成形材料	プレポリマーに硬化剤（架橋剤）を混ぜ、必要に応じて着色剤、添加剤、充填材を混合する。	同上
成形	成形材料を加熱して架橋反応させて網状ポリマーにする	（網状の図、←架橋）

表1.4 熱硬化性プラスチックの化学名と略語

化学名	略語（ISO）
フェノール樹脂（Phenol-formaldehyde）	PF
エポキシ樹脂（Epoxide, Epoxy）	EP
ユリヤ樹脂（尿素樹脂）（Urea-formaldehyde）	UF
メラミン樹脂（Melamine-formaldehyde）	MF
ジアリルフタレート樹脂〔Poly（diallyl phthalate）〕	PDAP
不飽和ポリエステル（Unsaturated polyester）	UP
シリコーン樹脂（Silicone）	SI
ポリウレタン（Polyurethane）（熱硬化タイプ）	PUR

その他、熱硬化性ポリイミド（PI）もある

1.2 熱可塑性プラスチック

▶ 1.2.1 製造法
（1）ポリマー重合法の種類
　ポリマーの重合法は有機化学の専門的な内容になるので、ここでは概略を述べる。
　ポリマーの主な重合法には、付加重合、重縮合、開環重合などがある。**表1.5**に熱可塑性ポリマーのモノマー分子構造、重合法、ポリマー分子構造の例を示す。

・付加重合法
　付加重合法には、ラジカル重合、カチオン重合、アニオン重合などがある。
　図1.4にラジカル重合の概念図を示す。重合開始剤から発生したラジカルによって活性化されたモノマーの端に次々とモノマーを結合させてポリマーを作る方法である。このように連続的に重合反応が進行するので「連続重

第1章 プラスチックの基礎

表1.5 熱可塑性ポリマーのモノマー分子構造、重合法、ポリマー分子構造

プラスチック名	モノマー	重合法	ポリマー分子構造
ポリエチレン	エチレン $CH_2=CH_2$	付加重合	$-[CH_2-CH_2]_n-$
ポリプロピレン	プロピレン $CH_2=CH-CH_3$	付加重合	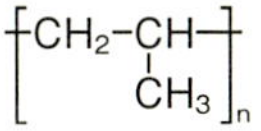 $-[CH_2-CH(CH_3)]_n-$
ポリスチレン	スチレン 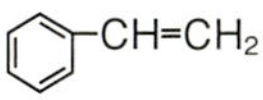 $C_6H_5-CH=CH_2$	付加重合	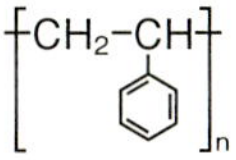 $-[CH_2-CH(C_6H_5)]_n-$
ポリ塩化ビニル	塩化ビニル $CH_2=CH-Cl$	付加重合	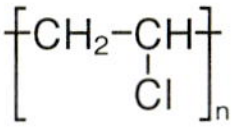 $-[CH_2-CH(Cl)]_n-$
メタクリル樹脂	メタクリル酸メチル $CH_2=C(CH_3)-COOCH_3$	付加重合	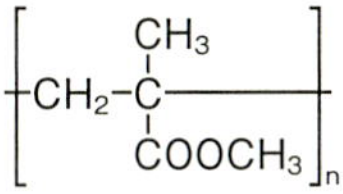 $-[CH_2-C(CH_3)(COOCH_3)]_n-$
ポリエチレンテレフタレート	エチレングリコール $HO-CH_2-CH_2-OH$ テレフタル酸 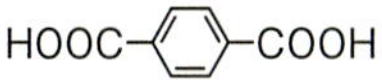 $HOOC-C_6H_4-COOH$	重縮合	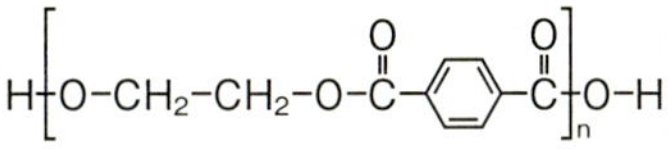 $H-[O-CH_2-CH_2-O-CO-C_6H_4-CO]_n-OH$
ポリアミド66	アジピン酸 $HOOC-(CH_2)_4-COOH$ ヘキサメチレンジアミン $H_2N-(CH_2)_6-NH_2$	重縮合	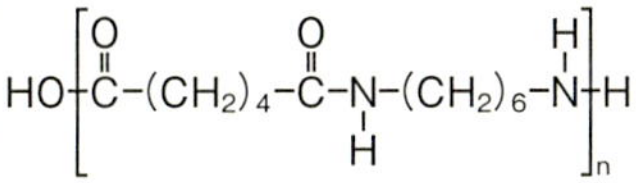 $HO-[CO-(CH_2)_4-CO-NH-(CH_2)_6-NH]_n-H$
ポリアミド6	εカプロラクタム 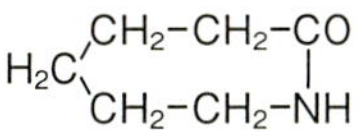 $H_2C\begin{smallmatrix}CH_2-CH_2-CO\\CH_2-CH_2-NH\end{smallmatrix}$	開環重合	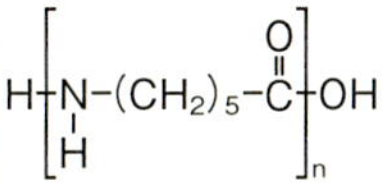 $H-[NH-(CH_2)_5-CO]_n-OH$

注：実際にはモノマーやポリマーの分子末端構造は異なる場合がある。

$$R\cdot + M \longrightarrow RM\cdot \longrightarrow RM\cdot + M \longrightarrow RM_2\cdot + M$$
$$\dashrightarrow RM_n$$
（ポリマー）

R・：重合開始剤から発生したラジカル　M：モノマー

図1.4 付加重合法の概念図（ラジカル重合）

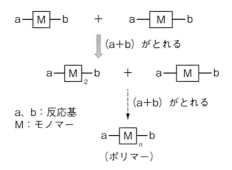

図1.5 重縮合法の概念図

合」と称する。付加重合に使用されるモノマーは二重結合（–CH＝CH–：不飽和基ともいう）の分子鎖を有しており、この二重結合でモノマー同士を結合する。このようにして重合されるポリマーにはポリエチレン、ポリプロピレン、ポリ塩化ビニル、ポリスチレン、メタクリル樹脂などの汎用プラスチックがある。

・重縮合法

重縮合法（縮重合、縮合などともいう）は、図1.5に示すようにモノマー同士の間から、ある成分がとれてモノマー同士を結合させて重合する方法である。このような反応を「逐次重合」という。このようにして作られるポリマーには、ポリカーボネート、ポリアミド66、ポリエチレンテレフタレート、ポリブチレンテレフタレート、ポリスルホンなどのエンジニアリングプラスチックがある。

なお、図1.5に示すモノマーは、複数の化合物から合成されたものをモノマー単位とすることもある。例えば、ポリエチレンテレフタレートはエチレングリコールとテレフタル酸から合成されるモノマーを重合する。

・開環重合法

開環重合法は、図1.6に示すように環状モノマーの環が切れてモノマー同士が結合することで重合する方法である。このようにして作られる代表的なポリマーはポリアミド6があるが、ポリアミド12、環状ポリオレフィン（ホモポリマー）なども開環重合により合成される。

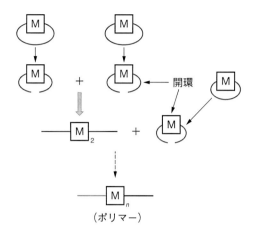

図1.6 開環重合法の概念図

（2）重合における留意事項

　一般的に重合工程では、分子量または粘度のコントロール、分子末端処理、ポリマーの分離精製などが重要である。

　分子量（または粘度）は成形するときの流動性や成形品の強度に影響するので、設定された分子量範囲に入るように重合停止剤の添加や重合条件のコントロールによって調整する。

　ポリマーの分解反応は分子末端から起こる特性がある。分子末端が不安定な構造であると、成形工程や使用条件で熱分解や熱劣化を起こしやすい。そのため重合反応を終了する時点では分子末端を安定化する処理が行なわれる。

　重合法によるが、重合工程では触媒、重合開始剤、分子末端処理剤、重合停止剤などの反応助剤を用いる。また、未反応モノマー、反応副生成物、溶剤類などが残留することもある。これらの残留成分を可能な限り分離精製するとともに、残留触媒を失活する必要がある。

（3）重合による改質

　熱可塑性ポリマーの重合による改質方法には、共重合、立体規則制御、分岐化などがある。

・共重合

　共重合は主モノマーにコモノマーを加えて重合する方法である。このよう

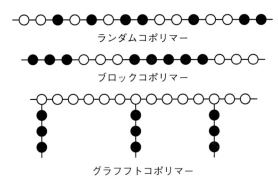

図 1.7 コポリマーの概念図

にして重合されたものを「コポリマー（共重合体）」という。図 1.7 に示すように、重合法によってランダムコポリマー、ブロックコポリマー、グラフトコポリマーがある。

ホモポリマーの成形性や物性を改良する目的でコポリマーに変性する。次に共重合による改質例を述べる。

ホモポリマーのポリプロピレン（PP）は低温衝撃性が良くない。エチレンまたは α-オレフィンと共重合すると、強度や弾性率はやや低くなるが耐寒衝撃性は改良される。

ポリスチレン（PS）は透明であり、優れた流動性を有しているが、強度が低く、耐薬品性も良くない。スチレンとアクリロニトリルを共重合したAS 樹脂は、これらの弱点が改良される。

ホモポリマーのポリアセタール（POM）は結晶化度が高いので強度や弾性率は高いが、成形時の熱安定性が良くない。エチレンオキサイドまたは1,3-ジオキソランと共重合すると、結晶化度はやや低くなるが成形時の熱安定性は向上する。

ポリビニルアルコール（PVOH）は水溶性ポリマーであるが、エチレンと共重合したエチレン-ビニルアルコール共重合体（EVOH）はガスバリヤー性が優れており、容器類のガスバリヤー材として使用されている。

フッ素樹脂であるポリテトラフルオロエチレン（PTFE）は耐熱性、耐薬品性、耐摩擦摩耗性は極めて優れているが、非常に粘度が大きいため射出成形、押出成形などの成形加工はできない。テトラフルオロエチレンとパーフ

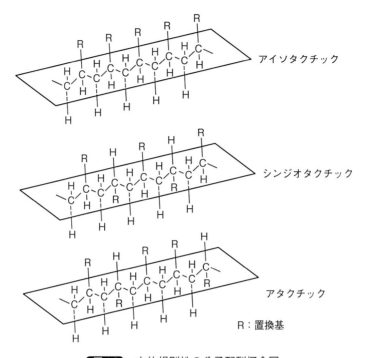

図1.8 立体規則性の分子配列概念図

ルオロアルキルビニルエーテルやヘキサフルオロエチレンなどをコモノマーとして重合すると成形可能なコポリマーとなる。

・立体規則性制御

　PPは側鎖にメチル基（–CH_3）を有する。PSは側鎖に芳香環（–◯）を有する。これらの側鎖の立体規則性の違いによって得られるポリマーの性質が異なる。重合触媒技術や重合技術によって立体規則性を制御している。

　図1.8に立体規則性の概念図を示す。図の置換基Rが、PPではメチル基、PSでは芳香環である。アイソタクチックはRが一方向に規則的に配列している。シンジオタクチックはRが交互に規則的に配列している。アタクチックはRがランダムに配列している。このような立体配列の違いによってポリマーの性能が異なる。PPでは、アイソタクチックは結晶化度が高く、強度や耐熱性が優れていることから、アイソタクチックPPが広く使用されている。一方、PSは、アタクチックPSは透明性に優れ流動性も良いこと

図 1.9 分岐構造の概念図

から、一般用の PS-GP として広く使用されている。しかし、触媒技術（メタロセン触媒）を用いて重合したシンジオタクチック PS は結晶化速度が速く、結晶融点も 270 ℃ と高耐熱であることからエンジニアリングプラスチックとして工業部品に使用されている。

・分岐構造

図 1.9 に分岐構造の概念図を示す。ポリエチレン（PE）では、高圧法で重合されたポリマーは分岐構造になる。これは結晶化度が比較的低いことから、低密度 PE として耐衝撃性に優れ、薄いフィルムでは透明性が良い。また、ポリフェニレンスルフィド（PPS）は分岐化することによって見かけ分子量を増大させた重合法もある。

（2）成形材料の製造法

ポリマー（以下、素材という）に配合剤を混ぜて成形材料を作る。表 1.6 に示すように、配合剤には添加剤、着色剤、充填材（強化材、充填剤）、アロイ材などがある。これらの配合剤を混ぜる方法には、コンパウンディングによって素材に配合剤を練り込んでペレットを製造する方法と、射出成形や押出成形の成形工程で素材と配合剤を混合して直接成形する方法がある。表 1.7 に成形材料の作り方を示す。

・コンパウンディング

工程例を図 1.10 に示す。まず素材と配合剤を所定の比率で予備混合する。次に押出機のホッパーに混合材料を投入する。押出機は単軸押出機または二軸押出機が用いられる。押出機で溶融混練してダイから多数本の円形断面のひも状に押し出して冷却し、ペレタイザーでカッティングしてペレットを作る。このようにしてペレットを作る方法を「コールドカット方式」という。この製造方式ではペレット形状は円柱形状である。一方、ダイから押し出し直後の溶融状態で、回転刃でカッティングしてペレットにする方法を「ホッ

表1.6 主なプラスチック配合剤

分類		種類	主な配合目的
添加剤		酸化防止剤	成形時の熱分解防止、高温使用の熱劣化防止
		紫外線吸収剤、HALS	紫外線による劣化防止
		帯電防止剤	静電気の防止
		可塑剤	流動性改良、軟質化
		滑剤（外部滑剤、内部滑剤）	樹脂同士の滑り性改良、離型性の改良
		難燃剤	難燃化
		核剤	結晶構造制御、結晶化の促進
		潤滑剤	成形品表面の滑り性の向上
		相溶化剤	ポリマーアロイの相溶性改良
着色剤		染料	透明着色
		無機顔料	光隠蔽性
		有機顔料	艶やかな色相
充填材	強化材	ガラス繊維	強度・弾性率、寸法安定性向上
		カーボン繊維	強度・弾性率、寸法安定性向上、導電性付与
	充填剤	マイカ、炭酸カルシウム、タルク、ガラスビーズ	寸法安定性、等方向成形収縮率、そり防止
アロイ樹脂		各種プラスチック	流動性、耐熱性、耐衝撃性、耐薬品性などの改良

表1.7 成形材料の作り方

方法	長所、短所	適用例
コンパウンディング	長所：均一混練、成形時の計量安定性 短所：材料単価アップ	射出成形 押出成形
素材と配合剤を混合し直接成形	長所：コストダウン 短所：均一混練に限界	射出成形 押出成形

トカット方式」という。この製造方式によるペレットは球状である。

　上述の方法で製造したペレットからサンプリングして、所定の検査項目に

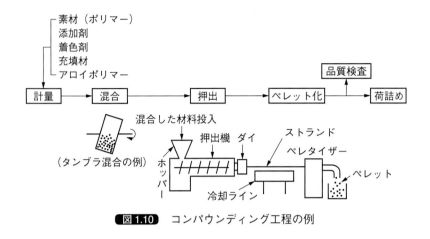

図 1.10 コンパウンディング工程の例

適合することを確認した後に出荷する。

また、着色材料を作る場合には、配合剤とともに処方（レシピ）に基づいて着色剤を配合して、上述のコンパウンディング工程で製造する。

・成形工程で混ぜる方法

射出成形や押出成形で、素材と配合剤を所定の比率で混合した後、成形機のホッパーに直接供給して成形する方法である。コンパウンディングによって製造された成形材料を用いる方法に比較すると溶融混練が不足することがあるので注意しなければならない。利点としては、コンパウンディングしないので材料費が安くなることがある。

一方、着色製品の成形では、自然色素材を用いマスターバッチ、ドライカラー、液状カラーなどの方法で着色成形品を成形する方法もある。各着色法を表 1.8 に示す。

▶ 1.2.2　基礎特性

（1）結晶性プラスチックと非晶性プラスチック

図 1.11 に示すように固化した状態で分類すると、結晶性プラスチックと非晶性プラスチックの2種類がある。しかし、溶融すると結晶性プラスチックも結晶が融解するので、非晶性プラスチックと同様にランダムな分子配列になる。

表1.8　プラスチックの着色法

方法	利点	注意点	適用例
着色ペレット法	・色相ばらつき少 ・色むら少	・材料単価がアップ	電機・電子 自動車
マスターバッチ法	・着色コストが比較的安い ・取扱いが容易	・色むら発生することあり ・色相ばらつきが出やすい	内部機構部品 日用雑貨
ドライカラー法	・着色コストが比較的安い	・色むら発生することあり ・色相ばらつきが出やすい ・取扱いが大変	日用雑貨
液状カラー法	・着色コストが比較的安い	・色むら発生することあり ・色相ばらつきが出やすい ・取扱いが大変 ・色相が限定される ・強度低下することがある	日用雑貨

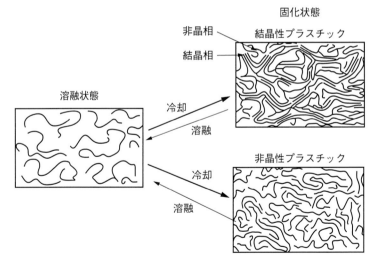

図1.11　結晶性プラスチックと非晶性プラスチックの概念図

　結晶性プラスチックは、溶融状態から冷却・固化する過程で部分的に規則的配列をして結晶相を形成する。しかし、絡み合っている分子鎖やかさばった分子鎖は結晶相に入り込めないので非晶相を形成する。結晶性プラスチッ

クでは、溶融するときには結晶が融解するために熱を吸収し、かつ熱運動が活発になるため体積は急に膨張する。逆に、冷却過程では結晶化によって系外に熱を放出しつつ大きな体積減少を示す。また、冷却過程における結晶の生成には冷却速度が関係する。冷却速度が速いと結晶が十分生成する前に固化するため結晶相の比率が低くなる。

結晶性プラスチックの基本的特徴は次の通りである。

① 強度は結晶化度に左右される。結晶化度が高くなると強度や弾性率は高くなるが衝撃強度は低くなる傾向がある。

② 結晶相と非晶相は屈折率差があるので光散乱する。そのため自然色では不透明または半透明になる。結晶化度が高いほど不透明になる。

③ 結晶化温度以下においても、非晶相はミクロブラウン運動しているのでガラス転移温度以上では強度・弾性率の低下は比較的大きいが、結晶の融点までは、ある程度の値を保持している。

④ 冷却過程では結晶構造をとるため体積減少が大きい。そのため成形収縮率も大きくなる。

⑤ 結晶相には化学薬品は拡散し難いので、一般的に耐薬品性は優れている。

非晶性プラスチックは、分子主鎖に強直な分子鎖または側鎖に嵩張った分子鎖を有するため溶融状態から冷却・固化する過程で規則的な分子配列をとりにくい。そのため固化状態においてもランダムな配列になる。したがって、結晶性プラスチックに比較すると加熱または冷却過程では体積膨張または収縮の挙動は比較的なだらかな変化を示す。

非晶性プラスチックの基本的特徴は次の通りである。

① ガラス転移温度までは強度や弾性率の低下は比較的小さい。

② 固化状態においてもランダムな分子配列であるため、光の屈折率は均一である。そのため自然色品は透明である。

③ 溶融状態から固化する過程では体積減少は比較的小さい。したがって成形収縮率も小さい。

④ 非晶構造であるため化学薬品は内部へ拡散しやすいので、膨潤・溶解、ケミカルクラックなどが起こりやすく、一般的に耐薬品性は良くない。

ただ、非晶性と結晶性は通常、成形の冷却工程において結晶化するかしな

いかの区別である。結晶性に分類される PET は急冷によって結晶化させないで透明なボトルを成形している。非晶性に分類される PC は、溶液に溶解した希釈溶液から溶剤をゆっくりと蒸発させると結晶化することも確認されている。

(2) 転移温度

ポリマーの熱的特性が急に変化する温度を「転移温度」という。転移温度はポリマーの熱運動に関係している。転移温度にはガラス転移温度(ガラス転移点ともいう)、結晶融点、結晶化温度などがある

ガラス転移温度(T_g)は、ポリマーの相対的な位置は変化しないが、分子主鎖が回転や振動(ミクロブラウン運動)を始める、または停止する温度であり、この温度以下ではガラス状に凍結するので「ガラス転移温度」と称している。また、一次転移点(融点)に対し T_g を「二次転移点」ということもある。 非晶性プラスチックは T_g 以下では固化状態になるが、必ずしもガラスのように脆くなるわけではなく延性を示す材料もある。比容積、線膨張係数、比熱、熱伝導率などの温度特性は T_g で変曲点を示す。

一方、結晶性プラスチックでは結晶の融点よりかなり低いところに T_g が存在する。T_g 以下では非晶相のミクロブラウン運動が停止するので衝撃強度の低下を示すプラスチックもある。

ポリマーには分子量分布があるので低分子物質のようにシャープな融点を示さない。結晶性プラスチックでは結晶が融解する温度が融点に相当する。非晶性プラスチックは明確な融点を示さない。昇温するとガラス転移温度以上で徐々に軟らかくなり、やがて溶融状態になる。流動性を示す温度を「融点」と表現することもある。

表1.9 に各種プラスチックのガラス転移温度、結晶融点を示す。結晶化温度は結晶融点より低いところに存在する。

転移温度の測定には DSC(示差走査熱量計)、DTA(示差熱分析計)、動的粘弾性などがある。ここでは DSC による測定法を述べる。JIS K7121 に DTA または DSC による測定法が規定されている。

DSC は、試料および基準物質を加熱または冷却によって調節しながら等しい条件下におき、この2つの間の温度差をゼロに保つに必要なエネルギーを時間または温度に対して記録する方法である。

表1.9 プラスチックのガラス転移温度、結晶融点

プラスチック名		ガラス転移温度 T_g (℃)	結晶融点 T_m (℃)
非晶性	PS	90	—
	PVC	70	—
	PMMA	100	—
	PC	145	—
	PSU	190	—
結晶性	PE	−125	141
	PP	0	180
	PA6	50	225
	POM	−50	180
	PBT	37〜52	220〜230
	PPS	88	290

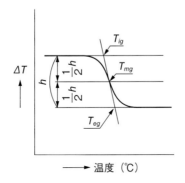

図1.12 DSC によるガラス転移温度の求め方

　ガラス転移温度を測定するには、予め転移温度より約 50 ℃ 低い温度で装置が安定するまで保持した後、加熱速度毎分 20 ℃ で転移終了時より約 30 ℃ 高い温度まで加熱し、DSC 曲線を描かせる。得られた DSC 曲線から、**図1.12** のようにして中間点ガラス転移温度（T_{mg}）、補外ガラス転移開始温度（T_{ig}）、補外ガラス転移終了温度（T_{eg}）の 3 温度を求める。一般的には T_{mg}

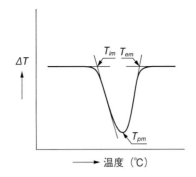

図 1.13 DSC による結晶融点の求め方

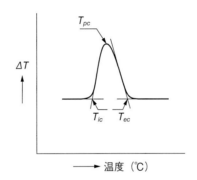

図 1.14 DSC による結晶化温度の求め方

をガラス転移温度としている。

　結晶融解温度を求める場合には、予め融解温度より 100 ℃低い温度で装置が安定するまで保持した後、加熱速度 10 ℃/min で融解ピーク終了時より約 30 ℃高い温度まで加熱し、DSC 曲線を描かせる。得られた DSC 曲線から、**図 1.13** に示すように、融解ピーク温度（T_{pm}）、補外融解開始温度（T_{im}）、補外融解終了温度（T_{em}）の 3 温度を求める。一般的に T_{pm} を結晶融点としている。

　結晶化温度の測定には、融解ピーク終了温度より 30 ℃高い温度まで加熱し、この温度で 10 分間保った後、冷却速度 5 ℃/min または 10 ℃/min で結晶化ピーク終了時より約 50 ℃低い温度まで冷却し、DSC 曲線を描かせる。得られた DSC 曲線から**図 1.14** のように、結晶化ピーク温度（T_{pc}）、補外結晶

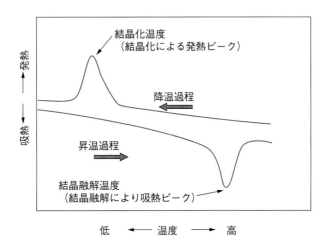

図 1.15 結晶化温度と結晶融解温度（DSC 法）

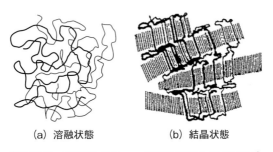

図 1.16 結晶性ポリマーの溶融状態と結晶状態[4]

化開始温度（T_{ic}）、補外結晶化終了温度（T_{ec}）の 3 温度を求める。一般的に T_{pc} を結晶化温度としている。

　一般に結晶化温度は結晶の融点より低くなる。その差は材料の結晶化特性や型内での冷却速度に依存する。**図 1.15** は DSC による PP の結晶融解温度および結晶化温度の概念図である。同図において昇温および降温を 5 ℃ / min としたとき、融解温度と結晶化温度には約 50 ℃ の差があることが報告されている[3]。

（3）結晶特性

　図 1.16 は結晶性ポリマーの溶融状態と結晶状態を示している[4]。溶融状態

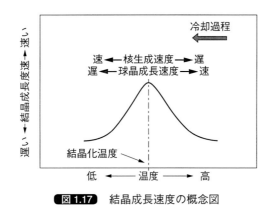

図1.17 結晶成長速度の概念図

では、分子鎖はランダムコイル配列になり、分子の絡み合いも多数形成している。冷却過程で結晶化するときに、分子鎖は絡み合い点をすりぬけて結晶化することはできず、鎖全体としてはほとんど動かずに部分的に結晶化が進む。その際、絡み合い点は結晶内には入ることができないので、結晶表面に押し出されて非晶相を形成する。

結晶相を構成する球晶は螺旋転移によって生じた多層ラメラが中心となって発達したものといわれる。ポリマーは多分子性のため、1次結晶と2次結晶を伴いながら球晶は成長する。一般に球晶サイズの大きい材料は固くて脆い、小さな球晶からなる材料は軟らかくて粘り強いといわれている。しかし、強度に関しては球晶内のラメラサイズ、結晶化度、球晶間構造なども関係する。特に球晶間の非晶相は強度の弱点になることが予想される。ポリエチレンに関する研究では、球晶間にリングフィブリル（またはタイ分子）が多数存在することが確認され、これが強度の向上に寄与しているといわれる。

結晶の生成には結晶核の生成と球晶の成長が関係する。そのため結晶化速度は核生成速度と球晶成長速度に依存する。球晶成長速度は高温側で速く、低温側で遅い。逆に核生成速度は高温側で遅く低温側で速い。そのため、**図1.17**に示すように冷却過程において、ある温度で結晶化速度が最も速くなる温度域が存在する。そのピークを示す温度を「結晶化温度」としている。例えば、PA6の結晶融点は約225℃であるが、結晶成長速度が最大値を示す温度は約135℃である[5]。

表 1.10 結晶性プラスチックの結晶相と非晶相の密度

プラスチック名	密度 (g/cm³)	
	結晶相 (ρ_c)	非晶相 (ρ_a)
POM	1.506	1.25
PA6	1.212	1.113
PA66	1.24	1.09
PBT	1.396	1.28
PET	1.455	1.331

・結晶化度

結晶化度の測定法にはX線回析法、DSC法、密度法などもある。密度法による測定を次に述べる。

全容積に占める結晶相の容積比率が「結晶化度」である。成形品の比容積は非晶相の比容積と結晶相の比容積の和である。また、比容積は密度の逆数であるから次式で表せる。

$$\frac{1}{\rho} = \frac{1-x}{\rho_a} + \frac{x}{\rho_c}$$

x：結晶化度 　　　　　　　ρ：成形品の密度 (g/cm³)
ρ_a：非晶相の密度 (g/cm³)　ρ_c：結晶相の密度 (g/cm³)

上式から結晶化度 x は次式となる。

$$x = \frac{\rho_c(\rho - \rho_a)}{\rho(\rho_c - \rho_a)}$$

上式において、ρ_c や ρ_a はそれぞれのプラスチックに固有の値である。代表的な結晶性プラスチックの ρ_c および ρ_a を**表1.10**に示す。

例えば、POM成形品を測定した結果、密度が1.40 g/cm³であったすると、そのときの結晶化度は上式から

$$x = \frac{1.506 \times (1.40 - 1.25)}{1.40 \times (1.506 - 1.25)}$$

$$= 0.63 \text{（または63\%）}$$

となる。

表1.11 結晶性プラスチックの結晶化度
（射出成形品の例）

プラスチック名	結晶化度（％）*
PE　低密度	約60
高密度	約90
PP（ホモポリマー）	40〜70
PA6	20〜25
PA66	30〜50
POM　ホモポリマー	64〜69
コポリマー	56〜59
PEEK	約35

＊成形条件によって変わる

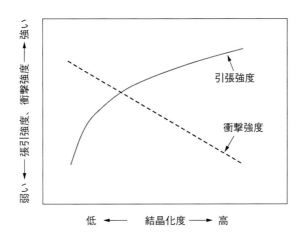

図1.18　結晶化度と引張強度、衝撃強度の関係概念図

　表1.11に結晶性プラスチックの結晶化度の例を示す。同表のように同じ結晶性プラスチックでも結晶化度にはかなり差があることがわかる。
　図1.18に示すように結晶化度が高くなると引張強度は大きくなり、衝撃強度は低下する傾向がある。
・成形品の結晶構造
　射出成形では溶融樹脂を射出して型内で冷却する場合には、型壁面と接す

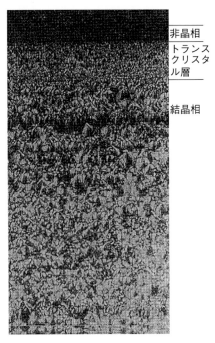

図 1.19 POM 成形品断面の結晶構造[6]
（金型温度 80 ℃、偏光顕微鏡 400 倍）

る表面層は急冷されるので結晶化が進まず非晶相となる。図 1.19 は POM 射出成形品断面の結晶状態を偏光顕微鏡で観察したものである[6]。同図のように表皮層は急冷効果によって非晶相となり、その下には粗い球晶が存在するトランスクリスタル層がある。さらに、中心部のコア層には高度に結晶化した球晶層が存在する。

（4）粘弾性

プラスチックの力学的特性の一つとして粘弾性を示すことがある。

プラスチックが粘弾性を示す理由は、ポリマーは長鎖巨大分子の集合体であることに起因する。ポリマーの集合体に力を加えると、分子の原子間距離、結合角などが瞬間的に弾性変位して弾性ひずみが生じる。しかし、時間が経過すると、分子間のズレによりせん断降伏変位が起こり永久ひずみとなる。前者は時間に依存しない可逆的な弾性変形であるが、後者は時間に依存する

不可逆な粘性変形である。このように弾性と粘性の二つの性質を有することを「粘弾性」という。

プラスチックの粘弾性に起因する性質として応力緩和とクリープがある。

・応力緩和

試験片長さ L に対して一定の変形 δ を与えると引張ひずみ $\varepsilon(=\delta/L)$ が生じる。そのときに生じる初期引張応力 σ_0 は、フックの法則が成り立つとすると次式で示される。

$\sigma_0 = E \times \varepsilon$

σ_0：初期応力（MPa）　　E：引張弾性率（MPa）
ε：ひずみ（δ/L）

時間が経つとポリマー分子間のせん断降伏変形が起こる。そのため、ポリマー分子の弾性ひずみ ε は徐々に回復するので初期応力 σ_0 は時間経過とともに緩和するが、並行してせん断降伏ひずみが大きくなるので、「弾性ひずみ＋せん断降伏ひずみ」は一定である。この関係を図 1.20 に示す。応力緩和による実用例を図 1.21 に示す。同図のようにプラスチック成形品のめねじを金属ボルトで締め付けて放置すると、時間が経つと締め付けトルクが緩くなるのは応力緩和によるものである。

・クリープ

試験片に一定の荷重 W を加えると、次式に示す応力が発生する。

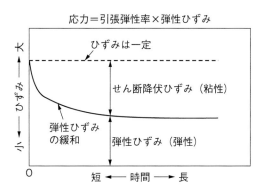

図 1.20　定ひずみ下における時間と弾性ひずみとせん断降状ひずみ（永久ひずみ）の関係

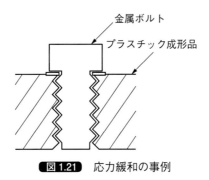

図1.21 応力緩和の事例

$$\sigma = \frac{W}{S}$$

σ：応力（MPa）　　W：荷重（N）　　S：試験片の断面積（mm²）

応力 σ によって瞬間的に弾性ひずみ $\varepsilon_0 (=\sigma/E)$ が発生するが、時間が経過するとポリマー分子間でせん断降伏変形が起こるので、時間経過後の全ひずみ ε_T は次のようになる。

$$\varepsilon_T = \varepsilon_0 + \varepsilon_t$$

ε_T：全ひずみ　　ε_0：弾性ひずみ

ε_t：t 時間経過後のせん断降伏ひずみ

経過時間 t と全ひずみ ε_T の関係を示す曲線がクリープ曲線である。**図1.22** にクリープ曲線を示す。クリープ変形の例を**図1.23**に示す。同図のように成形品に荷重を加えておくと、時間が経つと点線のように変形し、荷重を除くと若干回復するが完全には元に復元しない。これがクリープ変形である。応力を長時間負荷し続けると、やがてクリープ破壊が起こる。

（5）分子量特性

一般に数平均分子量 $\bar{M}_n$ と引張破壊強度 σ_B の間には次の理論的関係がある[7]。

$$\sigma_B = A - \frac{B}{\bar{M}_n}$$

σ_B：引張破壊強度　　$\bar{M}_n$：数平均分子量　　A、B：定数

上式は、分子末端が応力集中源となり強度低下するという考え方をもとに導かれた式である。つまり、数平均分子量が小さくなると単位体積中の分子

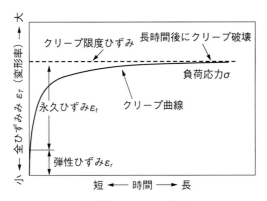

図 1.22 クリープ曲線

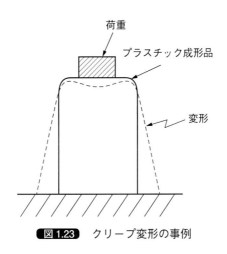

図 1.23 クリープ変形の事例

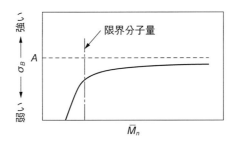

図 1.24 数平均分子量 $\bar{M}_n$ と強度 σ_B の関係[7]

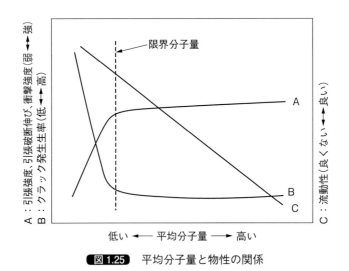

図 1.25 平均分子量と物性の関係

末端数は増加して応力集中源が多くなるため強度は低下する。

数平均分子量と破壊強度の間の関係は**図 1.24**に示す特性曲線になる。すなわち、低分子量側では破壊強度は急激に大きくなり、その後は徐々に一定の値に近づく。同図のように低分子量側のある数平均分子量以下では急激に強度が低下するところがあり、この平均分子量を「限界平均分子量」と称している。一方、分子量が大きくなると定数 A の値に近づく。これは、極めて大きな分子を応力方向に引きそろえた状態を意味する。

図 1.25 は PC の粘度平均分子量と各種強度や流動性の関係を示す概念図である[8]。粘度平均分子量と数平均分子量の間には相関性があるので、数平均分子量特性と同様な傾向を示している。PC の場合、粘度平均分子量では $1.8×10^4〜2.0×10^4$ 以下では破断伸び、衝撃強度、耐ストレスクラック性などが急に低下することから、このあたりに限界分子量が存在する。一方、粘度平均分子量の増大につれて流動性(流れ値)は低下する傾向がある。

(6) 分子配向

ポリマーは長鎖巨大分子であるので、応力(せん断力、引張力など)を負荷すると応力方向に分子が引き伸ばされた状態になる。このように分子が引き伸ばされた状態を「分子配向」という。

溶融状態ではポリマーは比較的自由に分子運動できるので、**図 1.26**(a)

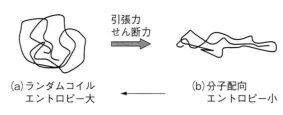

図1.26 ポリマーの分子配向の概念図

に示すようにランダムコイルの形態をとろうとする。ランダムコイルの状態をとる理由は、エントロピーが最も大きく、エネルギー的に安定しているからである。ランダムコイル形態のポリマーにせん断力や引張力を作用すると、同図（b）のように引き伸ばされた状態になる。このように分子配向状態ではエントロピーが小さく、エネルギー的に不安定であるので、エントロピーの大きなランダムコイルの形態に戻ろうとする。しかし、固化した状態ではポリマーは分子運動が抑制されるので配向状態はそのまま凍結されて分子配向ひずみとなる。分子配向ひずみはエントロピーの大きいランダムコイルの形態に戻ろうとする性質があるので、昇温して分子が自由に運動できる温度に達するとランダムコイルの形態に復元する。この現象を「ポリマーの記憶効果」という。

（7）ポリマーの分解

ポリマーの分子結合は強固な共有結合で結びついているが、この結合エネルギーより大きなエネルギーが作用すると分子切断が起き分子量が低下する。

・熱分解

プラスチックは高温に長時間曝されると、熱と大気中の酸素の影響で熱酸化分解する。熱分解は速度過程であるので、温度が高くなるほど短時間で分解する。逆に、温度が低くても長時間後には熱分解する

ポリマーの熱分解は次の順序で進行する。

① 熱エネルギーの影響で分子（主に水素原子）が切れる。
② 切れた分子の端（ラジカル）に酸素が結合して過酸化物ができる。
③ 過酸化物は分解しやすいので、その分解物はさらにポリマーの分解を促進する。
④ このようにして自動酸化劣化が進行する。

分解反応の過程でポリマー分子の切断が起こる。また、ラジカル同士が反応して分解は停止するが、この段階で架橋反応も起こり架橋構造となる。このように分子切断や架橋化することによって成形品の表面層に微細なクラックが発生し、脆化による劣化現象が現れる。

一般的には、この現象を「熱劣化」または「熱エージング」という。熱劣化すると実用的には次の変化が起きる。

① 発色団を生成し色相が変化する（一般には黄変する）。
② 表面に微細な亀裂が発生する。
③ 引張伸びが小さくなる。衝撃強度が低下する。

一方、成形の可塑化工程においても高成形温度で長時間滞留すると熱分解が起こる。熱分解すると分子量が低下し分解ガスが発生する。また、同時に色相変化も起こる。

・加水分解

PBT、PET、PARなどは分子鎖中にエステル結合（–C(O)O–）を有する。また、PCは炭酸エステル結合（–OC(O)O–）を有する。これらの結合鎖は高温水、高温水蒸気、アルカリ水溶液などによって分解されて分子切断が起きる。この現象を「加水分解」という。

加水分解も速度過程であるので、温度が高くなるほど分解速度は速くなる。溶融温度領域では微量の水分の存在下でも加水分解する。加水分解するとエステル結合または炭酸エステル結合は分子切断し分子量が低下する。

実使用上では、室温水中や常温・常湿などのもとでは、実用寿命時間内ではほとんど加水分解を起こすことはないが、高温水、高温・高湿などの条件下では加水分解する。温度が高くなるほど、また湿度が高いほど加水分解は激しく起こる。

一般的に加水分解すると次の変化が起こる。

① 白化する。
② クラックが発生する。
③ 分子量が低下する。
④ 強度が低下する。

一方、成形するときには微量の水分によっても加水分解するので、加水分解防止のため材料（ペレット）を限界吸水率以下に予備乾燥した後、成形し

なければならない。

・紫外線劣化

　紫外領域の光エネルギーはポリマーの分子結合エネルギーより大きいので、プラスチックが紫外線を吸収すると分解する。

　紫外線劣化は次の順序で進行する。

　① ポリマーが紫外線を吸収する。

　② 紫外線エネルギーによって分子（水素原子）は切断され、ラジカルが発生する。

　③ ラジカルに大気中の酸素が結合して、過酸化物が生成する。

　④ この過酸化物が分解して劣化を進行させる。

上述のように③以降は熱劣化とほぼ同じ機構である。

　紫外線劣化には温度や湿度の要因も関係する。すなわち、温度が高いほど、また湿度が高いほど劣化は促進される。

　屋外で使用するときの耐候性は紫外線以外に雨や風の影響も加わるので、紫外線照射のみのときより著しい劣化が起こる。

　耐候劣化は次のように進行する。

　① 太陽光線に曝される表面層から劣化は進行する。

　② 劣化し脆くなった表面層は雨や風によって流されて、さらに下の層（劣化してない層）が表面に露出する

　③ 露出した層が太陽光線に曝されて、②と同じプロセスで劣化する。

　④ このような劣化を繰り返しながら耐候劣化は、内層へと進行する。

　紫外線による劣化現象は次の通りである。

　① 色相が変わる（一般的には黄変する）。

　② 表面に亀裂が発生する。

　③ 紫外線が照射される表面層が選択的に劣化する。

　④ 張り破断伸び、衝撃強度などが低下する。

・放射線劣化

　放射線としてはX線、β線、γ線などがある。これらの放射線は紫外線よりさらに波長は短いのでエネルギーは大きい。放射線劣化の原理は紫外線劣化と同様であるが、エネルギーは大きいので劣化速度は速い。

　γ線はプラスチック医療器具の滅菌に使用されることもあり照射劣化に関

表1.12 γ線照射による分解ガス発生量の比較[9]

順位	ガス発生量*	プラスチックの種類
1	1以下	ポリエステル1、ポリエステル2、PS、ポリ塩化三フッ化エチレン
2	1～5	PC、PA66、PA11
3	5～10	ポリビニリデンクロライド
4	10～15	PVC
5	15～20	PE、PP
6	50以上	POM

＊単位：μmol/gr、真空中 6×10^6 rad 照射

するデータは比較的多い。

例えば、各種プラスチックに 0.27×10^6 rad/hr の線量率でγ線を真空中 6×10^6 rad で照射した場合の分解発生ガス量を**表1.12**[9]に示す。ポリマーの分子構造によって分解発生ガス量は異なっている。分解ガスの発生量ではポリエステル系、PS、ハロゲン化PE などは少ないが、PE、PP、POM などは発生量が多く不安定である。

プラスチックの中で耐放射線性は優れているものは PSU、PES、PEEK、PAI、PI などがある。

・オゾン劣化

地表の太陽光の波長は約 300 nm 以上の波長であるが、高度 160 km に達すると紫外部は 200 nm までのスペクトルが得られる。酸素（O_2）は 240 nm 以下の短波長によって解離して活性酸素（O）になる。大体 90 km 以上の高度ではこの解離作用が強くなるため O として存在する。70 km 以下では O_2 と O によってオゾン（O_3）が生成する。O_3 は光線のうち、特定波長部 200～300 nm を吸収する。したがって、70 km 以下の高度で生成する O_3 のため、このオゾン層を通過した光は 300 nm 以下の短波長紫外線をカットする。また、O_3 は短波長紫外線を吸収し、そのエネルギーによって分解するが、微量な O_3 は対流によって地表に到達する。この微量な O_3 の影響で、二重結合を有するポリマーは分解劣化する。

O_3 によるポリマーの分解作用は二重結合に作用して**図1.27**のようなオゾ

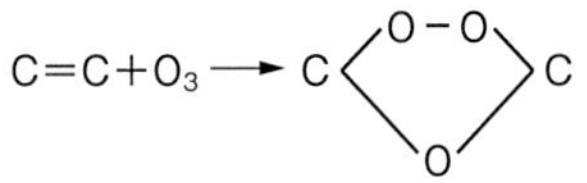

$$C=C + O_3 \longrightarrow C\underset{O}{\overset{O-O}{<>}}C$$

　　　二重結合　　オゾン　　　オゾニド

図1.27　O_3によるポリマーの分解作用

ニドになり、オゾニドはさらに分解が進行する[10]。

　二重結合を有するゴムではオゾン劣化が起こる。通常、熱可塑性プラスチックでは二重結合を有していないのでオゾン劣化は起こりにくいが、PS-HI、ABS樹脂などではアロイ材であるブタジエンゴム成分はオゾン劣化する。

(8) 物理化学的性質

・極性分子と無極性分子

　共有結合している原子が共有電子対を引き付ける強さの程度を表す特性値が「電気陰性度」である。電気陰性度はポーリングによって求められた値が広く用いられている。この値によれば、電気陰性度の大きい原子としては窒素（N）、酸素（O）、フッ素（F）、塩素（CL）などがある。ポリマー分子は共有結合しているので、構成する分子中にこれらの原子が存在し、しかも分子配列が非対称の場合には、電子陰性度の大きな原子に共有電子対が引き寄せられ、正の電荷の中心と負の電荷の中心がずれる。このようにずれた電荷の配置を「双極子」という。また、正の電荷と負の電荷の中心がずれている分子が「極性分子」である。一方、電荷に偏りのない分子を「無極性分子」という。

　極性のあるポリマーは次の特性がある。

　① 吸水しやすく、水分は透過しやすい。
　② 接着性が良く、塗膜の密着性が良い。
　③ 誘電率、誘電正接は大きい。

　極性分子鎖には水酸基（-OH）、カルボキシル基（-CO(O)H）、アミド結合（-CONH-）、イミド結合（$-N<\substack{CO-\\CO-}$）、カルボニル結合（-CO-）、エステテル結合（-C(O)O-）、塩素基（-CL）などがある。フッ素樹脂のようにフッ素原子（-F）を有するにもかかわらず極性を示さないものもある。これはフッ素原子配列の対称性によると推定される。

プラスチックの中では PA は極性が強い。PC、PBT、PET、PAR などは弱い極性がある。

無極性分子鎖からなるプラスチックは次の特性がある。
① 吸水率が低い。
② 接着性が悪く、塗膜の密着性は良くない
③ 誘電率、誘電正接は小さい。

PE、PP、POM などは無極性分子鎖から構成される。

極性分子鎖と無極性分子鎖の両方から構成されるポリマーでは、それぞれの分子鎖密度によって極性は変る。

・拡散性

「拡散」とは、溶液では濃度の高い側から低い方に移動し濃度が均一化する現象であり、気体では分圧の高い方から低い方に移行する現象である。

ポリマー分子間には空隙が存在するので、薬液やガスは分子間に拡散する。プラスチック成形品への拡散については、次式に示すフィックの理想拡散式が近似的に成り立つとされている。

$$\frac{\partial c}{\partial t} = D \cdot \frac{\partial^2 c}{\partial x^2}$$

c：プラスチック中の薬液またはガスの濃度
$\partial c/\partial t$：拡散速度
$\partial c/\partial x$：試料表面に垂直方向の濃度勾配
t：時間　　D：拡散係数

プラスチック中への薬液の拡散について、飽和吸液量を Q、t 時間後の重量変化量を q とすると、$(q/Q)<0.55$ の範囲では、拡散式から近似的に次式が誘導されている[11]。

$$\frac{q}{Q} = \frac{2}{\sqrt{\pi}} \cdot \frac{A}{V}\sqrt{Dt} = 1.128\omega\sqrt{Dt}$$

q：t 時間後の重量変化量（g/cm³）　　Q：飽和吸液量（g/cm³）
A：試験片の表面積（cm²）　　V：試験片の体積（cm³）
D：拡散係数（cm²/sec）
ω：A/V（表面係数）

上式において飽和吸液量 Q はその材料が薬液をどのくらい含み得るかを

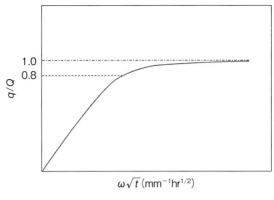

図1.28 PA6の吸水曲線

示す値で、この値が小さいことは浸漬による重量変化も少なく、薬液の浸入も少ないことを示す。一方、拡散係数 D は薬液の浸入の速さを示す値であり、D が大きいほど短時間で拡散することを示す。また、上式において q/Q と $\omega\sqrt{t}$ の関係がわかれば拡散係数 D を求めることができる。

　PA6の場合、吸水特性は**図1.28**の概念図に示すように $(q/Q)<0.8$ では、ほぼ直線関係にある。20 ℃、RH50 %、および20 ℃、水中での $(\omega\sqrt{t})$ と (q/Q) の関係で、$(q/Q)<0.8$ の勾配から平均拡散係数を求めると次の値になる[12]。

・20 ℃、RH60 %では 8.90×10^{-4}（mm^2/hr）
・20 ℃、水中では 10.0×10^{-4}（mm^2/hr）

　一方、$\log(q)$ と $\log(t)$ の関係をグラフにすると、**図1.29**に示すように勾配は 1/2 になる。例えば、ABS樹脂を30 %硝酸水溶液に浸漬したときの重量変化と時間の関係を両対数グラフにプロットすると図1.28の概念図になる[13]。同図のように温度にかかわらず勾配はほぼ1/2になることがわかる。

　一般的にプラスチック中への薬液やガスの拡散性については次の要因も関係する。

　① 温度が高くなるほど分子運動が活発になり分子間距離は大きくなるので拡散しやすくなる。また、ガラス転移温度を超えると拡散性しやすくなる。

　② ポリマー分子鎖の極性と薬液やガスの極性が近いほど拡散しやすい

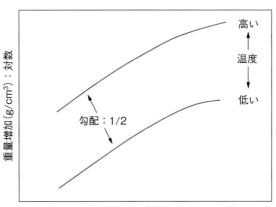

図1.29 ABS樹脂の薬液浸漬における浸漬時間と重量増加の関係

表1.13 プラスチックの理論SP値[14]

プラスチック	理論SP値
PTFE	6.2
SI	7.3
PE	8.1
PP	8.1
PS	9.12
PMMA	9.25
PVC	9.6
PC	9.8
POM	11.2
PA	13.6

(SP値の関係)。

③ 結晶性プラスチックでは結晶相は緻密な配列構造であるので結晶相には拡散しがたい。

表 1.14 溶剤の SP 値[15]

溶剤	SP 値	溶剤	SP 値
N-ブタン	6.6	アセトン	9.8
N-ペンタン	7.0	セロソルブ	9.9
N-ヘキサン	7.2	ジオキサン	10.1
シクロヘキサン	8.25	イソブタノール	11.0
酢酸ブチル	8.5	N-ブタノール	11.1
4塩化炭素	8.6	イソプロピルアルコール	11.15
トルエン	8.9	メタクレゾール	11.4
酢酸エチル	9.0	ジメチルホルムアミド	12.0
ベンゼン	9.2	N-プロパノール	12.1
トリクロロエチレン	9.3	酢酸	12.6
クロロホルム	9.4	エタノール	12.8
メチルイソブチルケトン	9.5	クレゾール	13.3
テトラクロロエタン	9.5	ギ酸	13.5
酢酸メチル	9.6	エチレングリコール	14.2
イソアミルアルコール	9.6	メタノール	14.8
塩化メチレン	9.7	水	23.41

④ 分子間で水素結合しているときは拡散しにくい。

⑤ 分子配向、結晶配向すると拡散しにくい。

・溶解度パラメーター（SP 値）

　プラスチックと薬液の分子極性が一致する場合は、薬液と溶媒和を形成しつつポリマー分子間に拡散する。ここで「溶媒和」とは、ポリマー分子と薬液分子間で二次結合することである。その結合の強さがポリマー分子相互間の凝集力より優ると、分子間を引き離して薬液分子が拡散し膨潤現象が起こる。さらに進行するとポリマーは薬液中に完全に溶解する。このような挙動を示すものを「良溶媒」という。

　プラスチックの薬液（溶剤）への溶解性は、「溶解度パラメーター」（Solubility Parameter：SP）を用いて評価できる。すなわち、ポリマーの

SP値と溶剤のSP値が近いほど溶解しやすい。ここでSP値は、分子間結合力を表す凝集エネルギー（Cohesive Energy Density：CED）の平方根で表される。

$$(SP)^2 = CED = \frac{\Delta E}{V} = \frac{\Delta H - RT}{V} = \frac{d}{M} \times (CE)$$

ΔE：蒸発エネルギー（kcal/mol）　　V：モル容積（cm³/mol）
ΔH：蒸発潜熱（kcal/mol）　　　　R：気体定数（kcal/(K·mol)）
M：グラム分子量（g/mol）　　　　　T：絶対温度（K）
d：密度（g/cm³）　　　　　　　　　CE：凝集エネルギー（kcal/mol）

プラスチックのSP値は構成分子鎖の分子間力から計算した理論値が用いられる。**表1.13**に各種プラスチックの理論SP値を示す[14]。溶剤の場合は、上式における蒸発潜熱（ΔH）の値から求める。**表1.14**に各種有機溶剤のSP値を示す[15]。表1.13と表1.14から、PS、PMMAなどはSP値が近いトルエン、酢酸エチル、トルクロルエチレンなどに溶解し、PVC、PCは塩化メチレンに溶解し、PAはギ酸に溶解することがわかる。

▶ 1.2.3　成形加工法

熱可塑性プラスチックの成形概念を**図1.30**に示す。成形材料を加熱して溶融した後、所望の形状に賦形して冷却固化する方法である。主な成形法には、射出成形、押出成形、ブロー成形、延伸ブロー成形、真空成形、回転成形などがある。各成形法の概略を**表1.15**に示す。

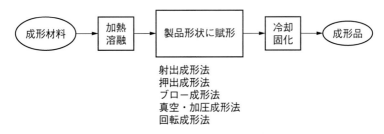

図1.30　熱可塑性プラスチック成形の概念図

第 1 章　プラスチックの基礎

表 1.15　熱可塑性プラスチックの成形法（1）

成形法	成形方法	特長および用途
射出成形法 （図 1.31）	可塑化した後、金型内に射出し、冷却・固化させる。	① 成形サイクルが短い。 ② 複雑形状製品を成形できる。 ③ 後仕上げが少ない。 ④ ほとんどのプラスチックの成形に適用できる。 日用品から工業部品まで
押出成形法 （図 1.32）	可塑化した後、ダイから連続的に押し出して大気中または水中で冷却・固化させる。	① 断面形状が一定の成形物を連続的に成形できる。 ② 複雑断面形状の成形物も成形できる。 ③ 延伸によって延伸方向の強度を向上できる。 パイプ、丸棒、シート、フィルム、インフレーションフィルム、異形押出、電線被覆、モノフィラメントなど。
ブロー成形法 （吹込み成形法） （図 1.33）	可塑化しパリソンを押し出し、ブロー型内でエアを吹き込んでボトルに成形する。	① ボトル形状製品を成形できる。 ② 容量の大きいボトルをできる。 ③ 金型費が安い。 洗剤容器類、食品容器類、灯油缶など。
射出ブロー成形法 （図 1.34）	射出成形で有底パリソンを成形した後、軟化状態で型開きしコア型とともに離型し、ブロー型に移動しエアを吹き込んでボトルに成形する。	① 口部ねじの精度が良い。 ② 容器内面が平滑になる。 ③ 仕上げの必要がない。 医療容器、食品容器、哺乳ビンなど
延伸ブロー成形法 （ストレッチブロー成形法） （図 1.35）	●コールドパリソン法 射出成形でプリフォームを成形する。次にプリフォームを赤外線加熱して軟化させた後、ブロー型に移し軸方向に延伸した後、ブロー成形する。 ●ホットパリソン法 射出ブロー成形のブロー工程で有底パリソンを軸方向に延伸した後にブロー成形する。	透明で高衝撃性の PET ボトルの成形に適す。 飲料ボトル類

表1.15 熱可塑性プラスチックの成形法（2）

成形法	成形方法	特長および用途
真空成形法（図1.36）	シートまたはフィルムを加熱・軟化させ、型内を真空に引いて型形状に賦形し、冷却する。	① トレイ形状製品の成形に適す。 ② 金型費が安い。 ③ 生産性が良い（多数個取り可）。 惣菜容器、カレー容器、照明カバー、看板など
回転成形法（図1.37）	金型に材料を投入し、型外面から加熱しつつ多軸に回転する。型面と接する材料が軟化して型壁面に溶融層を形成した後、冷却して型から取り出す。	大容量容器を成形するのに適す。飲料水タンク、自動車ガソリンタンク、養魚槽タンクなど

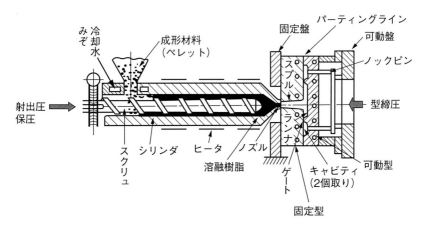

図1.31 射出成形法

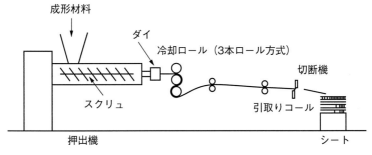

図1.32 押出成形法（シート成形の例）

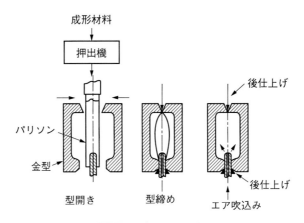

図 1.33 ブロー成形法

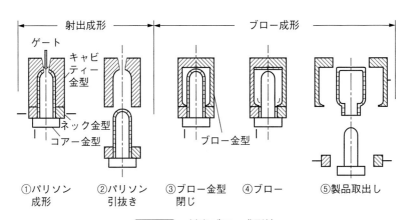

図 1.34 射出ブロー成形法

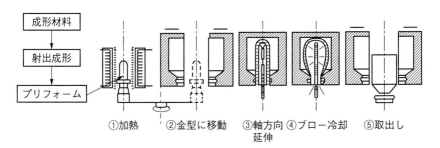

図 1.35 コールドパリソン法の延伸ブロー成形法

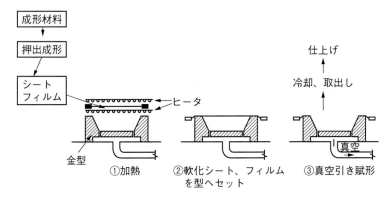

図 1.36 真空成形法

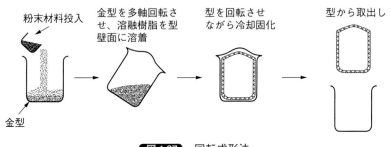

図 1.37 回転成形法

▶ 1.2.4 二次加工法

　射出成形法、押出成形法、ブロー成形法などを「一次成形法」という。一次成形した後に成形品を後加工する方法を「二次加工法」という。広義の意味では、上述の真空成形法も一次加工されたシートやフィルムを加工するので二次加工に属する。

　二次加工法は次の目的で適用される。
　① 商品の外観価値を上げる。
　② 商品の表面機能を向上させる。
　③ いくつかの成形品を接合する。
　④ 金属、その他の異種材料と一体化する。

表 1.16　プラスチックの二次加工法（1）

目的	二次加工法	方法	適用
接着	接着剤接着	接着剤を用いて接着する。	同種および異種材料の接着に適す。
	溶剤接着	溶剤で接着面を溶解して接着する。	同種プラスチック同士の接着に用いる。良溶剤がある樹脂に限られる。
溶着	熱溶着	溶着面を加熱軟化させた後、圧着して溶着する。	主にフィルムの溶着に用いられる。
	高周波溶着	高周波を当てて溶着面を軟化させ、圧着溶着する。	誘電率、誘電正接の大きいPVCの溶着に適する。
	熱風接合	接合面を熱風加熱して溶着する	PE、PVCなどの配管類の接合に適用される。
	熱板溶着	2つのワークの溶着面を熱板で接触加熱して溶着する。	PE、PPなどの大型容器類の溶着に適する。
	電磁誘導加熱溶着	磁性体や導電体を成形品にセットし、電磁波誘導加熱によって接合面を加熱して接着する。	アルミラミネートチューブや食品容器のキャップシールに適す。
	超音波溶着（直接溶着）	超音波振動を与えて接合面を自己発熱させて溶着する。	フィルムの溶着に適す。
	超音波溶着（伝達溶着）		成形品の溶着に適す。
	振動溶着	振動を与え、接合面の自己発熱によって溶着する。	比較的大型の成形品同士の接合に適す。
	レーザー溶着	レーザー光を接合面に当てて発熱軟化させて溶着する。	レーザー光を透過する材料と吸収する材料の溶着に適す。
	回転摩擦溶着	2つのワークを合わせ、片側のワークを回転させながら圧着し、摩擦熱によって溶着する。	円筒、球体の接合に適す。
加飾	塗装	ディップ、スプレー、流し塗りなどの方法で塗装する。	意匠性、機能性、耐傷付き性などの特性を付与する。
	印刷	グラビア、スクリーン、タンポ、昇華などの方法で印刷する。	意匠性、識別などに適す。
	ホットスタンプ	ホットスタンプ箔を成形品に加熱圧着する。	意匠性、文字入れなどに適す。
	水圧転写法	印刷した水溶性フィルムに成形品を水中で押し当てて印刷層を成形品に転写する。	自動車内装品、家電、オーディオ製品の意匠化に適す。

表1.16 プラスチックの二次加工法（2）

目的	二次加工法		方法	適用
加飾	レーザーマーキング	直接法	レーザー光を成形品表面に直接照射する。	模様入れ、文字入れ。鮮明な外観にはならない。
		塗膜剥離法	表面を塗装した後、レーザー光で塗膜を選択的に昇華させる。	模様入れ、文字入れ。鮮明な外観が得られる。
	後染め		後染め液に浸漬して染色する。	ボタンなど多品種少量の識別に適す。
	サンドブラスト		成形品表面に砂塵を吹き付けて表面荒しをする。	梨地外観、接着下地処理などに適す。
メタライジング	湿式めっき		成形品をエッチング処理して微細孔を形成し、投錨効果によって金属膜との密着性を付与する。	金属外観の賦与。電磁波シールド。導電性の賦与。
	真空蒸着		真空中でアルミなどを蒸気にして成形品表面に蒸着する。	装飾効果の賦与。ロードミラー反射面に利用。
	スパッタリング		金属（ターゲット）に原子またはイオンを衝突させ、たたき出した金属原子を成形品表面に蒸着する	CD-R、DVDなどのレーザー光反射面に利用。意匠性の賦与。
機械加工	穴あけ		ドリルなどで穴をあける。	成形品の穴あけ加工
	切削		旋盤、フライス、ミーリングなどで成形品を削る。	プロトタイプの作製、他
	ねじ切り		タップでねじ切り加工	雌ねじの加工
	切断		ジグソー、回転ノコ、ギロチンカッターなどで切断する。	シート、パイプ、丸棒などの切断
			レーザーカット	シート、フィルムの切り抜き、切断
			ハサミ切断	シート、フィルムの切断
	打ち抜き		ポンチとダイスによる打ち抜きトムソン刃打ち	シート、フィルムの加工
	パフ加工		柔らかいパフを回転させながら成形品表面に押し当て、表面を平滑化する。	表面光沢を良くする。細かい表面傷を補修する。

⑤ 一次加工が困難な形状を二次加工で加工する。

主な二次加工法には接着、溶着、塗装、印刷、メタライジング、機械加工などがある。二次加工法の種類と概要を**表 1.16** に示す。

1.3
熱硬化性プラスチック

▶ 1.3.1 硬化反応

表 1.17 に示すように各種プレポリマーは反応性の高い官能基を有する。プレポリマーの官能基と架橋剤の反応または官能基同士の自己硬化によって架橋する概念を**図 1.38** に示す。架橋剤、反応触媒などでプレポリマーの官能基間に架橋反応を起こさせる。

熱硬化性プラスチックの硬化反応例として、不飽和二塩基酸とポリオール

表 1.17　プレポリマーの官能基

プラスチック	プレポリマーの官能基
フェノール樹脂、ユリア樹脂 メラミン樹脂	メチロール基 ($-CH_2OH$)
エポキシ樹脂	エポキシ基 $-\overset{\overset{O}{\diagup\diagdown}}{CH}-CH_2$
不飽和ポリエステル	不飽和基 $-CH=CH-$
ジアリルフタレート樹脂	アリル基 $-CH_2-CH=CH_2$
ポリウレタン	イソシアネート基 $-NCO$ ポリオール(水酸基) $HO\sim\sim\sim OH$
シリコーン樹脂	シラノール基 $-Si-(OH)_n$　$n=1\sim4$

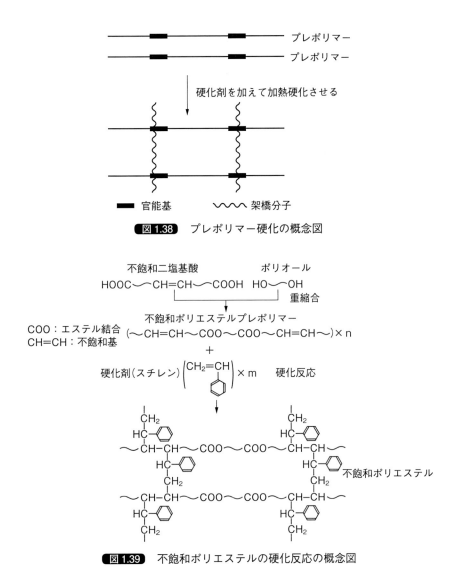

図1.38 プレポリマー硬化の概念図

図1.39 不飽和ポリエステルの硬化反応の概念図

の化学原料から架橋反応によって不飽和ポリエステルを作る概念図を**図1.39**に示す。まず、不飽和二塩基酸とポリオールを重縮合して不飽和ポリエステルプレポリマーを合成する。このときに性能を調整するため不飽和二塩基酸と飽和二塩基酸を共重合することもある。同プレポリマーは官能基で

表 1.18 主な熱硬化性プラスチックのプレポリマーと架橋剤

プラスチック	プレポリマーは化合物	架橋剤
フェノール樹脂	・ノボラックタイプ フェノールとホルムアルデヒドを酸性触媒下で付加縮合した低重合体	ヘキサメチレンテトラミンなど
	・レゾールタイプ フェノールとホルムアルデヒドを塩基性触媒下で付加縮合した低重合体	架橋剤なしで自己硬化による架橋
ユリア樹脂	ユリアとホルムアルデヒドを付加縮合によって作られる低重合体	ヘキサメチレンテトラミンなど
メラミン樹脂	メラミンとホルムアルデヒドを付加縮合によって作られる低重合体	ヘキサメチレンテトラミンなど
エポキシ樹脂	エポキシ基を有する低重合体	アミン、酸無水物など
不飽和ポリエステル	不飽和基(二重結合)を有するポリエステル低重合体	スチレンなど
ジアリルフタレート樹脂	アリル基を有する低重合体	有機過酸化物など
ポリウレタン	イソシアネート基(–NCO–)を有する化合物と1分子に水酸基(–OH)を2個以上有するポリオール	イソシアネート基と水酸基の重付加
シリコーン樹脂	シラノール基(–Si–OH)を有する化合物	シラノール基の縮合

ある不飽和基(–C＝C–)を有する。架橋剤としてスチレンを用いて、スチレンの二重結合とプレポリマーの不飽和基(二重結合)を付加反応させて架橋させる。

　表1.18に各種熱硬化性プラスチックのプレポリマーまたは化合物と架橋剤を示す。同表のようにポリウレタンやシリコーン樹脂は原料化合物自身の官能基を反応させて熱硬化性プラスチックを作っている。ポリウレタンではジイソシアネート基とポリオールの水酸基が反応して重合する方法を「重付加」と称する。シリコーン樹脂ではシラノール基から水がとれて架橋するので「重縮合」と称している。

1.3.2 製造法

熱硬化性プラスチックの成形材料はいろいろな形態がある。

圧縮成形、トランスファー成形、射出成形などに使用する成形材料の製造工程を図1.40に示す。プレポリマーに硬化剤、充填剤、添加剤、着色剤などを混合し、ロールで加熱混練した後、冷却固化、粉砕して成形材料を作る。

積層成形用材料の製造工程を図1.41に示す。同図のように補強材として紙、織布、ガラス繊維マットなどに溶剤に溶解したプレポリマー（ワニスという）を含浸させて乾燥し、裁断したものが「プリプレグ」である。プリプレグを積層し加熱圧縮して積層板を作る。

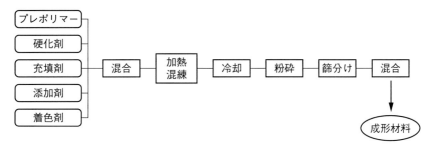

図1.40　熱硬化性プラスチックの成形材料の製造工程例

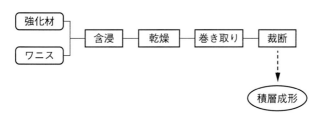

図1.41　プリプレグの製造工程

1.3.3 成形加工法

熱硬化性プラスチックは材料によって成形方法も異なり複雑である。成形法の概要を図1.42に示す。大きく分けると次の3つになる。

① 成形材料を金型内で高温加熱して硬化させる。

② プレポリマーまたは化合物を強化材と混合（プレミックス）または含

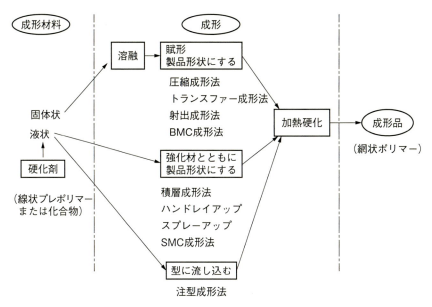

図 1.42 熱硬化性プラスチック成形法の概念図

表 1.19 熱硬化性プラスチックの成形法（1）

成形法	概　　要
圧縮成形法 （図 1.43）	次の工程で成形する。 ① 材料を計量して予熱 ② 材料を高温の圧縮成形型に投入 ③ 金型を閉じて高温で圧縮しつつ硬化 PF、UF、MF などの成形に応用。
トランスファー 成形法法 （図 1.44）	次の工程で成形する。 ① 材料をタブレット形状に加工 ② タブレットを高周波加熱して予熱 ③ 予熱したタブレットを射出ラムの中に移動（トランスファー） ④ 流動温度まで加熱した後、プランジャで金型に射出 ⑤ 高温の金型温度で硬化。 PF、UP、MF などの成形に応用。
射出成形法 （図 1.45）	次の工程で成形する。 ① シリンダ内で硬化しない温度で軟化 ② 型内に射出後に高温金型で硬化 PF、EP、UF、MF、UP の成形に応用

浸させたシート（プリプレグ）を用いて積層または加熱賦形して硬化させる。
③ 液状のプレポリマーまたは化合物を型に流し込み、硬化する。
成形加工法の概略を**表1.19**に示す。

表1.19 熱硬化性プラチックの成形法（2）

成形法	概　　要
積層成形法 （図1.46）	プリプレグを何枚か重ねて、加熱板で挟んで加熱・加圧して硬化させ積層板に加工する。PF、EP、UF、MF、UPなどの成形に応用。
BMC成形法 （図1.47）	BMC（バルクモールディングコンパウンド）を加熱シリンダに強制的に押し込み軟化させた後、型内に射出して硬化させる。基本原理は射出成形と同じ。FRPの成形に応用。
SMC成形法	SMC（シートモールディングコンパウンド）を加熱プレスして硬化・賦形する。FRPの成形に応用。
ハンドレイアップ成形法 （図1.48）	離型剤を塗った型の表面に顔料や充填剤を加えた樹脂層（ゲルコート）を形成し、その上に繊維強化材と液状樹脂（硬化剤を含む）を含浸させながら所望の厚さに積層した後、硬化させる。FRPの成形に応用。
スプレイアップ成形法 （図1.49）	ゲルコートの形成はハンドレイアップ成形と同じ。ロービングを切断しながら液状樹脂（硬化剤を含む）とともに型面に吹き付けて所望の厚さになるまで積層した後、硬化させる。FRPの成形に応用。
・引抜き成形法 ・フィラメントワインディング	連続繊維にプレポリマー（硬化剤を含む）を含浸させ、硬化させて成形品を作る。FRPの成形に応用。
RIM（Reaction Injection Molding）	2成分以上の液状原料を計量混合し、型内に射出して反応硬化させる。型内でガラスクロスやガラスマットで強化する成形法をS-RIMという。PURの成形に応用。
RTM（Resin Transfer Molding）	マット、クロスなどの強化材を型内にセットし、型を閉じ2成分以上の液状原料を計量混合し、型内に注入し反応硬化させる。 PUR、EPの成形に応用。
LIM（Liquid Injection Molding）	2液の液状原料と触媒、硬化剤などを混合して型内に射出して反応硬化させて成形品を得る。SI樹脂の成形に応用。
注型成形法 （図1.50）	電機・電子部品を型内に入れて液状の化合物またはプレポリマーを注入し、硬化させる。電機・電子部品を湿気や酸素から遮断する。 ポッティングとエンキャプシュレーションがある。 エポキシ樹脂やシリコーン樹脂の成形に応用。

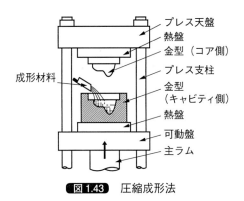

図1.43 圧縮成形法

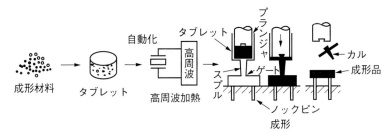

図1.44 トランスファー成形法（移送成形法）

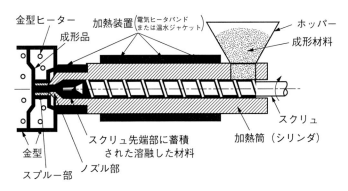

図1.45 熱硬化性プラスチック射出成形法

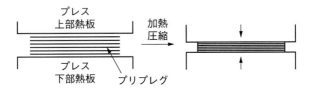

図 1.46 積層成形法

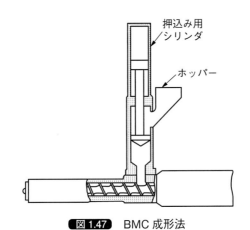

図 1.47 BMC 成形法

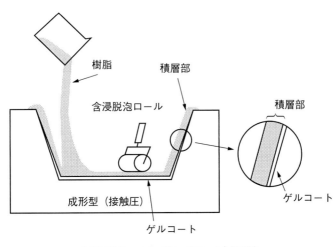

図 1.48 ハンドレイアップ成形法

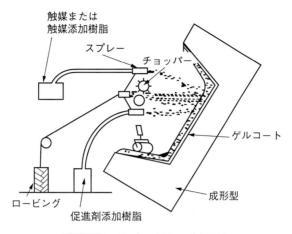

図1.49 スプレイアップ成形法

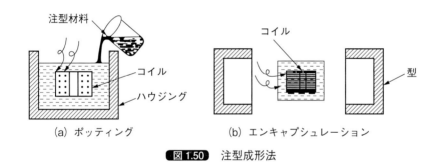

図1.50 注型成形法

参 考 文 献

1) 妹尾学、栗田公夫、矢野彰一郎、澤口孝志：基礎高分子科学、p.6、共立出版（2006）
2) 佐藤弘三：塗膜の接着、p.15〜17、新高分子文庫（1999）
3) プラスチック成形加工学会テキストシリーズ、成形加工学、第3巻、p.154、シグマ出版（1998）
4) 高強度高分子材料調査研究委員会編：高強度高分子材料に関する調査研究報告書、p.103（1987）
5) J.H.Magill：Polymer,3,p.655（1962）
6) 本間精一：材料特性を活かした射出成形技術、p.79、シグマ出版（2000）

7) L.E.Nielsen（小野木重治訳）：高分子の力学的性質（Mechanical Properties Polymers）、p.111、化学同人（1965）
8) 本間精一編：ポリカーボネート樹脂ハンドブック、p.170、日刊工業新聞社（1992）
9) V.J.Kramansky,B.G.Achhammer and M.s.Parker：SPE Trans.,1（7）,p.133〜138（1961）
10) 電気学会有機材料劣化専門委員会編：高分子材料の劣化、p.351、コロナ社（1958）
11) 奥田聡：プラスチックの耐食性とその試験・評価、p.13〜20、日刊工業新聞社（1996）
12) 福本修編：ポリアミド樹脂ハンドブック、p.107、日刊工業新聞社（1998）
13) 奥田聡著：プラスチックの耐食性とその試験・評価、p.13〜20、日刊工業新聞社（1996）
14) 大石不二夫：高分子材料の耐久性、p.74、工業調査会（1993）
15) 黄慶雲：接着の化学と実際、p.22〜27、高分子化学刊行会（1965）

プラスチックの種類と特徴

　熱可塑性プラスチックを大きく分類すると、汎用プラスチック、汎用エンジニアリングプラスチック、スーパーエンジニアリングプラスチック、熱可塑性エラストマーなどがある。また、市場規模は小さいが最近では環境対応プラスチックとしてバイオプラスチックも市場に登場している。

　熱硬化性プラスチックは開発の歴史は古いが、生産性が良くないこと、再生材の使用に制約があることなどの理由で熱可塑性プラスチックに比較して成形材料への使用量は少ない。しかし、性能や耐久性で優れていることから固有の用途に使用されている。成形材料以外では接着剤、塗料などのベース樹脂として使用されている。

2.1 汎用プラスチック

▶ 2.1.1 ポリオレフィン

「オレフィン」は、分子中に1つの二重結合をもつ不飽和脂肪族炭化水素（C_nH_{2n}）の総称である。オレフィンを重合したポリマーが「ポリオレフィン」である。ポリエチレンはエチレン（C_2H_4：$CH_2=CH_2$）を、ポリプロピレンはプロピレン（C_3H_6：$CH_2=CH–CH_3$）を、それぞれ重合したポリオレフィンである。

また、オレフィン分子の二重結合の位置をα、β、γなどで示す。図2.1の化学式は1-ブテンの化学式と二重結合の位置を示したものである。

末端のα位に二重結合を有するものを「αオレフィン」と総称する。ポリエチレンやポリプロピレンでは主モノマーとαオレフィンを共重合した品種もある。

（1）ポリエチレン（PE）

PEは、図2.2のようにエチレンの繰り返し単位からなる結晶性プラスチックである。

PEには、低密度PE（PE-LD）、直鎖状低密度PE（PE-LLD）、高密度PE（PE-HD）の3タイプがある。各タイプの分子構造の概念を図2.3に示す。同図のようにPE-LDは枝分かれの多い構造（分岐構造）であるが、PE-LLDやPE-HDは枝分かれが少ない。枝分かれが多いと結晶化しにくいので密度は小さくなる。旧JISでは低密度（0.910〜0.929）、中密度（0.930〜0.941）、高密度（0.942〜）の3つに分類していたが、ISO整合のJIS K6922では表2.1に示すように密度によって13に分類し、それぞれ2桁のコード

$$\begin{array}{cccc}\alpha & \beta & \gamma & \delta \\ CH_2=CH–CH_2–CH_3\end{array} \qquad \cdots(CH_2–CH_2)_n\cdots$$

図2.1　1-ブテン　　　　　　　　図2.2　ポリエチレン（PE）

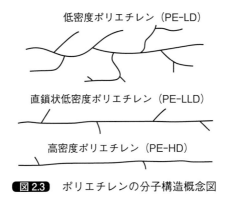

図 2.3 ポリエチレンの分子構造概念図

表 2.1 PE の密度による分類（JISK6922）

コード	23 ℃±2 ℃の条件下での密度の範囲（kg/m³）
00	≦901
03	901＜～≦906
08	906＜～≦911
13	911＜～≦916
18	916＜～≦921
23	921＜～≦925
27	925＜～≦930
33	930＜～≦936
40	936＜～≦942
45	942＜～≦948
50	948＜～≦954
57	954＜～≦960
62	960＜

で表示するように規定されている。

PE-LD は次の特徴がある。

① 結晶化度は 60 % 程度である。
② 衝撃強度は高く、耐寒性も優れている。
③ 電気的特性は優れている。
④ フィルムは透明度が高い。
⑤ 成形しやすい。

PE-HD は次の特長がある。
① 結晶化度は 90 % 程度である。
② 強度・弾性率は高い。
③ 電気特性は優れている。
④ フィルムは半透明である。
⑤ 成形しやすい。

性能上の注意点としては、耐紫外線性、接着性、印刷性などが良くないことがある。

また、超高分子量 PE は分子量が 100 万以上のものであり、溶融粘度が高いので通常の射出成形や押出成形は困難であるため、専用の成形機で成形されている。超高分子量 PE は耐摩擦摩耗性、耐衝撃性、耐薬品性などが優れている。

成形方法としては射出成形、押出成形、ブロー成形、熱成形、回転成形などを適用できるので、幅広い用途に使用されている。

代表的な用途は次の通りである。
・射出成形用途：コンテナ、バケツ、文具
・ブロー成形用途：洗剤、食品、灯油などの容器
・フィルム：食品包装、農業用、土木建材
・その他：電線被覆、パイプなど

用途例と利用している特長を**表 2.2** に示す。

表 2.2 PE の用途例と利用している特長

用途例	強度	耐衝撃性	耐薬品性	良流動性	ブロー成形性	押出加工性
バケツ	○	○		○		
コンテナ	○	○		○		
灯油缶	○	○	○ (耐油性)		○	
フィルム	○					○

（2）ポリプロピレン（PP）

PP の化学式を**図 2.4** に示す。PP は、PE のエチレンの水素原子の1つをメチル基（$-CH_3$）で置換した構造の結晶性プラスチックである。

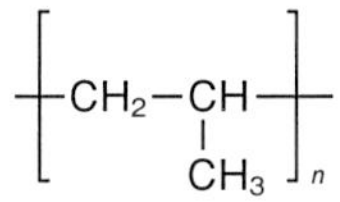

$$\left[\begin{array}{c}CH_2-CH\\ |\\ CH_3\end{array}\right]_n$$

図 2.4 ポリプロピレン（PP）

　1.2.1 節で述べたように、PP にはメチル基の立体規則配列によって 3 つのタイプがある。アイソタクチック PP（iPP）はメチル基が一方向に規則正しく配列した構造である。シンジオタクチック PP（sPP）はメチル基が交互に配列した構造である。アタクチック PP（aPP）はランダムな配列である。これらの中で iPP は融点が高く、高結晶性であり、耐熱性、強度・弾性率、耐薬品性などが優れているので一般的な PP として広く使用されている。sPP や aPP は樹脂改質材として使用される例が多い。

　一方、エチレンや α オレフィンと共重合したコポリマーもある。ホモポリマーに比較してコポリマーは引張強度や引張弾性率はやや低いが、耐寒衝撃強度は優れている。

　PP の一般的特徴は次の通りである。
① 比重は約 0.9 であり、プラスチックの中では最も低い部類に属する。
② 結晶化度は約 40〜75 ％と高いので強度・弾性率は高い。
③ 耐衝撃性が優れている。
④ 耐摩耗性、耐熱性、耐水性、耐薬品性などは優れている。
⑤ 成形しやすい。

　一方、性能上の注意点としては、耐紫外線性、印刷性、接着性などが良くないことがある。

　PE と同様に、いろいろな成形方法を適用できるので射出成形品、押出成形品（フィルム、モノフィラメント）、繊維、ブロー成形品などの製品として、いろいろな用途に応用されている。

　代表的な用途は次の通りである。
・射出成形関係：冷蔵庫トレイ、洗濯機水槽、自動車バンパー、コンテナ
・フィルム：スナック菓子、インスタント食品、マヨネーズなどの包装用
・モノフィラメント：ロープ、人工芝
・繊維用途：カーペット、フィルター

・その他の押出品：弁当のトレイ、ストロー、ダンボール

表2.3に、PPの用途例と利用している特長を示す。

表2.3 PPの用途例と利用している特長

用途例	強度	耐衝撃性	耐摩擦摩耗性	良流動性	押出加工性（含む延伸性）
洗濯機の水槽	○	○		○	
自動車バンパー	○	○		○	
風呂用品	○	○			
人工芝（ヤーン）	○		○		○

▶ 2.1.2 ポリ塩化ビニル（PVC）

PVCの化学式を図2.5に示す。PVCは側鎖に塩素原子を有する非晶性プラスチックである。

高温下では塩素原子は離脱しやすいため、成形時の熱安定性は良くない。その対策として金属石けん系、有機スズ系、非金属系などの熱安定剤を材料に練り込むことで熱安定性を改良している。また、可塑剤を練り込むと流動性が良くなるため、比較的低い成形温度で成形できる。

PVCの基本的な特徴は次の通りである。
① 透明性が優れている。
② 非晶性プラスチックの中では耐薬品性が良い。
③ 難燃性である。
④ 軟質から硬質まで幅広く改質できる。
⑥ 押出加工性が優れている。
⑦ 高周波溶着性、熱溶接性が良い。

性能上の注意点としては、熱分解すると塩素系ガスが発生すること、可塑剤を含む品種では可塑剤が相手材へ移行する可能性があることなどがある。

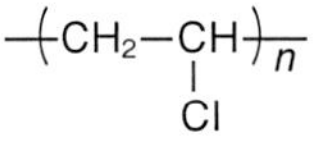

$$\mathrm{-\!\!\left(CH_2-CH\right)\!\!\!\!-_n}$$
$$\qquad\qquad\ \ |$$
$$\qquad\qquad\ \ Cl$$

図2.5 ポリ塩化ビニル（PVC）

用途では、押出加工性が優れていることからフィルム、シート、パイプ、異形押出品などに加工され、いろいろな用途に使われている。

・軟質製品：農業用フィルム、壁紙用レザー、車両用レザー、ガスケット類、ホース類

・硬質製品：パイプ、継手、波板、建材サッシ

PVCの用途例と利用している特長を**表2.4**に示す。

表2.4 PVCの用途例と利用している特長

用途例	透明性	強度	難燃性	柔軟性	溶接性	押出加工性
継手、バルブ		○			○	
住宅サッシ		○	○		○	○
軟質フィルム（可塑剤添加）	○		○	○		○
波板	○	○	○			○

▶ 2.1.3 スチレン系樹脂

スチレン系樹脂はスチレンを基本モノマーとしたプラスチックの総称であり、ポリスチレン（PS-GP）、ハイインパクトポリスチレン（PS-HI）、AS樹脂（SAN）の3種類がある。

（1）PS-GP

スチレンをモノマーとしたホモポリマーである。PS-GPの化学式を**図2.6**に示す。側鎖に立体障害の大きい芳香環を有するので非晶性プラスチックとなる。

PS-GPは次の特徴がある。

① 透明である。
② 吸水率は低く、寸法安定性が優れている。

図2.6 ポリスチレン（PS-GP）

表2.5 PS-GPの用途例と利用している特長

用途例	透明性	良流動性	食品衛生性	真空成形性	発泡性
サラダボウル	○	○	○		
カセットケース	○	○			
食品トレイ		○		○	○
カップ麺容器（発泡シート）			○	○	○

③ 流動性が良い。
④ 着色性が良い。
⑤ 食品衛生性が良い。

性能上の注意点には、耐衝撃性が良くないこと、耐油性や耐有機溶剤性は良くないことなどがある。

用途としては、カセットケース、食品容器、家庭用品などに使用されている。

やや概念が異なるが、PSには発泡PSがある。発泡PSは軽量化、クッション性、断熱性などが優れ、かつ真空成形性も良いことから容器類、その他に多用されている。例えば、用途には食品トレイ、ランチボックス、カップめん容器、断熱材などがある。

表2.5にPS-GPの用途例と利用している特長を示す。

（2）PS-HI

PS-GPとブタジエンゴムのポリマーアロイである。PS-HIは透明性が失われるが、耐衝撃性が大幅に改良される。用途にはエアコンハウジング、事務機器ケース、食品容器などがある。

（3）AS樹脂

スチレンとアクリロニトリルを共重合した非晶性プラスチックである。化学式を図2.7に示す。

AS樹脂は透明性に優れ、PS-GPに比較すると次の特徴がある。

① 強度、弾性率が高い。
② 非晶性プラスチックの中では耐薬品性が優れている。

このような特長を活かしてバッテリケース、扇風機の羽根、カセットテー

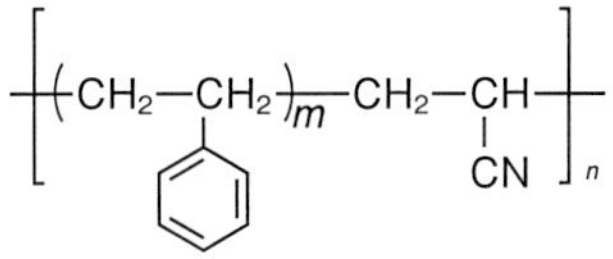

$$\left[\!\!\left(CH_2-CH_2\right)_m CH_2-\underset{CN}{CH}\right]_n$$

図2.7 AS 樹脂

表2.6 AS 樹脂の用途例と利用している特長

用途例	透明性	高強度、高弾性率	耐薬品性	寸法安定性
扇風機の羽根	○	○		○
バッテリーケース	○	○	○	
化粧品容器	○		○	

プのハウジング、ランプカバー、文房具などに使用されている。

表 2.6 に AS 樹脂の用途例と利用している特長を示す。

▶ 2.1.4　ABS 樹脂

ABS 樹脂はアクリロニトリル（AN）、ブタジエン（BD）、スチレン（ST）の頭文字をとって名づけられている。実際には上述の AS 樹脂とゴム成分であるポリブタジエンのポリマーアロイである。AN 成分を多くすれば強度・弾性率が高くなり、ST 成分を多くすれば流動性は良くなる。BD 成分を多くすれば衝撃強度が向上する。ABS 樹脂は、AN、ST、BD などの特長を合わせもつ物性バランスのとれたプラスチックである。また、ABS 樹脂は BD 成分を含むため化学めっきが容易であるという特徴もある。

性能上で注意すべき点に、耐紫外線性や耐薬品性があまり良くないことがある。

ABS 樹脂の用途には、自動車用途（インパネ、ランプカバー）、電気用途（エアコンハウジング、掃除機ハウジング）、雑貨（アタッシュケース、便座）などがある。

表 2.7 に ABS 樹脂の用途例と利用している特長を示す。

ABS 樹脂に類似した樹脂には、透明 ABS 樹脂、AAS 樹脂、ACS 樹脂、AES 樹脂、MBS 樹脂などがある。表 2.8 にこれらの樹脂の概略を示す。

表2.7 ABS樹脂の用途例と利用している特長

用途例	耐衝撃性	良流動性	寸法安定性	良めっき性
自動車インスツルメントパネル	○	○	○	
掃除機ハウジング	○	○		
玩具	○	○	○	
家電取手（めっき品）	○			○

表2.8 ABS樹脂に類似した樹脂

樹脂	樹脂の内容	特徴
透明ABS樹脂	連続相であるアクリロニトリル、スチレンにメタクリレートを共重合してポリブタジエンとの屈折率差を小さくする。	透明である。他はABS樹脂とほぼ同様。
AAS樹脂（ASA樹脂）	アクリル酸エステル、アクリロニトリル、スチレンの共重合体	耐候性に優れ、他はABS樹脂とほぼ同様。
AES樹脂	アクリロニトリル、エチレン-プロピレンゴム（EPDM）、スチレン共重合体	耐候性に優れ、他はABS樹脂とほぼ同様。
ACS樹脂	アクリロニトリル、塩素化ポリエチレン、スチレンの共重合体	難燃性耐候性などに優れる。他はABS樹脂とほぼ同様。
MBS樹脂	メタクリレート、ブタジエン、スチレンの共重合体	透明である。主に透明PVCの衝撃改良剤に使用される。

▶ 2.1.5 メタクリル樹脂（PMMA）

ポリメチルメタアクリレート、ポリメタクリル酸メチルなどとも呼ばれる。PMMAの化学式を図2.8に示す。側鎖にかさ高いメチルエステル基を有するので非晶性プラスチックとなる。

PMMAは次の特徴がある。
① 透明性に優れ、光学的性質が優れている。
② 耐候性が優れている。
③ 外観、表面光沢が優れている。
④ 表面硬度（耐擦傷性）が優れている。

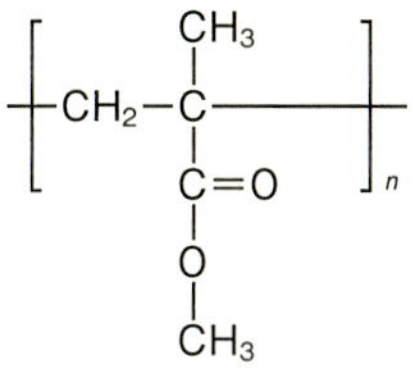

$$\left[-CH_2-\underset{\underset{\underset{CH_3}{O}}{\overset{\overset{CH_3}{|}}{C=O}}}{\overset{|}{C}}- \right]_n$$

図2.8 メタクリル樹脂（PMMA）

表2.9 PMMAの用途例と利用している特長

用途例	透明性	耐紫外線性	耐擦傷性	良着色性	熱加工性
自動車リアランプレンズ	○	○		○	
メーターカバー	○		○		
照明カバー	○	○		○	○
看板（シート加工品）	○	○		○	○

⑤ 着色性が良い。

⑥ シートは熱加工性が良い。

　これらの特徴から、シートの用途では無機ガラスの代替や装飾用途にも使用されている。

　性能上で注意すべき点には、燃えやすいこと、吸水しやすいことなどがある。

　射出成形用途では、優れた透明性を活かした自動車用途（テールランプレンズ、メーターカバー、リヤパネルなど）、家電・機械用途（カバー類、銘板、レンズ、照明カバー）などに使用されている。

　一方、シートについては、メタクリル酸メチルの重合によって直接シートをつくるモノマーキャスト法や直接押出法でシートを加工する方法がある。モノマーキャスト法では分子量の高いシートが得られるので、強度的に優れている特長がある。例えば、軍用航空機の風防ガラスに使用されている。

　表2.9にPMMAの用途例と利用している特長を示す。

▶ 2.1.6　その他の汎用プラスチック

　ポリメチルペンテン（PMP）、アイオノマー、ポリ塩化ビニリデン

(PVDC)、エチレンビニルアルコール共重合体（EVOH）、セルロース系樹脂CA,CAB）などがある。それぞれの化学式、特長、用途を表2.10に示す。

表2.10 その他の汎用プラスチック

樹脂名	化学式	特長	用途例
ポリメチルペンテン（PMP）	$-(CH_2-CH)_n-$ 　　　　$\|$ 　　　CH_2 　　　　$\|$ 　　　CH 　　$/$　$\backslash$ CH_3　CH_3 （ホモポリマー）	①透明である。 ②比重が小さい（0.83）。 ③高融点である（240℃）。 ④良離型性（表面張力が小さい）。 ⑤誘電率が低い。	・医療器具 ・理化器具（メスシリンダー、シャーレ） ・電子レンジトレイ
アイオノマー（エチレン系エラストマー）	$-(CH_2-CH_2)_n-CH_2-\underset{\|}{\underset{C=O}{C}}-_p$ 　　　　　　　　　　　CH_3 M：Na, Caなどの金属イオン $\underset{\|}{\underset{C=O}{}}$ $-(CH-CH_2)_p-(CH_2-CH_2)_n-$ $\|$ CH_3	分子間はイオン結合している。 ①透明である。 ②金属との接着性良。 ③耐摩擦摩耗性良。 ④ヒートシール性良。	・食品フィルム ・ゴルフボールの外皮 ・スキー靴
ポリ塩化ビニリデン（PVDC）	$-(CH_2-\underset{\underset{Cl}{\|}}{\overset{\overset{Cl}{\|}}{C}})_n-$	①ガスバリヤー性が良い。 ②透明である。 ③難燃性である。 ④耐薬品性が良い。	・食品包装 ・ラップフィルム ・不燃繊維
エチレンビニルアルコール共重合体（EVOH）	$-(CH_2-CH_2)_m-(CH-CH_2)_n-$ 　　　　　　　　　　$\|$ 　　　　　　　　　　OH	①ガスバリヤー性が良い。 ②透明である。 ③帯電しにくい。 ④印刷性が良い。	・ガスバリヤー材
セルロース系プラスチック	酢酸セルロース（CA） 酪酢酸セルロース（CAB）	①帯電しにくい。 ②耐衝撃性が良い。 ③耐候性が良い。 ④透明である。	・自動車ハンドル ・文具、玩具 ・ドライバーの柄

2.2 汎用エンジニアリングプラスチック

▶ 2.2.1 ポリアミド（PA）

PAは分子鎖にアミド結合（-NHCO-）を有する線状ポリマーの総称である。過去の開発経緯から「ナイロン」と表現することも多いが、ISOやJIS用語ではポリアミド（PA）に標準化されている。

JIS K6900に示される用語の定義では「連鎖中の繰り返し構造の単位がすべてアミドの形の重合体」となっており、他のエンプラに比較すると種類が非常に多い。JIS K6920ではホモポリアミドとコポリアミドに大別しているが、ここでは表2.11のように脂肪族PA、半芳香族PA、全芳香族PAに分類する。脂肪族PAは脂肪族鎖とアミド結合からなるPAである。代表的なPAとしてはPA6とPA66がある。両PAの化学式を図2.9、図2.10に示す。

半芳香族PAは脂肪族PAに芳香環を導入したものである。芳香環を導入することでPA6やPA66よりも耐熱性や強度が大幅に向上している。これらの中で、PA6T/66、PA6T/6I、PA6T/6I/66、PA9Tなどは脂肪族PAに

表2.11 PAの種類

分類	プラスチック名
脂肪族PA	PA6、PA66、PA46、PA610、PA612、PA11、PA12
半芳香族PA	PAMXD6、PA6T/66、PA6T/6I、PA6T/6I/66、PA9T
アラミド（全芳香族PA）	MPIA（ポリメタフェニレンアミド） PPTA（ポリパラフェニレンテレフタルアミド）

$$\left[NH(CH_2)_5 CO \right]_n$$

図2.9 PA6

$$\left[NH(CH_2)_6 - NHCO - (CH_2)_4 CO \right]_n$$

図2.10 PA66

表2.12 半芳香族PAの種類と基本性質

プラスチック名	商品名（メーカー）	ガラス転移温度（℃）	融点（℃）	荷重たわみ温度（℃、1.80MPa）	
				非強化	GF強化（30wt%）
PAMXD6	MXナイロン（三菱ガス化学）	75	243	96	―
	レニー（三菱エンジニアリングプラスチックス）	―	―	―	228
PA6T/66	HTナイロン（東レ）	90	290	―	280
PA6T/6I	アーレン（三井化学）	125	320	130	295
PA9T	ジェネスター（クラレ）	125	308	135	273

フタル酸を共重合しているので「ポリフタルアミド」（PPA）と総称することもある。

表2.12に半芳香族PAの性能を示す。同表のようにガラス繊維などで強化することによって大幅に耐熱性が向上し、スーパーエンプラと同等の性能を示すようになる。

全芳香族PAは芳香族鎖とアミド結合から構成されるもので、「アラミド」と称している。アラミドは線状ポリマーではあるが、非可塑性であるので成形材料としては使用されていない。溶液紡糸し延伸することにより高強度繊維として使用されている。アラミドではデュポン社の「ケブラー」がよく知られている。

次に代表的なPA6とPA66について述べる。

PA6の結晶化度は約20～25%、PA66は約30～35%であり、PA66の方が結晶化度は高い。それを反映してPA6の結晶融点は215～225℃であり、PA66は255～265℃である。また、両樹脂とも分子鎖にアミド結合を有するためポリマー分子間で水素結合を形成すること、非晶相は水分を吸着しやすいこと、強化材に対する親和性（濡れ性）が良いことなど、他の汎用エンプラには見られない特性がある。

PA6およびPA66の共通的特徴は次の通りである

① 非強化品の耐熱性はそれほど高くはないが、ガラス繊維などで強化すると耐熱性は著しく向上する。ガラス繊維30％強化品の荷重たわみ温度（1.80 MPa）は、PA6は205℃に、PA66では244℃に向上する。同時に強度、弾性率も大幅に向上する。

② 耐疲労性が優れている。繰り返し荷重が負荷される自動車部品や歯車の用途に適している。

③ 耐摩擦摩耗性が優れており自己潤滑性がある。歯車や摺動性の必要な部品にも多く使用されている。

④ 結晶性プラスチックであるため油や有機溶剤に対する耐薬品性が優れている。自動車のエンジン周り、機械部品などの用途に適している。ただ、アルコールや無機酸には侵されるものがある。

⑤ 分子骨格にアミド基があるため、ポリマー分子間で水素結合することや結晶相を有することから酸素バリヤ性が優れる。食品包装フィルムなどに使用されている。

⑥ アミド結合を有するため、非晶相では吸水しやすく、飽和吸水率（23℃、50％RH）は2〜3％であり、他のプラスチックに較べると大きな値である。そのため、吸水による静的強度（引張、曲げ、圧縮）や衝撃強度、寸法などの変化が大きいことに注意しなければならない。

PAは耐摩擦摩耗性、耐油性、耐疲労性などの特徴を活かして機械部品に多く使用されている。また、ガラス繊維などで強化するとPA本来の特徴に加えて耐熱性が大幅に向上し、かつ吸水率が低くなることから強度や寸法の変化が少なくなる。工業部品用途に応用範囲が拡大する。一方、異形押出品、フィルム、モノフィラメントなどの押出成形が可能である。

自動車用途ではシリンダーヘッドカバー、インテークマニホールド、燃料タンク、燃料チューブなどに、機械用途では電動工具ハウジング、軸受、ギア、ファンなどに、その他の射出成形では玩具、スポーツ・レジャー用品、建材部品などに、押出品の用途では食品包装フィルム、モノフィラメント（魚網、釣り糸、歯ブラシなど）などに使用されている。

PA6の用途例と利用している特長を**表2.13**に示す。

表2.13　PA6 の用途例と利用している特長

用途例	耐熱性	強度	耐疲労性	耐摩擦摩耗性	耐油性	ガスバリヤ性	透明性
自動車インテークマニホールド	○		○		○		
電動工具ハウジング	○	○	○		○		
軸受		○	○	○	○		
食品包装フィルム		○	○			○	
釣り糸*		○		○			○

＊モノフィラメント押出製品（急冷・延伸）

2.2.2　ポリアセタール（POM）

　POM はポリオキシメチレンまたはポリホルムアルデヒドとも呼ばれている結晶性プラスチックである。POM にはホモポリマーとコポリマーがある。
　ホモポリマーの化学式は図 2.11（a）で示される。同式のように繰り返し単位はオキシメチレン（$-CH_2O-$）からなる単純な分子構造である。一方、コポリマーの化学式は図 2.11（b）で示される。同式のように分子鎖中にエチレン基 $[-(CH_2)_2-]$ または類似の基を導入したコポリマーである。
　ホモポリマーの結晶化度は 64～69 ％で、結晶融点は約 175 ℃である。一方、コポリマーの結晶化度は 56～59 ％で、融点は約 165 ℃である。物性的には、ホモポリマーはコポリマーより強度、弾性率は高いが、成形時の熱安定性や耐温水性はコポリマーの方が優れている。
　POM の共通的特徴は次の通りである。

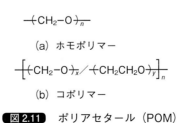

図 2.11　ポリアセタール（POM）

① 自己潤滑性であり耐摩擦摩耗性が優れているので、歯車、軸受、その他摺動部品などへの使用例が多い。
② 耐疲労性が優れているので、自動車、機械部品などの繰返し荷重がかかる用途に多く使用されている。
③ 結晶化度は高いので強度、弾性率が大きい。また耐クリープ特性も優れている。
④ 吸水率が低く、寸法安定性も比較的優れている。
⑤ 有機溶剤、油、グリースなどに対する耐薬品性が良いので、機械部品用途に多く使用されている。ただ、耐酸性は良くない。
⑥ 燃焼性は良くない。難燃性グレードは開発されていない。
⑦ 成形時の結晶化速度が速く結晶化度も高い。また、流動性も良い。ただ成形時のモールドデポジットが発生しやすいことに注意しなければならない。

用途としては、耐摩擦摩耗性（自己潤滑性）、耐疲労性、寸法安定性などの特長を活かして摺動性や繰返し荷重のかかる動的な用途に使用されている。

自動車分野ではドアインナハンドル、オートドアーロック、シフトレバー、コンビネーションスイッチ、ガソリンタンクポンプモジュールなどに使用されている。電機・電子分野ではAV機器の駆動部品、DVD－ROM機器の歯車やプーリ、扇風機ネックピース、洗濯機攪拌用プロペラなどがある。事務機器分野ではプリンター部品、複写機の送りギア、FDDコレットなどがある。機械用途では輸送機器のローラー、減速機構、チェーン、時計部品な

表2.14 POMの用途例と利用している特長

用途例	強度・弾性率	耐疲労性	自己潤滑性	寸法安定性	耐油性
事務機機器用歯車			○	○	
ファスナー	○	○	○	○	
建材戸車	○	○	○		
自動車燃料ポンプモジュール	○			○	○
自動車インナーハンドル	○	○	○		
水洗トイレ部品	○	○		○	

どがある。日用品分野では玩具ギア、ジッパーむし、バックルなどがある。
POM の用途例と利用している特長を表 2.14 に示す。

▶ 2.2.3 ポリカーボネート（PC）

PC は分子鎖にカーボネート結合（炭酸エステル結合：–OCOO–）を有するポリマーの総称であるが、ビスフェノール A（BPA）を主原料とする PC がコストパフォーマンスの点で優れていることから、BPA からのポリマーを一般的に PC と称している。

化学式は図 2.12 の通りである。同式のように、主鎖に剛直な芳香環（⬡）を有し、かさ高いイソプロピリデン基（–C(CH$_3$)$_2$–）を有する非晶性プラスチックである。ガラス転移温度は 145 ℃ である。また、カーボネート結合を有しているので加水分解を起こしやすい性質がある。

PC の特徴は次の通りである。

① 耐衝撃性はプラスチックの中で最も優れている。–30〜–40 ℃ の低温領域まで延性破壊を示す。

② 透明性が優れている。光線透過率は 85〜90 % であり、PMMA とほぼ同等である。

③ 耐熱性が優れている。–40〜120 ℃ の温度範囲で安定した機械的特性を示す。

④ 自己消火性である。難燃剤を添加することによって難燃化が容易である。

⑤ 吸水率も比較的低く、寸法安定性が優れている。

⑥ 耐候性は優れた部類に属する。

⑦ 食品衛生性が優れている。

⑧ 温水やアルカリ水溶液によって加水分解すること、成形時に材料中に微量水分を含むと加水分解することなどに注意すべきである

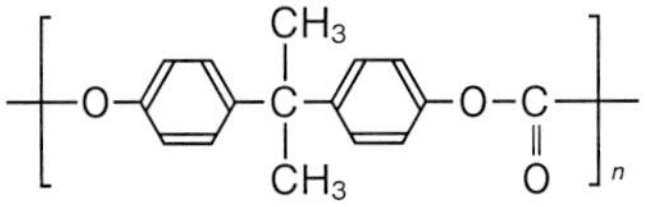

図 2.12　ポリカーボネート（PC）

表 2.15　PC の用途例と利用している特長

用途例	透明性	耐衝撃性	耐熱性	寸法安定性	難燃性	耐候性
自動車ヘッドランプレンズ	○	○	○			○
DVD 基板	○			○		
カメラ部品		○		○		
携帯電話バッテリケース		○	○		○	
保安帽		○				○
カーポートの透明屋根材*	○	○				○

＊押出シート製品

⑨ 有機溶剤に侵されやすく、有機溶剤、油、グリースなどによってケミカルクラックが発生することに注意すべきである。

PC は透明性、耐衝撃性、寸法安定性などの特長を活かした用途が多い。

電機・電子・OA 分野では事務機器ハウジング、携帯電話ハウジング、スチームアイロンタンク、メモリカードなどがある。光メディア分野では CD、CD-R、DVD などの基板がある。自動車・車両分野ではヘンドランプレンズ、メーターカバー、アウタードアハンドル、サンルーフなどがある。医療・保安分野では保安帽、保護メガネ、人工透析器ケース、人工肺などがある。機械分野ではカメラハウジング、メーターカバー、時計部品などがある。シート・フィルム分野ではカーポートの透明屋根材、渡り廊下のボールト、道路フェンス、農業ハウス被覆材、カレー容器などがある。

表 2.15 に PC の用途例と利用している特長を示す。

▶ 2.2.4　変性ポリフェニレンエーテル（mPPE）

ポリフェニレンエーテル（PPE）の化学式を図 2.13 に示す。同式からわかるように剛直な芳香環（⬡）とエーテル基（-O-）で結合した非晶性プラ

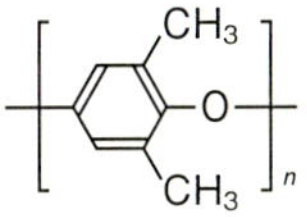

$$\left[\begin{array}{c}\\ \text{CH}_3 \\ \\ \text{CH}_3 \end{array}\right]_n$$

図 2.13　ポリフェニレンエーテル（PPE）

スチックである。ガラス転移温度は210℃である。

　PPEそのものは耐熱性が優れている反面、成形性（流動性）が良くないので単独で成形材料として使用することは困難である。ところが、PPEをポリスチレン（PS）とアロイ化すると両成分の混合比に応じてガラス転移温度が直線的に変化するという特異な特性がある。また、PS-HS（ハイインパクトポリスチレン）とアロイ化すると、成形性と同時に耐衝撃性が向上するので、PPE/PS-HIアロイ材料を「変性PPE」と一般的に称するようになった。その後に開発されたPPE/PA、PPE/ポリオレフィンなどのアロイ材料も変性PPEの範疇に属する。

（1）PPE/PS-HIアロイ

　PPE/PS-HIアロイは、PPEとPS-HIの組成比を変えることで耐熱性と成形性（流動性）を要求性能に応じて変えることができる。また、難燃剤を添加することによって難燃性も付与できるので材料設計自由度の大きいポリマーアロイ系のエンプラである。グレードには荷重たわみ温度（1.80 MPa）で90～170℃の温度範囲のものがある。また、同アロイはリン系難燃剤で難燃性を付与できることからUL94の燃焼ランクでは0.8 mm厚みでV-1～V-0のグレードがある（未添加品はHB）。

　特徴は次の通りである。

　① PPE/PS-HIの組成比が1のものは、比重は1.06でありエンプラの中では比重は最も小さい。

　② 耐熱性は、荷重たわみ温度（1.80 MPa）では組成によって90～170℃の範囲をカバーしている

　③ 耐温水性、耐アルカリ性、耐酸性などの耐薬品性が優れている。有機溶剤、油、グリースなどによってケミカルクラック（ソルベントクラック）が発生しやすいことに注意しなければならない

　④ 難燃剤の添加によってUL94V-0を満足する難燃性能を付与できる。また、難燃剤は非ハロゲン（リン系）を用いている。難燃グレードでは成形時の金型汚染が起こりやすいことに注意すべきである。

　⑥ 吸水率は低く、寸法安定性は優れている。

　mPPEの中ではPPE/PS-HIアロイが標準的に使用されている。この材料は、PPE、PS-HI、難燃剤の各配合成分比を調整することによって耐熱性、

表2.16 mPPEの用途例と利用している特長

用途例	耐熱性	耐衝撃性	強度・弾性率	難燃性	寸法安定性	耐温水性
事務機器シャーシ	○	○	○	○	○	
ICトレイ	○			○	○	
プリンターインクカートリッジ	○			○	○	
ヒューズホルダー	○			○		
温水ポンプ部品（インペラ、ポンプケース）			○		○	○
自動車フェンダー*	○	○				

＊PA/PPEアロイ

　難燃性、成形性などの要求に応じて変性できる点に特徴があり、電機・電子用途を中心に幅広く使用されている。また、ガラス繊維、無機充填剤などによる強化グレードは高剛性、難燃性、良成形性などの利点から事務機器シャーシ類に用途が広がっている。

　自動車分野ではインスツルメントパネル、ラジエータグリル、ホイールキャップ、フェンダーなどに使用されている。事務機器ではファクシミリや複写機のシャーシ類、トナーカートリッジ、複写機ドラム、CD-ROM機器のシャーシなどに使用されている。電機・電子分野ではICトレイ、ACアダプター、コイルボビン、スイッチなどに使用されている。機械分野では水中ポンプハウジングやインペラ、カメラ部品などに使用されている。

　表2.16にmPPEの用途例と利用している特長を示す。

（2）PPE/PAアロイ

　PPEとPAは非相溶性であるが、化学的変性または相溶化剤によって相溶性を付与できる。さらに、耐衝撃性を改良するためにゴム成分を加えると、モルフォロジーは海（PA）、島（PPE）、湖（PPE中のゴム成分）の構造になり、耐衝撃性が優れ、かつ耐熱性や耐薬品性の優れたアロイ材料となる。

　PA6やPA66とのアロイ材料がある。PA成分としてはPA66を用いるアロイ材の方が耐熱性は高くなる。

主な特徴は次の通りである。

① 荷重たわみ温度（0.45 MPa）は、PPE/PA6では180～190℃と高く、自動車外板におけるオンライン塗装の硬化温度に耐える耐熱性を有している。PPE/PA66では200℃である。

② モルフォロジーはPA成分が海になっているので、PPE/HIPSアロイに比較して耐薬品性（有機溶剤、油）、流動性などが優れるが、反面、吸水率が高いこと、成形収縮率が大きいことなどの点に注意すべきである。

PPE/PAアロイ材料は高耐熱性、耐薬品性、良流動性などの特徴を活かしてオンライン塗装される自動車外板用途を中心に使用されつつある。

(3) その他のアロイ

PPE/ポリオレフィン、PPE/PPSなどのポリマーアロイ材料も開発されている。

▶ 2.2.5　飽和ポリエステル

熱硬化性樹脂である不飽和ポリエステルと区別するために、エステル結合（–C(O)O–）を有する熱可塑性プラスチックを「飽和ポリエステル」と総称している。飽和ポリエステルには、ポリブチレンテレフタレート（PBT）、ポリエチレンテレフタレート（PET）、その他のポリエステルがある。

(1) ポリブチレンテレフタレート（PBT）

PBTの化学式を図 2.14 に示す。分子構造ではエステル結合を有するので加水分解しやすい。脂肪族鎖（$-(CH_2)_4-$）を有するので結晶性である。

PETの脂肪族鎖（$-(CH_2)_n-$）が $n=2$ に対して、PBTは $n=4$ であり脂肪族鎖が長いため、結晶化速度が速いという特徴が生まれる。PBTの結晶融点は約224℃と高く、結晶化度は35～45％である。荷重たわみ温度（1.80 MPa）は58℃であるが、ガラス繊維（30 wt %）で強化すると212℃と飛躍的に向上しエンプラとしての特性を付与することができる。そのためPBTというとガラス繊維強化材料を指すことが多い。

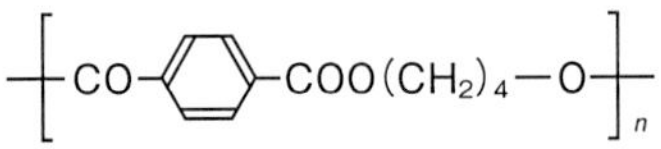

$$\left[CO-\bigcirc-COO(CH_2)_4-O \right]_n$$

図 2.14　ポリブチレンテレフタレート（PBT）

非強化 PBT の特徴は次の通りである。
① 高靭性である。
② ガスバリヤー性が良い。
③ 印刷適正が良い
④ 他の材質（金属、プラスチック）との接着性が良い。

これらの特徴を活かして、射出成形品では電装部品に、押出製品では食品包装用多層フィルム、金属や紙のラミネート用フィルム、PET ボトル用シュリンクフィルム、光ファイバーケーブルの被覆材などに使用されている。

一方、GF 強化品はベース樹脂の特性を反映して次の特徴がある。
① 強度・剛性、耐クリープ性などの機械的特性が優れている。
② 難燃剤添加によって高い難燃性能が得られる。
③ 荷重たわみ温度は 212℃ であり、耐熱性が優れている。
④ 吸水率が低く、寸法安定性が優れている。
⑤ 有機溶剤、油などの対する耐薬品性が優れている。アルカリ薬品や高温蒸気、高温水で加水分解しやすい点に注意すべきである。
⑥ 耐アーク性、耐トラッキング性などの電気的特性が優れている
⑦ ガラス繊維強化品は成形収縮率や強度の異方性が大きいことなどに注意すべきである

PBT（GF 強化品）の最大の特長は耐熱性、高剛性、難燃性、耐薬品性、電気特性（耐アーク、耐トラッキング性）などで、バランスの優れた特性を有していることから自動車、電機・電子などの内部機構部品として使用されている。

自動車関係ではイグニッションコイル、ワイヤーハーネスコネクター、ECU ハウジング、ランプリフレクター、バルブ類などがある。電機・電子分野ではコネクタ、プラグ、コイルボビン、スイッチ、クーリングファン、蛍光灯口金などがある。機械分野ではガス・水道用部品、サインペンキャップなどがある。

表 2.17 に PBT の用途例と利用している特長を示す。

（2）ポリエチレンテレフタレート（PET）

PET の化学式を**図 2.15** に示す。
加水分解性、結晶性などは PBT と同様であるが、PET の方が結晶化速度

表 2.17 PBT の用途例と利用している特長

用途例	強度剛性	耐クリープ性	耐熱性	寸法安定性	難燃性	耐アーク、耐トラッキング性
自動車ウィンドウォッシャーノズル	○	○	○	○		
自動車ディストリビューターキャップ	○	○	○		○	○
自動車ワイヤーハーネスコネクタ	○	○	○	○	○	
電機・電子機器コネクタ類	○	○	○		○	○
蛍光灯口金		○		○	○	○

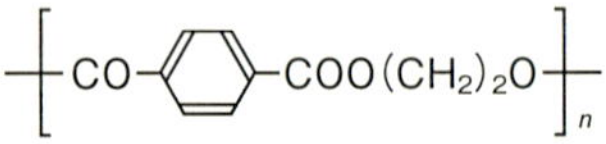

$$\mathrm{\left[CO-\langle\rangle-COO(CH_2)_2O\right]_n}$$

図 2.15 ポリエチレンテレフタレート（PET）

は遅い。そのため一般の射出成形用途には使用されていない。PET は押出成形で延伸することによって強度、特に靱性が大幅に向上し、かつ透明なフィルムを加工できる。また、延伸ブロー成形によって耐衝撃性の優れた透明ボトルに加工できる。

PET を繊維強化した GRPET（GF30 %）は荷重たわみ温度は 230 ℃（1.80 MPa）と飛躍的に向上する。特性は PBT とほぼ同じであるが、耐熱性は PBT より高い。

PBT では耐熱性が不足する用途に使用されている。電機用途を中心に電子レンジ部品、コイルボビン、コンデンサーケース、アイロン断熱板、ホットプレート部品などの使用されている。

表 2.18 に GRPET の用途例と利用している特長を示す。

（3） その他の飽和ポリエステル

その他の飽和ポリエステルには**表 2.19** に示すものがある。分子主鎖にシクロヘキサン環（H）やナフタレン環（◯◯）を導入することで PBT や PET よりも耐熱性がさらに向上している。

図 2.18 GRPET の用途例と利用している特長

用途例	高強度・弾性率	耐クリープ性	耐熱性	難燃性
アイロン断熱板			○	○
ホットプレート部品	○		○	○
コイルボビン		○	○	○
トランスコイルボビン	○	○	○	○
ジャー炊飯器部品			○	○

表 2.19 その他の飽和ポリエステル

名称 化学式	T_g (℃)	T_m (℃)	GF30 % 荷重たわみ温度 [℃(1.80MPa)]
ポリシクロヘキサンジメチレンテレフタレート（PCT） 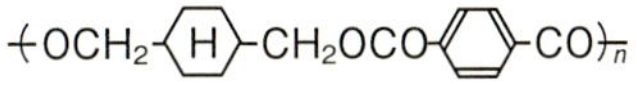 $+OCH_2-\langle H \rangle-CH_2OCO-\bigcirc-CO+_n$	95	290	260
ポリブチレンナフタレート（PBN） 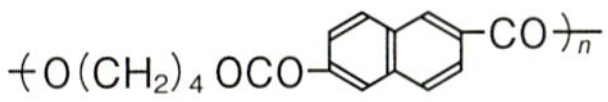 $+O(CH_2)_4OCO-\bigcirc\bigcirc-CO+_n$	85	239	224
ポリエチレンナフタレート（PEN） 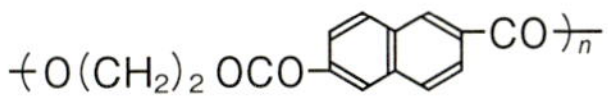 $+O(CH_2)_2OCO-\bigcirc\bigcirc-CO+_n$	124	266	—

2.3 スーパーエンジニアリングプラスチック

▶ 2.3.1 ポリフェニレンスルフィド（PPS）

　PPS は**図 2.16** の化学式で示されるポリマーの総称である。同化学式のように芳香環（○）と硫黄結合（–S–）の繰り返し単位からなる単純な分子構

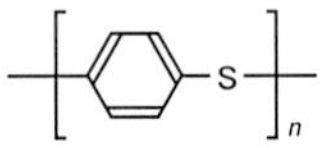

$$-\!\!\left[\!\!\bigcirc\!\!-\mathrm{S}\right]_{\!n}$$

図 2.16 ポリフェニレンスルフィド（PPS）

造の結晶性プラスチックである。結晶の融点は約 285～288 ℃、ガラス転移温度は約 88～93 ℃である。

　PPS は重合法によって架橋型、半架橋型、直鎖型の 3 種があり、それぞれの構造によって性能的には若干の違いがある。

　架橋型は低分子量のポリマーを重合し、洗浄・精製した後に酸素存在下で融点以下の温度で長時間熱処理し分子間を熱架橋させることで見かけの分子量を増大させている。そのため、高温での弾性率や耐クリープ性に優れ、成形時にバリが比較的発生しにくい特徴がある。

　半架橋型は基本的には架橋型と同様な重合プロセスで製造されるが、架橋前のポリマーの重合度をより高めた後に熱架橋させるものである。

　一方、直鎖型は重合反応の制御または重合助剤を用いて直鎖状の高分子量ポリマーにしたものである。そのため、架橋型に比べて直鎖型は耐衝撃性やウェルド強度が優れている。

　PPS はガラス繊維や無機フィラーとの親和性が良く補強効果が大きいので、充填材を 40 wt % 程度充填した強化材料が標準的に使用されている。

　ガラス繊維強化 PPS の荷重たわみ温度（1.80 MPa）は 260 ℃で、連続使用温度は 200～220 ℃と高い。また、広い温度範囲で強度、弾性率が高く、耐疲労性や耐クリープ性も優れている。

　PPS は接炎すると炭化するため極めて優れた難燃性を示す。難燃剤を添加することなく自己消火性であり、UL94 の燃焼試験では 0.36～1.6 mm の厚みにおいても UL94V-0 レベルである。また、酸素指数は非強化で 44、強化材料で 50 であり、プラスチックの中では高い難燃レベルにある。

　PPS は極性基をもたず結晶性であるので吸水率は 0.02 %（23 ℃水中、24 hr）であり、吸水寸法変化は少ない。また、耐温水性も優れている。

　その他、寸法安定性が優れている。また、広い温度範囲で絶縁特性や誘電特性が安定している。

　一方、注意点としては、バリが発生しやすいこと、金型腐食やモールドデ

ポジットが発生しやすいことなどである。また、充填材強化材料であるため金型の摩耗が起こりやすいので、型材質の選定に注意を要する。

用途としては、電気・電子分野ではコネクタ、パワーモジュール、光ピックアップ部品、各種シャーシ、ドライヤーグリルなどに、自動車分野ではECUケースなどの電装部品、ウォーターポンプのインペラなどのエンジン周り部品などに、機械分野ではケミカルポンプインペラ、ギアポンプ、バルブ類などに使用されている。また、ハイブリッド自動車や電気自動車ではパワーモジュール、モーターなどの部品にも使用されている。

表2.20にPPSの用途例と利用している特長を示す。

表2.20 PPSの用途例と利用している特長

用途例	耐熱性	高強度・弾性率	耐摩擦摩耗性	難燃性	耐薬品性
ドライヤーグリル	○	○		○	
ケミカルポンプインペラ		○	○		○

▶ 2.3.2 液晶ポリマー（LCP）

LCPは溶融状態においても一部分子配列に規則性をもち、かつ流動性の優れたポリマーである。

一般にプラスチックの名称は分子構造に由来して名づけられるが、LCPは溶融状態で液晶性（ネマチック液晶）を示すという物理的性質に由来して名づけられている。したがって、溶融状態で液晶性を示すプラスチックの総称であり、いろいろな分子構造のものがある。一般的にLCPには、図2.17に示すⅠ、Ⅱ、Ⅲの3つのタイプがある。式からわかるように分子中にはパラヒドロキシ安息香酸をモノマーとした成分（-o-〇-C-）が共通的に含まれている。この成分だけから構成されるポリマーは溶融粘度が大きくて流動性が悪いので、各種のモノマーと共重合して流動性を改良している。

LCPは、上述のように共重合するモノマーによってタイプⅠ、タイプⅡ、タイプⅢに分類されている。それぞれの分子構造に由来して耐熱性はタイプⅢ、タイプⅡ、タイプⅠの順に高くなる。表2.21に耐熱温度（荷重たわみ温度）とはんだ耐熱レベルを示す[1]。

非強化LCPは成形品表面近傍における流動方向への強い配向によりフィ

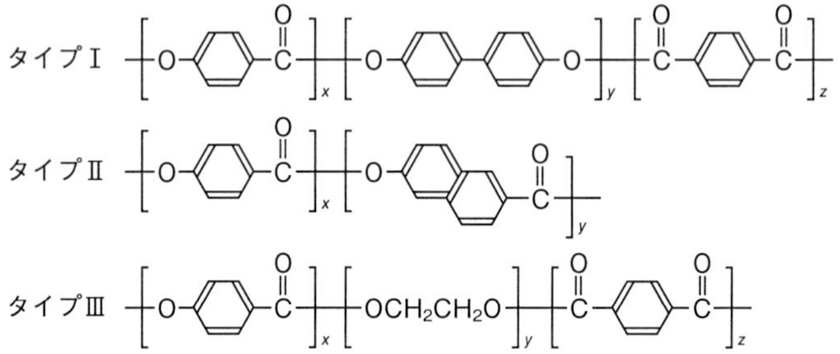

図 2.17 液晶ポリマー（LCP）

表 2.21 LCP の耐熱性による分類[1)]

タイプ	荷重たわみ温度*	はんだ耐熱レベル
Ⅰ型	>300 ℃	ディップはんだ対応
Ⅱ型	250～270 ℃	1.5 型鉛フリーはんだ対応
		SMT はんだ対応
Ⅲ型	<230 ℃以下	はんだ耐熱なし

＊ガラス繊維強化品の値

ブリル化するので、これを防止するために強化材や充填材による複合強化グレードが開発されている。

　他のエンプラとの違いは、溶融状態においてポリマーの一部に配列分子（液晶）が存在することである。射出成形で型内流動時にせん断力が作用すると、流動方向に液晶が配向することで自己補強効果が得られる。これは、ガラス繊維が流動過程で流れ方向に配向して強度、弾性率が向上するのと同じ原理である。図 2.18 に液晶配向の概念を示す。

　LCP の一般的特徴は次の通りである。

　① 高耐熱性である。荷重たわみ温度（1.80 MPa）は、タイプⅠでは 300 ℃以上、タイプⅡでは 250 ℃～270 ℃で、タイプⅢでは 230 ℃以下であり、タイプⅠはディップはんだにも耐える耐熱性を有している。また、タイプⅡは SMT はんだに耐える。最近ではタイプⅡでも鉛フリーはんだに耐える耐熱性を有するタイプⅡの 1.5 型の材料も開発されている。

　② 自己補強効果によって強度・弾性率が高い。特に成形品の肉厚が薄く

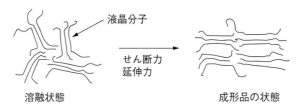

図 2.18 成形過程における液晶配向の概念図

なるほどこの傾向は顕著になる。ただし、射出成形品では流れ方向と直角方向で強度、弾性率に異方性があることに注意すべきである。

③ ポリエステル系エンプラであるので、高温蒸気・温水、アルカリ性薬品中では加水分解する。また、成形上では吸水率は低いがポリエステル系プラスチックであるので予備乾燥を必要とする。

④ 薄肉成形性が優れている。LCP の溶融粘度のせん断速度依存性が大きく、高せん断速度では溶融粘度は小さくなるので 0.2〜0.4 mm 程度の薄肉成形品でも容易に成形できる。一方、低せん断速度域では粘度は大きくなるので、成形時のバリは発生しにくい利点がある

⑤ 成形収縮率や線膨張係数が小さい。LCP は溶融状態から固化するときの比容積減少が少ないという特性がある。そのため、結晶性でありながら成形収縮率は小さく、線膨張係数も小さい。ただし、射出成形品では流れ方向と直角方向で成形収縮率や線膨張係数に異方性があることに注意すべきである。

⑥ 難燃性である。UL94 の燃焼ランクは厚み 0.4〜1.0 mm で UL94V-0 の性能を有している。

⑦ その他、ガスバリヤ性や振動吸収性なども優れている。

主な用途には、次のものがある。

電子・電気分野では狭ピッチコネクター、リレー部品、コイルボビン、ソケット類、スピーカコーンや振動板などがある。事務機器・精密機器分野では FDD のキャリッジやアーム、インクジェットプリンターのノズル、複写機の分離爪、光ピックアップ部品などがある。その他では耐熱食器、スポーツ部品などがある。

表 2.22 に LCP の用途例と利用している特長を示す。

表 2.22　LCP の用途例と利用している特長

用途例	耐熱性	高剛性	寸法安定性	難燃性	薄肉流動性
表面実装コネクタ	○	○		○	○
光ピックアップ部品		○	○	○	○

▶ 2.3.3　ポリアリレート（PAR）

　PAR は二価フェノールと芳香族ジカルボン酸との重縮合物と定義されており、全芳香族ポリエステルである。その意味では前述の LCP のタイプⅠやタイプⅡも分子構造的にはこの分類に属するが、ここでは非晶性の PAR について述べる。

　非晶性 PAR で工業化されているものはユニチカの「U ポリマー」があり、図 2.18 の化学式で示される。同式のように剛直な芳香環（⬡）とエステル結合（-COO-）からなる非晶性の全芳香族ポリエステルである。フタル酸成分はイソフタル酸／テレフタル酸の混合フタル酸であるため、この化学式で示される。

　U-100 のガラス転移温度は 193 ℃、荷重たわみ温度（1.80 MPa）は 175 ℃であり、ポリスルホンとほぼ同等の高い耐熱性を有している。

　全光線透過率は 89 % と PC に近い透明性を有する。

　降伏ひずみが大きいので弾性回復可能な変形領域が広い。したがって、変形に対する弾性回復特性に優れている。また、ガラス転移温度も高いことから広い温度範囲で回復特性を保持できる。

　芳香環の分子密度が高いため酸素指数は 36 である。また、難燃剤を添加しないで UL94V-2 の難燃性能がある。

　化学的性質では、他の非晶性プラスチックと同様にハロゲン系炭化水素、芳香族炭化素、エステル系などの有機溶剤に膨潤・溶解またはケミカルクラ

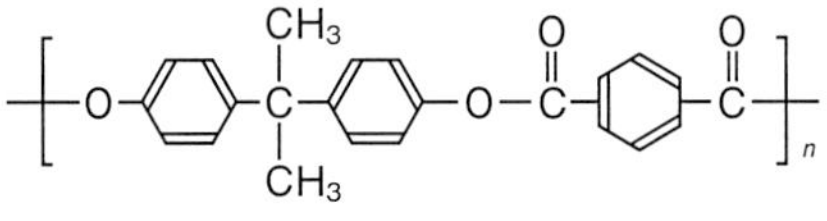

図 2.18　ポリアリレート（PAR）

表2.23　PARの用途例と利用している特長

用途例	透明性	耐熱性	強度	食品衛生性
フォグランプレンズ	○	○	○	
電子レンジ対応容器	○	○		○

ックが発生する。また、エステル結合を有するので高温水や高温蒸気で加水分解しやすいことに注意しなければならない。成形では予備乾燥を必要とする。

標準グレードは食品衛生規格にも適合するので、食品容器、包装用途へも使用されている。

主要用途は自動車、機械・精密機器、電気・電子などの分野がある。自動車分野ではフォグランプレンズ、ランプハウジング、計器部品など、機械分野ではポンプケーシング、複写機部品、時計枠などに、電気・電子分野では電子レンジ対応容器、ソケット類、ヘッドホーン部品などに、医療分野では目薬容器、高温滅菌用注射筒などに使用されている。

また、Uポリマーの共重合組成を変えた高耐熱ポリマーは、コーティングやフィルム用としてディスプレイ基板、太陽電池、スピーカー振動板などへの応用も検討されている。

表2.23にPARの用途例と利用している特長を示す。

▶ 2.3.4　ポリスルホン（PSU）

PSUの化学式を図2.19に示す。PSUはジフェニールスルホンとビスフェノールAからなるコポリマーであり、同式のようにスルホン結合（$-SO_2-$）とエーテル結合（$-O-$）で結合した剛直な芳香環（⬡）を有する構造であるので高耐熱性を発現する。ガラス転移温度は185℃である。

特徴は次のとおりである。

① 耐熱・耐寒性が優れている。ガラス転移温度は190℃、荷重たわみ温

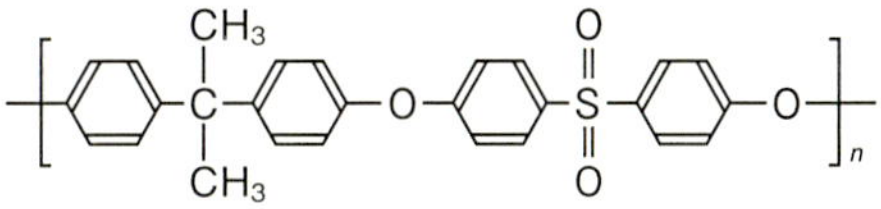

図2.19　ポリスルホン（PSU）

度（1.80 MPa）は170℃である。これに対応して高温度においても高強度・弾性率を維持している。また、脆化温度は−100℃である。

② 分子中にエステル結合を有していないので加水分解し難い。したがって、沸騰水や加圧蒸気に曝されても加水分解しないのでオートクレーブによる滅菌にも耐えられる。

③ 吸水率が比較的低いことなどから寸法安定性が優れている。

④ 自己消火性である。

⑤ 透明である。全光線透過率は80〜90％である。ただし、自然色は琥珀色である。屈折率は1.63であり高い値である。

⑥ 耐放射線性が優れる。X線、ベータ線、ガンマー線などの放射線に対する耐性がある。

⑦ 食品安全規格に適合する。食品容器、医療機器などの安全性試験規格に適合する。例えば、米国のFDA規格、日本の薬局方、厚生労働省告示20号などに適合している。

⑧ 有機溶剤には侵されるものがある。アルコール系、炭化水素系などには耐性があるが、ハロゲン系炭化水素系、エーテル系、ケトン系などの有機溶剤では膨潤・溶解またはケミカルクラックが発生する。

用途では、自動車分野ではバッテリーキャップ、ダイナモ部品、センサー類など、電気分野ではプリント基板、コイルボビン、コンデンサーフィルム、電子レンジ用食器、コーヒーメーカー、加湿器など、医療機器分野では実験動物飼育箱、搾乳機などに使用されている。

最近では、耐熱性、耐塩水性、生体適合性などの特性を生かして海水の淡水化、半導体・医療用超純水の造水や年々患者数が増加している血液透析用の人工腎臓中空糸の需要も増えている。

表2.24にPSUの用途例と利用している特長を示す。

表2.24 PSUの用途例と利用している特長

用途例	透明性	耐蒸気性 耐温水性	強度	食品衛生性
コーヒーメーカー部品	○	○		○
実験動物飼育箱	○	○	○	

▶ 2.3.5 ポリエーテルスルホン（PES）

　PES とは、芳香環（⬡）がスルホン結合（$-SO_2-$）とエーテル結合（$-O-$）によって交互に結合した構造のものである。図 2.20 に化学式を示す。PSU がコポリマーであるのに対し、PES はホモポリマーである。主鎖に剛直な芳香環を有するので、高耐熱性の非晶性プラスチックである。

　PSU に比較すると、分子骨格にイソプロピリデン基（$-C(CH_3)_2-$）が存在せず芳香環にスルホン基とエーテル基が交互に結合した構造である。そのため基本的特性は同じであるが、ガラス転移温度は 225 ℃で、PSU より約 30 ℃高くなっている。

　特徴は次の通りである。

　① 耐熱性が優れている。荷重たわみ温度は 200〜210 ℃である。また、弾性率は −100〜200 ℃の温度領域で温度依存性が小さい。

　② 透明である。色相は PSU と同じく透明な琥珀色である。全光線透過率は 80〜90 % である。

　③ 耐熱水性、耐蒸気性などが優れており、各種滅菌法にも耐える。

　④ UL94 では、難燃剤の添加なしで UL94V-0 を満足する性能がある。また、発煙性が少ない。

　⑤ アルコール、ガソリン、脂肪族炭化水素には耐えるが、ケトン類、エステル類、塩素系炭化水素などの有機溶剤には侵される。

　⑥ 米国の FDA 規格や日本の食品衛生規格（厚生労働省告示 20 号）に適合する。

　用途は、電気電子分野ではリレー、スイッチ、コイルボビン、コネクタ、IC トレイ、リフレクターなどに使用されている。自動車分野では、エンジンやキャブレタ用インシュレータ、ベアリングリテーナ、コイルボビンなどに使用される。耐熱水性が良いことから熱水配管の継ぎ手に応用されている。食品容器関係では食品トレイ、電子レンジ用食器などに使用されている。ま

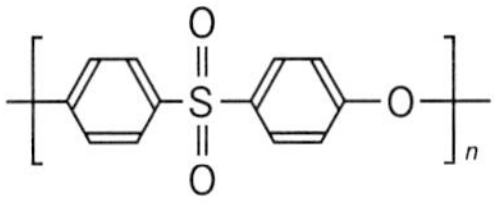

図 2.20　ポリエーテルスルホン（PES）

た、フィルム関係ではカード電卓。携帯電話、電子手帳などに、パウダーはコーティング用に使用されている。

表 2.25 に PES の用途例と利用している特長を示す。

表 2.25　PES の用途例と利用している特長

用途例	透明性	耐蒸気性 耐温水性	高強度	食品衛生性
電子レンジ食器	○	○	○	○
熱水配管の継ぎ手		○	○	○

▶ 2.3.6　ポリエーテルエーテルケトン（PEEK）

PEEK は芳香環（⬡）をケトン基（−CO−）とエーテル基（−O−）で結合した分子構造の結晶性プラスチックである。化学式を図 2.21 に示す。

主鎖に剛直な芳香環を有するので、結晶の融点は 334 ℃、ガラス転移温度は 143 ℃ と高耐熱性を示す。

特徴は次の通りである。

① 強度・弾性率、耐クリープ性などに優れ、特に耐疲労性はエンプラの中では最も優れている。

② 耐熱性では、UL 温度インデックスは 260 ℃、機械的強度は 300 ℃ まで高い値を示す。

③ 難燃性である。UL94 の燃焼性ランクでは難燃剤を添加することなく 1.5 mm 厚で UL94V-0 を示す。また、発煙性や有毒ガスの発生も少ない。

④ 耐薬品性が優れている。一般の有機溶剤には侵されない

⑤ 分子骨格にエステル結合を含まないので、耐蒸気、耐温水性は優れている。

⑥ 耐放射線性は優れている。γ 線、β 線、X 線などへの耐性がある。

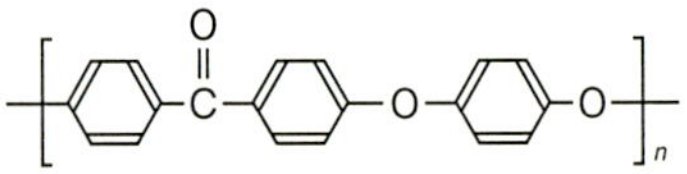

図 2.21　ポリエーテルエーテルケトン（PEEK）

⑦ 製品として使用時にアウトガスが少ない。

PEEK の用途には、半導体製造工程で使用されるウェハーバスケット、搬送用ローラーなどがある。自動車分野では電動パーキングブレーキギア、電動パワーシフトアジャスタギア、トランスミッション部品、エンジン関連部品、ステアリング部品などがある。事務機器分野では複写機の軸受やギア、その他の分野では耐熱食器トレイ、医療器具などがある。

表 2.26 に PEEK の用途例と利用している特長を示す

表 2.26 PEEK の用途例と利用している特長

用途例	耐熱性	耐摩擦摩耗性	難燃性	低アウトガス	食品衛生性
IC ウェハーバスケット	○	○		○	
炊飯器コーティング（容器の内面コーティング）		○	○	○	○

▶ 2.3.7 ポリエーテルイミド（PEI）

PEI は、エーテル基（-O-）とイミド基（$-N{<}{CO-\atop CO-}$）の繰り返し単位で構成されるポリマーの総称である。工業化されている PEI は図 2.22 の化学式で表される。

このポリマーのガラス転移温度は 217 ℃ であり高耐熱性を示すが、エーテル結合を有するため比較的流動性は優れている。

特徴は次の通りである。

① 耐熱性が優れている。荷重たわみ温度（1.80 MPa）は 210 ℃、連続使用温度は 170 ℃ である。

② 機械的強度が大きい。非強化材料の引張強度は 100 MPa、曲げ弾性率

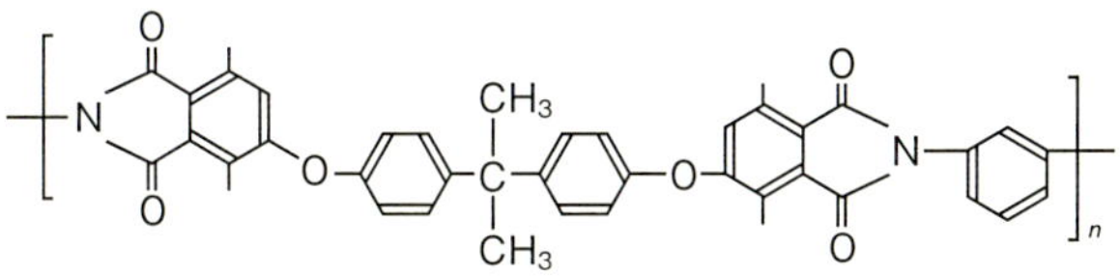

図 2.22 ポリエーテルイミド（PEI）

表2.27　PEIの用途例と利用している特長

用途例	耐熱性	耐摩擦摩耗性	耐薬品性	高強度
自動車ランプベゼル	○			○
トランスミッションバルブ	○	○	○	○

は3,400 MPaである。

③ 難燃剤を添加しなくてもUL94の燃焼ランクでは0.41 mm厚でUL94V-0である。酸素指数は47である。発煙量は少ない

④ 耐薬品性はガソリン、アルコール、弱酸、弱アルカリには侵されないが、ハロゲン系炭化水素には侵されるものがある。

⑤ 色相は琥珀色であるが透明である。

⑥ 溶融粘度のせん断速度依存性は大きく、高せん断速度域では流動性が良くなる。

用途は電気・電子分野ではICソケット、サーキットプレート部品、プリント基板、ピックアップホルダーなどがある。自動車分野ではヘッドランプリフレクターやベゼル、スロットルボディなどがある。その他の分野では加熱調理用のトレイや食器、航空機の座席トレイなどがある。

表2.27にPEIの用途例と利用している特長を示す。

▶ 2.3.8　ポリアミドイミド（PAI）

PAIはアミド基（-NHCO-）とイミド基（$-N{<}_{CO-}^{CO-}$）を交互に含むポリマーである。化学式を図2.23に示す。

PAIはポリイミド（PI）とポリアミド（PA）の交互共重合体であり、PI

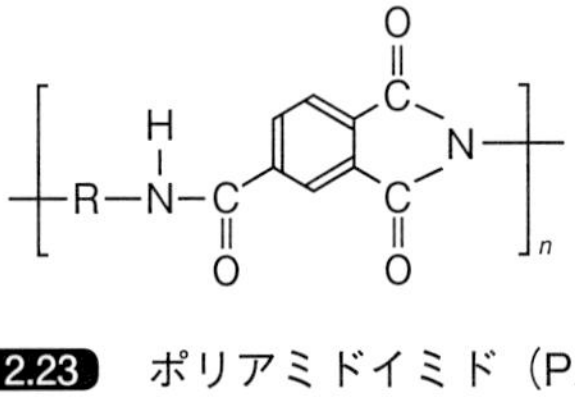

図2.23　ポリアミドイミド（PAI）

にアミド基を導入することによって成形加工性を向上させている。ガラス転移温度は280℃で非晶性プラスチックである。

PAIは成形可能な溶融粘度になるように分子量を低く材料設計している。そのため、成形後に本来のPAIの物性を発現するように加熱処理（アフターベーキング）を行って必要な分子量に引き上げている。このアフターベーキングに時間を要することに注意しなければならない。

PAIの特徴は次の通りである。

① 荷重たわみ温度（1.80 MPa）は274℃であり、PIに次ぐ耐熱性を示している。ULの連続使用温度（RTI）は220℃（非衝撃）である。
② 引張り、曲げなどの機械的強度は広い温度範囲にわたって高い値を保持している。また、アフターベーキングを行うと引張強度や衝撃強度は著しく向上する。例えば、引張強度は約190 MPaであり、非強化プラスチックの中では最も高い値である。
③ ほとんどの有機溶剤に溶解することはなく、耐薬品性は優れている。ただし、強アルカリ、アミン系有機溶剤、ピリジンには溶解する。
④ 難燃性である。UL94では1.17 mmでUL94V-0にランクされる。
⑤ 自己潤滑性を有しており、耐摩擦摩耗性が優れている。

成形材料の主な用途は次の通りである

精密機械分野では複写機の紙剥離爪、軸受、歯車類、ワッシャー、ICソケットなどがある。自動車分野ではスラストワッシャー、エンジン部品、トランスミッション部品などがある。機械分野では油圧器シール、ピストンリング、ボールベアリングリテーナー、ポンプ羽根、ローラー、カムなどがある。

表2.28にPAIの用途例と利用している特長を示す

表2.28 PAIの用途例と利用している特長

用途例	耐熱性	耐摩擦摩耗性	耐薬品性	高強度
スラストワッシャー	○	○		○
トロコイドポンプ部品	○	○	○	○

▶ 2.3.9 ポリイミド（PI）

PIは芳香環（⬡）とイミド基（$-N{<}{CO- \atop CO-}$）からなるポリマーの総称である。分子構造によって熱可塑性PIと非熱可塑性PIがある（他に熱硬化性PIもある）。

射出成形や押出成形ができる熱可塑性PI〔三井化学「オーラム」〕の化学式を図2.24に示す。このポリマーは基本的には結晶性プラスチックであるが、結晶化速度が遅いため実用的には非晶性プラスチックの特性を示す。ガラス転移温度は250℃、融点は388℃である。

加熱しても溶融しない熱可塑性PIは射出成形や押出成形法では加工できないので特殊な方法で製品に加工している。宇部興産の「ユーピレックス-S」の化学式を図2.25に示す。

熱可塑性PI「オーラム」の特徴は次の通りである。

① 耐熱性が優れている。ガラス転移温度は250℃、荷重たわみ温度（1.80 MPa）は238℃である。

② 耐薬品性が優れている。有機溶剤、酸、アルカリ、油類に耐性がある。

③ 難燃剤を添加しないでUL94ランクは厚み0.4 mmでUL94V-0である。酸素指数は47である。

④ 摺動性が優れる。

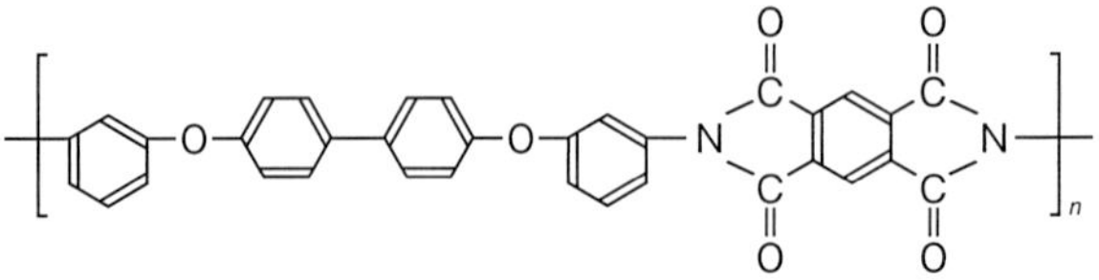

図2.24 熱可塑性ポリイミド〔三井化学「オーラム」〕

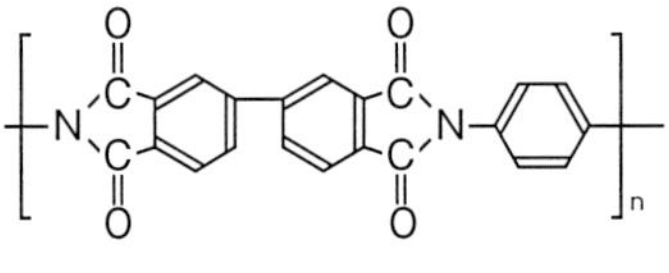

図2.25 非熱可塑性ポリイミド〔宇部興産「ユーピレックス」〕

⑤ 耐放射線性が優れる。

一方、非熱可塑性 PI のガラス転移温度は 285〜500 ℃ であり、熱可塑性 PI よりさらに高耐熱性である。

熱可塑性 PI の射出成形品用途では、複写機分離爪および定着ロール駆動用断熱ギア、建設機械用スラストワッシャー、油圧シリンダーピストンリング、自動車エンジンルーム部品などがある。その他、繊維、航空機の機体材料などにも使用されている。

非熱可塑性 PI では、成形品はギア、ベアリング、ブッシュ、ガスケットなどの摺動部品に応用されている。フィルムでは、フレキシブルプリント基板、半導体の実装用の基板、電動機絶縁フィルムに使用されている。また、耐放射線性を活かして宇宙・原子力機器などにも応用されている。

表 2.29 に PI の用途例と利用している特長を示す。

表 2.29 PI の用途例と利用してい特性

用途例	耐熱性	高強度	寸法安定性	良電気特性	低アウトガス
耐熱 IC トレイ（熱可塑性 PI）	○		○		○
回路基板用ベースフィルム（非熱可塑性 PI）	○	○	○	○	

▶ 2.3.10 フッ素樹脂

フッ素樹脂は、機械的性質の点からはスーパーエンプラに分類することは適切ではないが、耐熱性はスーパーエンプラ同等以上の性質を有しているので本節に含めて解説する。

フッ素樹脂は分子鎖にフッ素原子を有するプラスチックの総称であり、種類は非常に多い。代表的なものはポリフルオロエチレン（PTFE）であり、分子構造は**図 2.26** の通りである。

PE の水素原子をすべてフッ素原子に置き換えた単純な構造の結晶性プラ

$$-(CF_2-CF_2)_n-$$

図 2.26 ポリフルオロエチレン（PTFE）

スチックである。ただ、PTFEはフッ素原子の電気陰性度が大きいことに起因して溶融粘度が非常に高いので、溶融させて成形することは困難である。成形性を改良するためにコポリマー材料が開発されている。

表2.30にフッ素樹脂の種類を示す。ホモポリマーはPTFEであるが、コポリマーにはPFA、FEP、PCTFE、ETFE、ECTFE、PVDF、PVFなど種類が多いことがわかる。また、各種PFAの熱的性質を**表2.31**に示す[2]。荷重たわみ温度はそれほど高くないが、融点、連続最高使用温度は非常に高いことがわかる。

代表的なPTFEの特徴は次の通りである。

表2.30 フッ素樹脂の種類

タイプ	化学名（略語）
非熱溶融	・ポリテトラフルオロエチレン（PTFE）
熱溶融	・テトラフルオロエチレン－パーフルオロアルキルビニルエーテル共重合体（PFA） ・テトラフルオロエチレン－ヘキサフルオロプロピレン（FEP） ・ポリクロロトリフルオロエチレン（PCTFE） ・テトラフルオロエチレン－エチレン共重合体（ETFE） ・クロロトリフルオロエチレン－エチレン共重合体（ECTFE） ・ポリビニリデンフルオライド（PVDF） ・ポリビニルフルオライド（PVF）

表2.31 各種フッ素樹脂の熱的性質[2]

プラスチック名	融点（℃）	連続最高使用温度（℃）	荷重たわみ温度（℃）(0.45MPa)
PTFE	327	260	120
PFA	310	260	74
FEP	260	200	72
PCTFE	220	120	126
ETFE	220〜270	150	104
ECTFE	245	150	116
PVDF	151〜178	150	156

① 連続最高使用温度は260℃である。また、低温特性も優れており、－196℃においても粘り強くて脆くならない。
② 耐薬品性は優れており、酸、アルカリ、溶剤などに侵されない。また、表面自由エネルギーが小さいため非粘着性である。
③ 比較的軟らかい可撓性のある材料である。機械的性質は高くないが、広い温度範囲で強度を保持している。
④ 静摩擦係数、動摩擦係数は低く、耐摩擦摩耗性が優れている。
⑤ 無極性で吸湿性が低いため広い周波数と温度範囲で誘電率および誘電正接が低い値を保持している。
⑥ 耐候性が非常に優れている。屋外で長時間使用しても物性低下はほとんど起こらない。
⑥ 難燃性である。酸素指数は95以上である。
⑧ フッ素原子を有するため、廃棄するときには環境規制基準に従った取扱いをしなければならない点に注意すべきである。

PTFEは圧縮成形、ラム押出成形、ペースト押出成形、焼結成形などで成形する。熱溶融タイプは射出成形や押出成形できるが、金属腐食しやすいので樹脂流路には耐食性の材質を使用する必要がある。

次の用途に使用されている。
・電気・通信：光ファイバー被覆、電線被覆、絶縁テープ
・化学プラント：パッキン、軸受け、バルブ、ポンプ
・自動車、航空機：オイルシール、ピストンリング、油圧用シール
・半導体および工業部品：ウェハキャリア、ウェハ洗浄部品、パイプ、理化学器具
・家庭用品：フライパンなど調理用品のコーティング、自動炊飯器

表2.32にPFAの用途例と利用している特長を示す。

表2.32 PFAの用途例と利用している特性

用　途　例	耐熱性	耐薬品性	非粘着性	耐摩擦摩耗性
フライパンのフッ素コーティング	○		○	
パッキン類		○		○
血管留置針	○	○	○	

2.4 その他の高機能プラスチック

▶ 2.4.1 環状ポリオレフィン

「環状ポリオレフィン」とは、分子内に脂環式炭化水素基を有するポリマーの総称である。原料はジシクロペンタジエン（PCPD）を用いるか、PCPD の誘導体（ノルボルネン誘導体）を用いる。環状オレフィンを開環重合する方法や、環状オレフィンと α オレフィンを付加重合する方法の二つがある。前者のポリマーを COP（シクロオレフィン・ポリマー）、後者のポリマーを COC（シクロオレフィン・コポリマー）と略している。COP と COP の分子構造を図 2.27 に示す。

COP、COC ともに分子骨格にかさ高い脂環式炭化水素基（シクロオレフィン基）を有するため分子主鎖の熱運動が制限される。そのために非晶性で、透明性、高耐熱性などの特性が得られる。

COP、COC の物性を表 2.33 に示す[3]～[5]。品種によって若干の違いはあるが、全体的な特徴は次の通りである。

① T_g は 135 ℃ 以上であり、耐熱性は優れている。COC では環状オレフィンの比率が高くなるほど耐熱性は向上する。

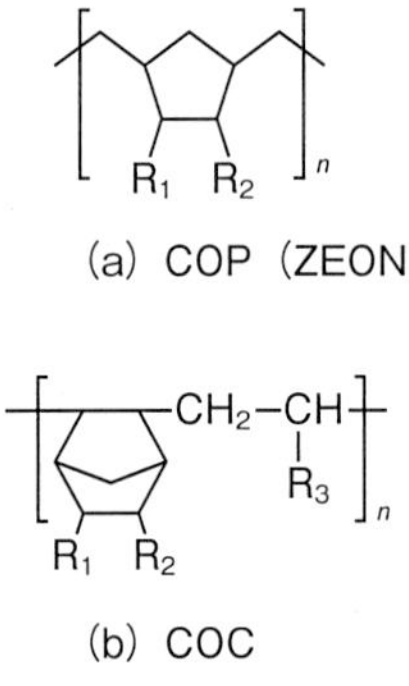

(a) COP（ZEONEX）

(b) COC

図 2.27 環状ポリオレフィン重合体

表 2.33　環状ポリオレフィンの特性[3～5]

項　目	特性値		
	COP (ZEONEX480R)	COP (ARTONF5023)	COC* (APEL,TOPAS)
比　重	1.01	1.08	1.02
吸水率（%） 23℃水、24h浸漬	<0.01	0.2	<0.01
全光線透過率（%）	92	93	92
屈折率	1.525	1.512	1.54
アッベ数	54	57	56
ガラス転移温度（℃）	140	167	137

＊ APEL は 5014P、TOPAS は 5913 の特性

② 吸水率は 0.01 % 以下と低い。ただし、エステル結合を有するもの（アートン）は 0.2 % である。

③ 光線透過率は 90～92 % であり、透明性が優れている。

④ 分極率の異方性が小さいため成形時の複屈折の発生は少ない。また、アッベ数は大きい（屈折率の波長依存性が小さい）。

⑤ ガスバリヤ性が優れている。

したがって、耐熱強度もさることながら透明性、光学的特性、低吸水率などの特性を活かした光学レンズ、光ディスク基板、液晶用フィルムなどの用途に応用されている。また、透明性、ガスバリヤー性などから食品包装用フィルムとしての用途も開けている。

▶ 2.4.2　フルオレン系ポリエステル

PET のモノマー成分であるエチレングリコールの代わりに、一部をフルオレンと呼ばれる嵩高い側鎖をもつモノマー成分を用いて共重合すると、図 2.28 の化学式に示すポリマーが得られる[6]。

このフルオレン系ポリエステルの立体配置は、フルオレン環の 2 つの芳香環が同一平面上にあり、分子主鎖に垂直な方向に突き出している。一方、フルオレン環以外の芳香環は分子主鎖に平行に配置している。このような立体

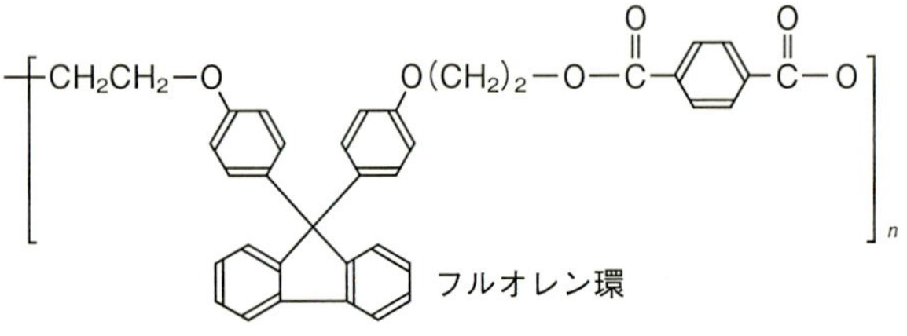

図 2.28 フルオレン系ポリエステル

表 2.34 大阪ガスケミカルのフルオレン系ポリエステル「OKP4」の特性[7]

項　目	特性値
比　重	1.22
吸水率（％）	0.2
全光線透過率（％）	90
屈折率	1.607
アッベ数	27
ガラス転移温度（℃）	124

配置をとることで分子主鎖に平行な芳香環と垂直な芳香環が共存するため分極率の異方性が小さくなる。そのため複屈折が小さくなる。また、分子中に立体障害の大きい芳香環が存在するので分子運動が制約され透明で耐熱性の優れた性質が生まれる。

大阪ガスケミカルのフルオレン系ポリエステルである「OKP4」の特性を**表 2.34**に示す[7]。

高透明性、高屈折率、低複屈折、良流動性などの特長を活かして、携帯電話、デジタルカメラ、デジタルビデオカメラなどの撮影系レンズに使用されている。

▶ 2.4.3　シンジオタクチックポリスチレン（SPS）

SPSはPS-GPと同じモノマーであるスチレンを用いるが、メタロセン触媒を用いて合成される。同触媒を用いることによって、芳香環が規則正しく

交互に配列した立体規則構造のシンジオタクチックポリマーが得られる。1.2.1 節の (3) 項で述べたように、芳香環がランダムに並んだアタクチックである PS–GP は非晶性であるが、SPS は結晶性ポリマーとなる。PS–GP の低比重、耐加水分解性、良成形性などの特長に加えて、結晶化に基づく優れた耐熱性（融点：約 270 ℃）と耐薬品性を併せもつポリマーになる。

SPS は、出光興産が「ザレック」の商品名で製造、販売している。「ザレック」の非強化品と GFwt30 ％強化品の物性を**表 2.35** に示す[8]。結晶性プラスチックの共通特性として、ガラス繊維強化によって荷重たわみ温度が飛躍的に向上している。

表 2.35 出光興産「ザレック S100」（非強化）と「S131」（GFwt30 ％強化）の物性[8]

項　目	単　位	非強化品	GF30wt ％強化品
密　度	g/cm³	1.01	1.25
吸水率	％（24hr 平衡値）	0.04	0.05
曲げ強度	MPa	65	185
曲げ弾性率	MPa	2,500	8.500
荷重たわみ温度	℃　1.80MPa 　　0.45MPa	95 110	250 269

2.5 環境対応プラスチック

化石原料から誘導されるプラスチックは廃棄段階で二酸化炭素を発生し、温室効果ガスの増加につながる。また、環境中では自然界で分解しないので環境を汚染する。これらの課題を解決する環境対応プラスチックとしてバイオマスプラスチックと生分解性プラスチックがある。**表 2.36** に両プラスチ

表2.36 バイオマスプラスチックと生分解性プラスチック

分類	原料	目的
バイオマスプラスチック（植物由来樹脂）	植物	カーボンニュートラル 地球温室効果ガス（CO_2）の削減
生分解性プラスチック（グリーンプラスチック）	・石油（化石燃料） ・植物	微生物の酵素によって分解される 環境汚染の低減

表2.37 植物原料とバイオマスプラスチックの例

植物原料	バイオマスプラスチック
トウモロコシ	ポリ乳酸（PLA） ポリテトラメチレンテレフタレート（PTT）
サトウキビ	バイオ・ポリエチレン
ひまし油	PA11 PA610 PA410 PA1010

ックの違いを示す。

「バイオマスプラスチック」（以下、BPという）は、バイオマス（生物資源）である植物を原料とするプラスチックの総称である。BPと一口に言っても、原料がすべて植物からできているもの、植物から作られた原料を一部に用いているもの、BPと石油由来プラスチックを混ぜたポリマーアロイなど様々である。我が国では、日本バイオプラスチック協会がバイオマスプラ識別表示制度を立ち上げており、バイオマスプラスチック成分の含有度が25.0 wt％以上のものをBPとしている。

実用化されつつあるBPには、ポリ乳酸（PLA）、バイオPE、ポリヒドロキシアルカノエート（PHA）、ポリトリメチレンテレフタレート（PTT）、ポリブチレンサクシネート（PBS）、バイオPET、バイオPA、バイオPCなどがある。表2.37に植物原料とそれから誘導される主なバイオマスプラスチックを示す。

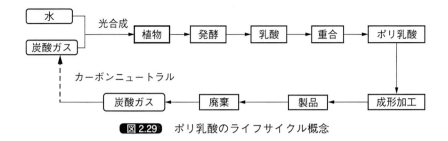
図 2.29 ポリ乳酸のライフサイクル概念

　代表的なバイオマスプラスチックであるポリ乳酸（PLA）は主にトウモロコシを原料としている。**図 2.29** は PLA のライフサイクルを示している。二酸化炭素と水から光合成によって成長した植物を発酵技術によって乳酸を作り、PLA を合成する。使用寿命を終えた製品が廃棄された段階で二酸化炭素を排出しても二酸化炭素の収支は 0 である。つまりカーボンニュートラルである。

　バイオ PA は、非可食植物であるトウゴマから抽出されるひまし油を原料として PA が作られている。PA11（アルケマ社「リルサン」）の開発の歴史は古いが、環境意識の高まりとともにバイオ PA として注目されている。その他、トウゴマを原料とするバイオ PA に PA410、PA610、PA1010、PA1012 などがある。主に自動車部品などの工業部品を中心に採用が進められつつある。

　「生分解性プラスチック」は「グリーンプラスチック」とも呼ばれ、環境にやさしいプラスチックとして注目されている。生分解性プラスチックは、「使用中は通常のプラスチックのように使えて、使用後は自然界で微生物によって水と二酸化炭素に分解され、自然に環えるプラスチック」と定義されている。

　生分解性プラスチックには**表 2.38** に示すものがある。PLA、PBH、PHBH はバイオマスプラスチックであると同時に生分解性プラスチックでもある。生分解性プラスチックは食器、食品包装フィルム、農業資材などに使用されつつある。

表 2.38　生分解性プラスチックの開発例

化学名	メーカー	商品名
ポリ乳酸（PLA）	Nature Works	（各社コンパウンドした成形材料として販売）
ポリブチレンアジペートテレフタレート（PBAT）	BASF	エコフレックス
エコフレックスと PLA を 55：45 で混ぜたもの	BASF	エコバイオ
ポリヒドロキシブチレート（PHB）※	Metabolix	Mirel
ポリヒドロキシアルカン酸系熱可塑性ポリエステル（PHBH）	カネカ	アオニレックス
ポリブチレンサクシネート（PBS）	三菱化学	バイオ PBS

※PHB および PHBH は微生物産生ポリエステルである。ポリヒドロキシアルカノエート（PHA）に属する。

2.6 熱可塑性エラストマー

「熱可塑性エラストマー」とは、加熱すると溶融して成形でき、冷却固化するとゴムのような弾性を示すプラスチックである。**図 2.30** に示すように熱可塑性エラストマーは硬い成分（ハードセグメント）と軟らかい成分（ソフトセグメント）からなっている。加熱するとハードセグメントが溶融するため成形加工できる。冷やすとハードセグメントは固化し、ソフトセグメントはゴム弾性を示す。

熱可塑性エラストマーの種類には、ハードセグメントとソフトセグメントの組合せによってオレフィン系、スチレン系、ウレタン系、塩化ビニル系、エステル系、フッ素系などがある。

熱可塑性エラストマーは射出成形や押出成形ができることから、自動車、電気・電子、医療器具などの用途に使用されている。**表 2.39** に各種熱可塑

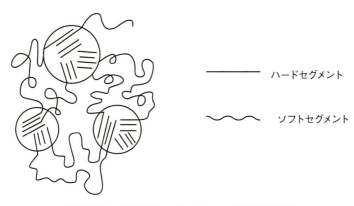

図 2.30 熱可塑性エラストマーの構造概念図

表 2.39 熱可塑性エラストマーの種類と用途例

種類	組成		用途例
	ハードセグメント	ソフトセグメント	
スチレン系	PS	ポリブタジエン ポリイソプチレン など	・プラスチック改質剤 ・パッキン、ガスケット
オレフィン系	PE、PP	EPDM EPR	・防水シート ・フレキシブルチューブ
ウレタン系	TPU※	脂肪族ポリエステル 脂肪族ポリエーテル	・耐圧ホース ・フレックスハンマー ・タイミングベルト
アミド系	PA	脂肪族ポリエーテル 脂肪族ポリエステル	・油圧ホース ・コンベアベルト ・軸受
エステル系	芳香族ポリエステル	脂肪族ポリエステル 脂肪族ポリエーテル	・油圧ホース ・コンベアベルト ・ガソリンタンクシート
PVC 系	結晶 PVC	非晶 PVC	・ダクトホース ・コンベアベルト ・防水シート
フッ素系	フッ素樹脂	フッ素ゴム	・耐薬品ホース ・耐熱ホース ・ガスケット

※TPU：熱可塑性ポリウレタン

性エラストマーの種類と用途をまとめて示す。

2.7 熱硬化性プラスチック

▶ 2.7.1 フェノール樹脂（PF）

PFは開発されてから100年以上の歴史を有するプラスチックである。フェノールとホルムアルデヒドから作られるので、フェノール-ホルムアルデヒドともいう。

酸性触媒で重合した樹脂を「ノボラックタイプ」、塩基性触媒で重合した樹脂を「レゾールタイプ」と称している。前者は硬化剤によって硬化させるが、後者は硬化剤なしで官能基（CH_2OH：メチロール基）同士の縮合によって自己硬化する。

PF成形材料には用途によっていろいろな配合剤が混ぜられる。フェノール樹脂のJIS K6915では一般用、電気用、衝撃用、耐熱用、食器用などにつ

表2.39 フェノール樹脂成形材料の種類と配合（JIS K6915からの抜粋）

種類	小区分の記号	主基材					
		強化材充填材（第1成分）			強化材充填材（第2成分）		
		材質	形状	公称含有率（質量分率）	材質	形状	公称含有率（質量分率）
一般用	PM-GG	木材	粉末	30～40	鉱物	粉末	20～10
電気用	PM-EG-1	木材	粉末	30～40	鉱物	粉末	20～10
衝撃用	PM-ME-1	セルロース、綿	繊維	20～40	鉱物	粉末	25～15
耐熱用	PM-HH-1	ガラス	繊維	20～30	ガラス	摩砕粉	30～20
食器用	PM-T	—	—	—	—	—	—

—：特に規定しない

いて基本配合処方が定められている。同規格に示されているノボラックタイプ樹脂の配合剤（主基材）例を**表 2.39** に示す。同表の種類の区分は頭の 2 文字の PM はフェノール成形材料であることを表す。中間の 2 文字は用途を表す。末尾はレゾールタイプには R、ノボラックタイプには記号をつけない。目的によって種々の配合剤が混ぜられていることがわかる。

　PF の一般的特徴は次の通りである。
　① 硬化速度が速く、成形性が良い。
　② 有機、無機などの充填材との親和性が良い。
　③ 強度・弾性率、耐熱性などが優れている。
　④ 自己消火性である。

　PF は加工性、耐熱性、耐久性など優れた特長があるため、圧縮成形材料、積層板・積層品、接着剤や塗料などに幅広く使用されている。

　成形材料の用途には次のものがある。
　・電気・電子部品：ソケット・配線基板、モーター部品、ヒューズブレーカー
　・機械部品：ボビン、スペーサ、ローラー
　・自動車部品：ブレーキ、配線部品
　・日用品：やかん取手

　代表的な用途であるヒューズブレーカー部品は難燃性、耐熱性、耐クリープ性、電気特性などを活かした応用例である。

▶ 2.7.2　ユリア樹脂（UF）

　UF はユリア（尿素）とホルムアルデヒドを反応させて作られるので、「ユリア-ホルムアルデヒド」ともいう。また、「尿素樹脂」ともいう。

　ユリア樹脂の成形材料の JIS K6916 では電気用、一般用、準一般用、衝撃用に基本配合処方が規定されている。成形材料には用途によっていろいろな配合剤が混ぜられる。同規格では一般用、電気用、衝撃用などについて基本配合処方が定められている。**表 2.40** に配合剤（主基材）例を示す。

　UF の一般的特徴は次の通りである。
　① 強度が優れている。
　② 着色性が優れている。

表2.40 ユリア樹脂成形材料の種類と配合（JIS K6916 からの抜粋）

種類	小区分の記号	主基材					
		強化材充填材（第1成分）			強化材充填材（第2成分）		
		材質	形状	公称含有率（質量分率）	材質	形状	公称含有率（質量分率）
電気用	UM-E-1	セルロース	粉末	10～20	鉱物	粉末	30～20
一般用	UM-G-1	セルロース	粉末	10～20	鉱物	粉末	30～20
準一般用	UM-S-1	木材	粉末	30～40	鉱物	粉末	20～10
衝撃用	UF／MF	セルロース	繊維	20～30	合成有機物	―	10～20

―：特に規定しない

③ 表面硬度が高く、耐傷付き性が優れている。
④ 耐薬品性が優れている。
反面、インサートクラック性、耐水性などに難点がある。
用途は、大半は接着剤として使われている。
成形材料では耐アーク性が良いことを活かし配線器具類に使用されている。UF の代表的な用途である配線器具は着色性、耐傷付き性、耐アーク性、耐トラッキング性などの特徴を活かした応用例である。

▶ 2.7.3 メラミン樹脂（MF）

MF はメラミンとホルムアルデヒドを反応させて作られるので、「メラミン-ホルムアルデヒド」ともいう。MF については JIS K6917 に規定されている。
MF はユリア樹脂とほぼ同じ性質をもっているが、さらに次の特徴がある。
① 耐水性が優れている。
② 耐熱性が優れている。
③ 溶出物が少なく食品衛生性が良い。
PF と同様にインサートクラック性は劣る。
用途としては接着剤用途が最も多く、次に塗料用がある。また、耐傷付き性が優れていることや着色性が良いことを利用して化粧板用途にも使用され

ている。

成形材料は電気器具、食器などに使用されている。MFの代表的用途である食器は、着色性、耐傷付き性、食品衛生性などの特長を活かした応用例である。

▶ 2.7.4 エポキシ樹脂（EP）

EPはエポキシ基を持った化合物から作られるので、「エポキシド」または「エポキシ」ともいう。

EPと一口でいっても、その原料や硬化剤の組合せによって多くの種類があり、それらの原料によっても特性はかなり異なる。EPとして最も一般的なものは、ビスフェノールAを主原料とするEPである。

EPは機械的強度、耐熱性、電気的性質、耐薬品性、接着性などが優れている。そのため塗料、電気用途、土木用途、接着剤、複合材料用途など幅広い用途に使用されている。

成形材料としては、電気・電子分野ではプリント配線基板、半導体封止材料、コネクタカバーなどに使用されている。EPの代表的用途であるプリント配線基板は、はんだ耐熱性、難燃性、スルーホールの打抜き加工性、電気特性などの特長を活かした応用例である。

▶ 2.7.5 ジアリルフタレート樹脂（PDAP）

アリルアルコールとフタル酸を反応させてプレポリマーを作り、このプレポリマーからジアリルフタレート樹脂を作る。プレポリマーに硬化剤成分を加え、布や紙に含浸したプレプレグを用いて積層し加熱硬化させて積層板や化粧板を作る。また、充填材を加えたプレミックスは成形材料に用いる。

PDAPは、フェノール樹脂やエポキシ樹脂と比較すると耐水性、耐熱性、寸法安定性、電気絶縁性などが優れていることから、電気・電子用途に使用されている。PDAPの代表的用途である端子台は、耐クリープ性、耐熱性、難燃性などの特長を活かした応用例である。

▶ 2.7.6 不飽和ポリエステル（UP）

UPは、不飽和基を有するポリエステルプレポリマーからつくられる。

UPにもいろいろな種類があるが、最も一般的な材料には無水マレイン酸とプロピレングリコールを反応させた不飽和ポリエステルプレポリマーにスチレンを加えて硬化（架橋）させた熱硬化性プラスチックがある。UPは化粧板、塗料などの用途もあるが、ガラス繊維で強化したFRPとして多く使用されている。

FRPの一般的特徴は次の通りである。
① 械的強度が優れている。
② 耐熱性が優れている。
③ 耐熱水性、耐薬品性も優れている。
④ 難燃剤を加えることによって難燃化できる。

このような特徴を活かして住宅機器、建設資材、漁船、車両など幅広い用途に使用されている。FRPの代表的用途であるモーターボートの船体は、高強度、高剛性、耐衝撃性、ハンドレイアップやスプレーアップにより大型品成形が可能であることなどの特長を活かした用途である。

一方、UPは木工塗料、化粧板、絶縁ワニス（発電機、変圧器、モータなど）としても使用されている。

▶ 2.7.7　ポリウレタン（PUR）

PURは、ポリイソシヤネートとポリオールを主原料として反応させた熱硬化性プラスチックである。その用途は、発泡体、反応射出成形（RIM）、弾性体、塗料、接着剤、合成皮革、繊維など多岐にわたっている。それぞれの成分もいろいろな種類があり、製品の要求性能によって使い分けされている。

▶ 2.7.8　シリコーン樹脂（SI）

SIは、シリコン（Si）を分子中に含むシロキサンと呼ばれる成分を他の成分と共重合した無機系ポリマーからなる熱硬化性プラスチックである。

性能としては、耐熱性、硬度、電気特性、耐候性などが優れている。用途は塗料、封止材料、エラストマーなどがある。

塗料としては、耐擦傷性、耐摩耗性、耐候性、はっ水性などが良いことから表面改質塗料として使用される。電気的特性が優れていることから半導体

封止材料としても使われている。エラストマーには、微粉状シリカを加えた熱加硫型のシリコーンゴム、液状シリコーンゴム（LSR）、室温加硫型シリコーンゴム（RTV）などがある

参　考　文　献

1) 西村透、梅津秀之：プラスチックスエージ・エンサイクロペディア進歩編2011、p.176、プラスチック・エージ（2000）
2) 井手文雄編：プラスチック機能性高分子材料事典、p.311～313、産業調査会（2004）
3) 久保村恭一：プラスチックスエージ、51（5）、p.84（2005）
4) 渋谷篤：プラスチックス、53（3）、p.83（2002）
5) 熊澤英明：プラスチックスエージ・エンサイクロペディア2005、p.177、プラスチック・エージ（2004）
6) 井手文雄：プラスチックスエージ、45（1）、p.161（1999）
7) 川崎真一：各種光学部材のおける透明樹脂の設計と製造技術［第1節、第2項、フルオレン系樹脂］、情報機構（2007）
8) 中道昌宏、佐藤信行：プラスチックス、47（2）、p.31～39（1966）

プラスチックの応用物性

　本章では、第 1 章で述べたプラスチックの基礎に関連して、具体的に製品化に必要な応用物性を取り上げる。応用物性は、物理特性、強度、耐熱性、表面硬さ、耐摩擦摩耗性、寸法安定性、光学特性、耐候性、燃焼性、耐薬品性、電気特性、成形特性など多岐の項目にわたっている。これらの物性項目に関してはプラスチック材料によって異なる挙動を示すので、その試験法と関連する特性を理解した上でプラスチック製品の設計に活かすことが必要である。

3.1
物理特性

▶ 3.1.1 比重、密度

「比重」は物体の質量に対する同体積の4℃の純水の質量の比の値であるので単位はないが、「密度」は単位体積当たりの質量であるので単位はg/cm³ である。比重と密度は厳密には同じでないが、実際上はほぼ同じ値と考えてよい。ここでは適宜両用語を用いる。

プラスチックの比重、密度の測定法はJIS K7112に規定されている。**表3.1**に測定法の概要を示す。

主なプラスチックと金属材料、ガラスなどとの比重の比較を**表4.2**に示す。プラスチックの中ではPMPが0.83、PPが0.90と最も小さい部類に属する。一方、大きいものはフッ素樹脂で2.14～2.20であり、金属材料などに比較してプラスチックの比重が小さいことが特長の一つである。

比重が小さい理由は次の通りである。

① プラスチックの主な構成元素は炭素C（原子量：12）、水素H（1）、酸素O（16）であり、いずれも原子量が小さい元素から構成されている。

② ポリマー分子間には空隙が存在する。言い換えれば、単位体積に占める分子密度が小さい。

また、プラスチックの密度は温度、結晶化度、充填材の含有率などによって変化する。

温度が高くなると、分子運動が活発になり体積膨張するため密度は小さくなる。等方性材料では温度と密度の間には次の関係がある。

$$\rho_T = \frac{\rho_0}{1 + \alpha(T - T_0)}$$

ρ_T：任意温度 T における密度（g/cm³）

ρ_0：基準温度の密度（g/cm³）

α：体膨張係数（cm³/cm³/℃）

表3.1 プラスチックの密度測定法（JIS K7112）

名称	方法の概略	密度の計算
水中置換法	試験片の空気中での質量と水中での質量から求める。	（水中置換法での密度の計算） $\rho_{S,t} = \dfrac{m_{S,A} \times \rho_{IL}}{m_{S,A} - m_{S,IL}}$ $m_{S,A}$：空気中で測定した試験片の質量 (g) m_{SIL}：浸漬液中で測定した試験片の未補正質量 (g) ρ_{IL}：浸漬液の密度 (g/cm³)
ピクノメータ法	ピクノメータを用い、試験片の質量と試験片をピクノメータに入れたときに、ピクノメータを満たすのに必要な液の質量から求める。	（ピクノメータ法での密度の計算） $\rho_{S,t} = \dfrac{m_S \times \rho_{IL}}{m_1 - m_2}$ ここに、 m_S：試験片の質量 (g) m_1：ピクノメーターを満たすのに必要な浸漬液の質量 (g) m_2：試験片を入れた状態で、ピクノメーターを満たすのに必要な浸漬液の質量 (g) ρ_{IL}：浸漬液の密度 (g/cm³)
浮沈法	2液の混合比を変えて、試験片を浸し、試験片が浮きも沈みもしないで静止したときの液の密度から求める。	—
密度勾配管法	密度勾配のある液に試験片を浸漬し、試験片が静止した勾配管の位置から密度も求める。	—

表3.2 プラスチックと他材料の比重比較

材料	比重	材料	比重
PMP	0.83	PBT	1.30〜1.38
PP	0.9	POM	1.40〜1.42
PE	0.92〜0.96	フッ素樹脂	2.14〜2.20
PS	1.04〜1.06	ガラス	2.5
ABS	1.01〜1.05	鉄	7.86
PMMA	1.17〜1.20	銅	8.9
PC	1.20	アルミニウム	2.70

T：任意温度（℃）　　T_0：基準温度

また、結晶性プラスチックは結晶化度が高くなると密度は大きくなる。全容積に占める結晶相の体積比率が「結晶化度」である。密度の逆数が比容積であり、成形品の比容積は非晶相の比容積と結晶相の比容積の和であるから、次式で表せる。

$$\frac{1}{\rho} = \frac{1-x}{\rho_a} + \frac{x}{\rho_c}$$

　　x：結晶化度　　　ρ：成形品の密度（g/cm³）
　　ρ_a：非晶相の密度（g/cm³）　　ρ_c：結晶相の密度（g/cm³）

上式から密度と結晶化度 x の関係は次式となる。

$$\rho = \frac{\rho_c \cdot \rho_a}{\rho_c - (\rho_c - \rho_a) \cdot x}$$

ρ_c や ρ_a は材料に固有の値であり（$\rho_c > \rho_a$）であるから比例関係にはないが、結晶化度 x が高くなると成形品の密度 ρ は大きくなる。

一般に充填材の密度はプラスチックの密度より大きいので、これらを配合した充填材強化材料の密度は大きくなる。密度は加成則が成り立つので、次式で表される。

$$\rho = \frac{\rho_m \cdot \rho_f}{w \cdot \rho_m + (1-w) \cdot \rho_f}$$

　　ρ：充填材入りプラスチックの密度（g/cm³）
　　ρ_m：マトリックス（プラスチック）の密度（g/cm³）
　　ρ_f：充填材の密度（g/cm³）
　　w：充填材の質量充填率

したがって、充填率 w が高くなれば強化材料の密度 ρ は大きくなることがわかる。例えば、非強化 PA6 の密度は 1.14 g/cm³、ガラス繊維の密度は 2.54 g/cm³ であるので、充填率が 30 質量％の場合には上式から 1.37 g/cm³ となり、実測値とほぼ一致する。

▶ 3.1.2　比容積

プラスチックは温度が高いと分子運動が活発になるので容積は増大する。その特性を表すのに、単位質量当たりの容積である「比容積」（cm³/g）を

用いる。プラスチックの比容積（v）は圧力（P）、温度（T）によって変化する。その関係を示すのが「PvT 特性」である。

PvT 特性の測定法は標準化されてはいないが、「直接法」と「ベローズ法」がある。直接法では固体のプラスチックに均一な圧力がかからないという難点があるため、ベローズ法が多く用いられている。直接法は温度と圧力を変えてプラスチックの容積変化を直接測定する方法である。ベローズ法は、試料を水銀と一緒に容器に入れ、静水圧をかけてベローズ（蛇腹）の変位から試料と水銀の総容積変化を測定する。

図 3.1 はベローズ法の測定装置の例である[1]。装置は外部からヒータで加熱して温調する。試料（プラスチック）は水銀とともに測定部の中に入っている。圧力はシリコーンオイルなどを介して加圧する。温度や圧力を変えたときのロッドの変位量から全容積変化を求め、全容積変化量から水銀の容積変化分を差し引いてプラスチックの容積変化量を求める。この容積変化量から比容積をもとめて PvT 曲線を作成する。

図 3.2 は非晶性プラスチックの PvT 曲線の概念図である[2]。溶融状態から冷却させたときの曲線である。比容積は温度の低下とともに直線的に小さくなり、ガラス転移温度以下ではなだらかに減少している。ガラス転移温度が

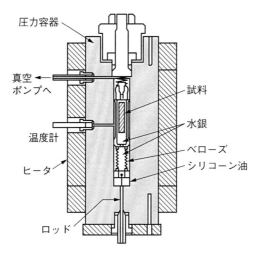

図 3.1 PvT 特性測定装置概略図（ベローズ法）[1]

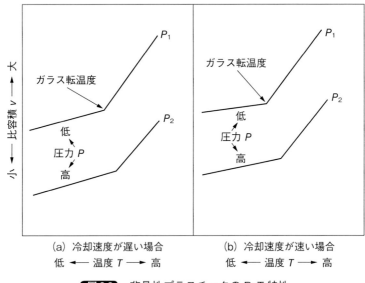

図3.2 非晶性プラスチックのPvT特性

変曲点になっている。圧力を高くすると体積圧縮を示すことや、冷却速度の違いによっても室温に達するときの比容積に差が生じることもわかる。

図3.3 は結晶性プラスチックのPvT曲線の概念図である[2]。同様にして溶融温度から冷却するときの曲線である。比容積は結晶化が開始する温度までは緩やかに減少し、結晶化を開始すると急激な比容積減少を示し、結晶化終了後はゆるやかに減少している。非晶性プラスチックと同様に体積圧縮性があることもわかる。また、結晶性プラスチックでは冷却速度によって結晶化速度に差が生じるため、非晶性プラスチックに比較して冷却速度の違いによって室温に達したときの比容積に大きな差が生じることがわかる。

プラスチックのPvT特性では、両図から次の点に注意すべきである。

① 圧力が高いと比容積は小さくなる。つまり体積圧縮性がある。

② 溶融状態から冷却する場合、冷却速度が速いと室温に達したときの比容積は大きくなる。

③ 非晶性プラスチックに比較して結晶性プラスチックは冷却するときに結晶化するため比容積の減少は顕著である。

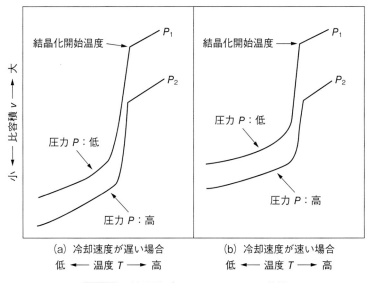

図3.3 結晶性プラスチックのPvT特性

▶ 3.1.3 吸水率

JIS K7209では、次の4つの条件のどれかで処理して試料の吸水率を測定する。

・A法：23℃水中、24 hr 浸漬
・B法：沸騰水中、30 min 浸漬
・C法：浸漬中に溶出した水性物質を測定する場合に適用
・D法：23℃、50 % RH 中で 24 hr 放置

それぞれの条件で試料を処理した後に、所定の手順で試料の質量を測定し、次式で吸水率を求める。

吸水率（%）
＝{（浸漬後質量－浸漬前質量）}/（浸漬前質量）×100

各種プラスチックについて 23 ℃水中、24 hr 浸漬の吸水率を**表3.3**に示す。同表のように PE、PP、PPS などは極性基をもたないので吸水率は低いが、PA6 は極性基（アミド結合）を有しているので吸水率が高い。また、一般的に吸水するとプラスチックは吸水膨張する性質がある。

表3.3 プラスチックの吸水率（23℃水中、24 hr 浸漬）

プラスチック	吸水率（％）
PE	＜0.01
PP	＜0.01
PMMA	0.2〜0.4
ABS	0.20〜0.45
PA6	1.5〜2.3
POM	0.21〜0.22
PC	0.23〜0.26
mPPE	0.06〜0.1
PPS	0.01〜0.07

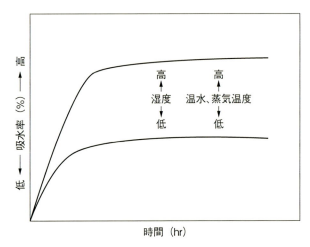

図3.4 環境湿度および温水、蒸気温度と吸水率

　吸水率は上述の浸漬条件で測定した値であるが、実使用条件下では水温や環境湿度、浸漬時間によって変化する。
　図3.4 は温水温度や蒸気温度を変えたときの浸漬時間（hr）と吸水特性の概念図である。温水温度や蒸気温度が高いほど飽和吸水率は高くなる。例えば、PC では室温大気中での飽和吸水率では約 0.23 ％、室温水中浸漬では約

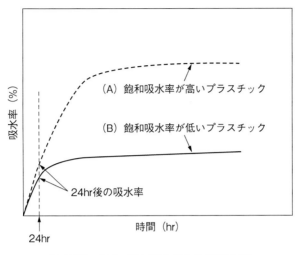

図 3.5 24 hr 後の吸水率と飽和吸水率

0.33 %、煮沸水中では約 0.5 %である[3]。

図 3.5 は吸水特性の異なるプラスチックの浸漬時間−吸水率の関係を示す概念図である。同図のように 24 hr 後の吸水率では両プラスチック（A、B）にあまり差はないが、飽和吸水率では大きな差がある。例えば、PMMA では水中 24 hr 浸漬では 0.2〜0.4 %であるが、同条件での飽和吸水率は 2.1 %である。一方、PC は室温水中 24 hr 浸漬では吸水率は 0.23〜0.26 %であるが、同条件での飽和吸水率は 0.32〜0.35 %である。

このようにプラスチックによって吸水特性には違いがあることに注意すべきである。

3.1.4 熱的性質

プラスチックの熱的性質は、ポリマーの集合体であること、温度が上昇すると分子の熱運動が活発になることなどの基本特性を反映している。**表 3.4** に鋼および各種プラスチックの比熱、熱伝導率、線膨張係数などの熱的特性を示す[4]。

（1）比熱

「比熱」は単位質量の物質を単位温度上昇させるに要する熱量である。比

表3.4 プラスチックおよび鋼の物理的性質[4]

材　質	比重	比熱 (kJ/kg℃)	熱伝導率 (W/m/K)	線膨張係数 (10^{-5}/K)	熱拡散係数 (m^2/s×10^{-7})
鋼	7.854	0.434	60.0	1.2	14.1
ABS	1.04	1.47	0.3	9.0	1.7
POM(ホモポリマー)	1.42	1.47	0.2	8.0	0.7
POM（コポリマー）	1.41	1.47	0.2	9.5	0.72
PMMA	1.18	1.47	0.2	7.0	1.07
mPPE	1.06	—	0.22	6.0	—
PA66	1.14	1.67	0.24	9.0	1.01
PA66（GF30％）	1.38	1.26	0.52	3.0	1.33
PET	1.37	1.05	0.24	9.0	—
PET（GF30％）	1.63	—	—	4.0	—
PC	1.15	1.26	0.2	6.5	1.47
PP	0.905	1.93	0.24	10.0	0.65
PS	1.05	1.34	0.15	8.0	0.6
PE-LD	0.92	2.30	0.33	20.0	1.17
PE-HD	0.95	2.30	0.63	12.0	0.7
PTFE	2.10	1.00	0.25	14.0	0.7
PVC（硬質）	1.40	1.00	0.16	7.0	1.16
SAN	1.08	1.38	0.17	7.0	0.81

熱は次式で求められる。

$$c = \frac{Q}{m \cdot \varDelta T}$$

　　c：比熱（J/kg・℃）　　Q：吸収した熱量（J）
　　m：質量（kg）　　$\varDelta T$：温度変化（℃）

したがって、比熱の値が大きいほうが暖まりにくいことを表す。また、比熱と質量の積が熱容量である。比熱は、室温から成形温度まで上昇するに必要な熱量を計算するときや、冷却・固化の過程で溶融樹脂から型温まで冷却

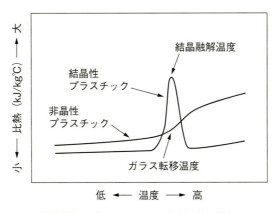

図3.6 プラスチックの比熱-温度特性

するときの熱量を求めるときに必要な特性値である。

比熱の測定法は JIS K7132 において DSC 法（示差走査熱量計）による測定法が規定されている。

表3.4に示したように、プラスチックの比熱は 1.0〜2.3 kJ/kg℃の範囲であり、鋼に比較して約3〜5倍大きい値である。プラスチックの比容積が大きいことが比熱が大きい理由の一つである。

また、プラスチックの比熱は温度によって変化する。図3.6に示すように非晶性プラスチックは温度上昇とともになだらかに増加し、ガラス転移温度を超えると増加の傾向はやや急になる傾向がある[4]。一方、結晶性プラスチックは温度による比熱変化は小さいが、結晶の融解温度では融解熱の影響で

表3.5 結晶性プラスチックの融解熱と融点[4]

プラスチック	融解熱（kJ/kg）	融点（℃）
PE	268〜300	141
PP	209〜259	183
PA6	193〜208	223
PA66	205	265
POM	390	170

急に大きな値を示す[4]。表3.5に各種結晶性プラスチックの結晶が融解するときの融解熱を示す[4]。一般的には、結晶化度の高い材料ほど融解熱は大きくなる傾向がある。

アスペクト比の小さい充填材を充填した材料の比熱は加成性が成り立つので次式で表される。

$$C_p = (1-w) \cdot C_m + w \cdot C_f$$

C_p：強化材料比熱　　　　　w：材料充填率
C_m：プラスチック比熱　　　C_f：充填材比熱

上式で充填材の比熱は小さいので強化材料の比熱は充填率に対応して小さくなる。

プラスチックは比熱が大きいため、成形上では次の影響がある。

① 溶融させるには大きな熱量を必要とし、冷却するときには大きな熱量を放出する。

② そのため冷却工程では冷却に時間がかかる。

(2) 熱伝導率

分子運動によって熱が隣接の部分に順次伝わる現象が「熱伝導」である。次式に示すように、熱の伝わる方向に垂直にとった等温平面の面積を通って単位時間に垂直に流れる熱量（熱流速密度）と、この方向の温度勾配との比が「熱伝導率」である。

$$k = -\frac{q}{dT/dx}$$

k：熱伝導率　$\{cal/(cm \cdot sec \cdot ℃)$　または $W/(m \cdot K)\}$
q：熱流速密度　$\{cal/(cm^2 \cdot sec)\}$
dT/dx：温度勾配（℃/cm）

熱伝導率の測定法には表3.6に示すように「定常法」と「非定常法（プローブ法）」がある。非定常法の測定法の概略図を図3.7に示す。

表4.1に示したようにプラスチックの熱伝導率は鋼の約1/200〜1/300程度の値であり、熱伝導率の低い材料である。

また、プラスチックの熱伝導率は温度によって変化する。非晶性プラスチックと結晶性プラスチックの熱伝導率-温度特性を示す概念図を図3.8に示す[4]。同図に示すように結晶性プラスチックは温度の上昇とともに熱伝導率

表3.6　熱伝導率測定法

分類	方　法
定常法	被測定試料の片方を高温にし、もう一方を低温にして試料内の各点の温度を測定して熱伝導率を求める。
非定常法	試料に時間変化する熱エネルギーを与えて、裏面の温度変化を測定し、熱伝導率を求める。

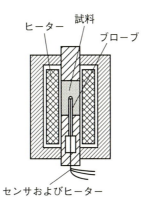

図3.7　非定常法（プローブ法）の熱伝導率測定装置概略図

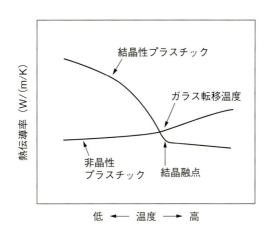

図3.8　熱伝導率の温度特性

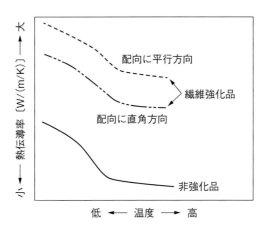

図 3.9 非強化品と繊維強化の熱伝導率特性（結晶性プラスチックの場合）

は小さくなり、結晶の融点を超えると平行か若干大きくなる傾向を示す。一方、非晶性プラスチックは温度の上昇につれて徐々に大きくなる傾向を示す[4]。

図 3.9 は、PE にガラス繊維を充填したときの温度と熱伝導率の関係を示す概念図である。ガラス繊維の熱伝導率は大きいため充填すると非強化品よりも熱伝導率は大きくなる。また、ガラス繊維充填品では、繊維配向の直角方向より平行方向のほうがの熱伝導率は大きくなる傾向がうかがえる。

プラスチックは熱伝導率が小さいため、実用的には次の利点と注意点がある。

① 発熱体を内蔵するハウジングに使用すると、放熱性が良くないため内部温度が上昇しやすい。

② 容器類では内容物が冷えにくい。

③ 成形時に冷却に時間を要する。

(3) 線膨張係数

線膨張係数の測定法は JIS K7197 に熱機械分析法（TMA）による方法が規定されている。

表3.4に示したようにプラスチックの線膨張係数は$6.0 \sim 20 \times 10^{-5}$/Kである。一方、鋼は$1.2 \times 10^{-5}$/Kであるので、プラスチックは$6 \sim 18$倍大きな値である。したがって、プラスチック製品では温度によって寸法が大きく変化する

表 3.7 線膨張係数の異方性

プラスチック	品　種	線膨張係数（×10⁻⁵/℃）	
		流れに平行方向	流れに直角方向
PA6	非強化	7.0	8.0
	GF 30 %	2.0	6.0
POM	非強化	11.0	11.0
	GF 30 %	3.0	11.0
PC	非強化	6.5	6.6
	GF 30 %	1.8	6.3
mPPE	非強化	6.7	7.1
	GF 30 %	3.5	6.0
PBT	非強化	—	—
	GF 30 %	2.0	5.0

ことに注意する必要がある。実用的には次の留意点がある。

① 金属部品と成形品を一体化して組み立てるときには、膨張・収縮差によって成形品が引張や曲げ応力を受けるので変形や割れが生じることがある。

② 金具のインサート成形では線膨張係数差による残留応力が発生する。

③ 繊維強化品では繊維配向の影響で線膨張係数に異方性が生じる。**表 3.7** に線膨張係数の異方性の例を示す。

（4）熱拡散係数

均一な温度にある物質中の1点を加熱したとき、その点の温度（T）の上昇速度（$\partial T/\partial t$）と周囲への温度勾配の間には次の関係が成り立つ。

$$\frac{\partial T}{\partial t} = \alpha \cdot \left(\frac{\partial^2 T}{\partial x^2} + \frac{\partial^2 T}{\partial y^2} + \frac{\partial^2 T}{\partial z^2} \right)$$

ここで、α が「熱拡散係数」である。熱拡散係数は単位時間に熱の拡散性を示す特性値である

熱拡散係数 α は次式で表される。

$$\alpha = \frac{k}{\rho \cdot c_p}$$

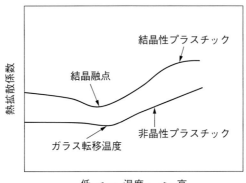

図 3.10 熱拡散係数の温度特性

k：熱伝導率　ρ：密度　c_p：比熱

上式からわかるように、熱拡散係数は熱伝導率、密度、比熱によって決まる値である。

表 3.4 に示したようにプラスチックの熱拡散率は、$0.6 \times 10^{-7} \sim 1.9 \times 10^{-7}$ m²/sec 程度の値であり、鋼に比較すると約 1/7〜1/20 ほど小さい値である。

結晶性プラスチックと非晶性プラスチックの熱拡散係数の温度特性概念図を **図 3.10** に示す[5]。結晶性プラスチックでは結晶の融点近傍では最小値を示す。非晶性プラスチックではガラス転移温度近傍でやや減少する傾向が認められる。これらの挙動は、プラスチックの密度、比熱、熱伝導率などの温度特性を反映している。

3.2 強度特性

▶ 3.2.1 応力と破壊様式

物体に応力が作用したときに破壊する応力が「強度」である（JIS では「強

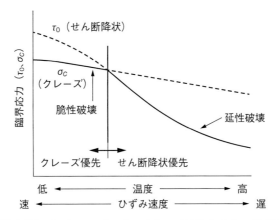

図 3.11 温度およびひずみ速度と破壊臨界応力の関係[6]

さ」と表現している)。

　プラスチックの破壊様式には、先行してクラックが発生し破壊する「脆性破壊」と、伸びを示しながら破壊する「延性破壊」がある。同じプラスチックにおいても、破壊様式はひずみ速度や温度によって変化する。ここで「ひずみ速度」とは、単位時間にひずみが増加する速度である。

　図 3.11 は、ひずみ速度および温度と破壊臨界応力の関係である[6]。同図の縦軸の臨界応力は、脆性破壊するときのクレーズ発生臨界応力 σ_c と延性破壊するときのせん断降伏臨界応力 τ_0 を示している。クレーズの発生が優先する高ひずみ速度領域では τ_0 より σ_c は低いのでクレーズが発生し脆性破壊する。せん断降伏が優先する低ひずみ速度領域では σ_c より τ_0 が低いので、せん断降伏変形し延性破壊する。温度に関しても同様な挙動を示す。つまり、プラスチックの破壊様式はひずみ速度や温度によって変化する。

　また、負荷される応力には静的応力、衝撃応力、持続負荷応力、繰り返し応力などがあり、これらの応力の負荷様式によっても破壊強度は変化する。

▶ 3.2.2　静的強度

　「静的強度」は、物体をゆっくりした一定速度で変形させたときの破壊応力や破断ひずみを測定する方法である。プラスチックの静的強度の測定では変形させる過程で、時間とともに分子間で塑性変形による永久ひずみが生じ

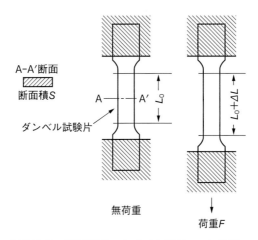

図3.12 引張試験における変形量 ΔL と荷重 F

るため、ひずみが大きくなるにつれてフックの法則に従わなくなる。

静的試験法には、引張試験法、曲げ試験法、圧縮試験法、せん断試験法などがある。引張試験や曲げ試験では測定用試験片はダンベル形状の多目的試験片を用いる（多目的試験片形状、寸法は第5章の図5.3に示す）。

（1）引張強度

引張試験法は JIS K7161 に規定されている。**図3.12** に示すようにダンベル試験片を用いて測定する。試験片の平行部（標線間）の初期長さ L_0 が ΔL だけ増加したときの引張荷重 F を測定する。

・引張応力

次式で求める。

$$\sigma = \frac{F}{S}$$

σ：引張応力（MPa）

F：荷重（N）　　S：試験片平行部の初期断面積（mm^2）

降伏するときの応力を「引張降伏強度」、破断するときの応力を「引張破断強度」とする。

・引張ひずみ

次式で求める。

$$\varepsilon = \frac{\Delta L}{L_0}$$

　ε：全引張ひずみ（無次元、百分率で表すこともある）
　L_0：荷重を加える前の平行部長さ（mm）
　ΔL：平行部長さの増加（mm）

　降伏するときのひずみを「降伏ひずみ」、破断するときのひずみを「破断ひずみ」とする。荷重 F を負荷すると引張ひずみ ε が生じる。荷重を加えた瞬間には弾性ひずみ ε_r を生じるが、引張過程で分子間のせん断降伏変形によって永久ひずみ ε_t が生じる。ここで、ε_t は時間に依存するひずみである。

　t 時間経過後の全引張ひずみ ε は

$$\varepsilon = \varepsilon_r + \varepsilon_t$$

となる。

・引張弾性率（ヤング率、縦弾性係数）

　基本的には応力-ひずみ曲線の原点における接線の勾配であるが、プラスチックはフックの弾性限度範囲が狭いため、**図 3.13** に示すように微小ひずみにおける2点間を結ぶ直線の勾配として求めている。

$$E = \frac{\sigma_2 - \sigma_1}{\varepsilon_2 - \varepsilon_1}$$

　E：引張弾性率（MPa）
　σ_1：ひずみ $\varepsilon_1 = 0.0005$ において測定された引張応力

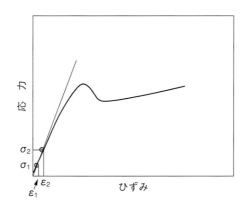

図 3.13　微小ひずみにおける引張弾性率測定法

表3.8 プラスチックと他材料のポアソン比

材　料	ポアソン比	材　料	ポアソン比
PS	0.33	アルミニウム	0.33
PMMA	0.33	銅	0.35
PC	0.38	鋳鉄	0.27
PE	0.38	軟鉄	0.28
ゴム	0.49	ガラス	0.23

　σ_2：ひずみ$\varepsilon_2 = 0.0025$において測定された引張応力

微小ひずみは試験片にひずみゲージを取り付けて計測する。

・ポアソン比

次式で示される。

$$\nu = \frac{\varepsilon_n}{\varepsilon}$$

　ε：引張方向のひずみ（縦ひずみ）

　ε_n：引張に直角方向のひずみ（横ひずみ）

種々の材料のポアソン比を**表4.8**に示す。プラスチックのポアソン比は0.5より小さいので、引張ひずみによって体積は膨張する性質がある。ゴムは0.49であり、引張力によってほとんど体積変化を示さない。

・応力-ひずみ曲線（S-S曲線）

応力σ（Stress）とひずみε（Strain）の関係を示したグラフである。**図3.14**にネッキング現象を示すプラスチックのS-S曲線を示す。

縦軸の応力は、フックの弾性限度を超えると非線形で増大し、上降伏点A（通常、上降伏点を降伏点としている）に達し、同時にネッキング現象が起きる。ネッキング部分では急激な分子の配向により発熱し、いわゆるひずみ軟化を生じて下降伏点Bまで低下しネッキングはさらに成長する。延伸されたネッキング部分は分子の配向により強化されるので応力は下降伏点Bより低下することなく未延伸部分に向かって成長し、ついには試験片全体が延伸、強化され、再び応力は上昇し破断点Cに至る。ただ、プラスチックの中にはネッキング現象を示さないものもある。

一方、横軸のひずみについては、まず応力とひずみが比例する弾性ひずみ

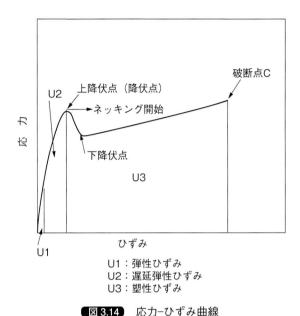

図3.14 応力-ひずみ曲線

領域 U1 がある。一般的にはプラスチックでは弾性ひずみは1％以下であり、弾性体として扱える領域は非常に狭い。次に遅延弾性ひずみ領域 U2 であり、弾性ひずみと塑性ひずみ（永久ひずみ）が同時に起こる。さらに上降伏点 A を過ぎるとネッキングが成長する塑性ひずみ領域 U3 になり、やがて破断に至る。塑性ひずみ領域が広い材料は衝撃エネルギーを吸収する能力が大きいことを示している。

　プラスチックのS-S曲線パターンを**図3.15** に示す。これらのパターンから次のように材料の性質を読み取ることができる。縦軸の値が高いほど強度は強いことを表し、低いほど弱いことを示す。横軸の破断ひずみが大きいほど粘り強いことを表し、小さいほど脆いことを示す。原点からの接線の勾配（引張弾性率）は大きいほど硬いことを示し（荷重による変形が少ない）、小さいほど軟らかいことを表す。S-S曲線が囲む面積が大きいほど衝撃強度は大きいことを表す。

・引張ひずみ速度
　次式で示される。

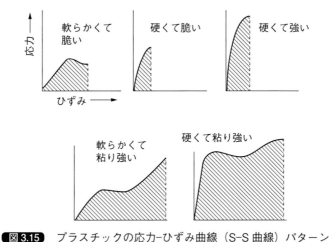

図 3.15 プラスチックの応力-ひずみ曲線（S-S 曲線）パターン

$\dot{\varepsilon} = v/L_0$

　　$\dot{\varepsilon}$：ひずみ速度（/min, または min^{-1}）

　　v：引張速度（mm/min）　L_0：平行部の初期長さ（mm）

プラスチックの引張特性は、ひずみ速度によって変化する。図 3.16 に示すように、ひずみ速度が速くなると降伏強度、破断強度、弾性率などは大きくなり弾性体としての挙動を示し、降伏ひずみや破断ひずみは小さくなる傾向がある。

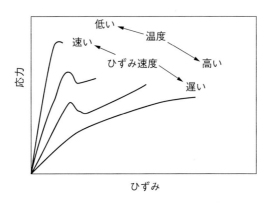

図 3.16 ひずみ速度、温度と応力-ひずみ曲線

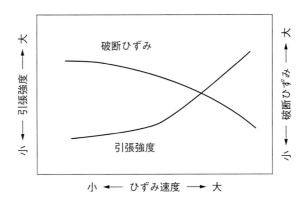

図3.17 引張強度および破断ひずみのひずみ速度特性

図3.17に降伏強度と破断ひずみのひずみ速度依存性の概念図を示す[7]。同図には直線関係は認められないが、共通的にひずみ速度が増大すると降伏強度は大きくなるが破断ひずみは小さくなる傾向が認められる。

（2）曲げ強度

図3.18に示すように両端支持梁で支点間の中央部に荷重を加えると、厚み方向の中立軸から上側では圧縮応力が発生し、下側では引張応力が発生す

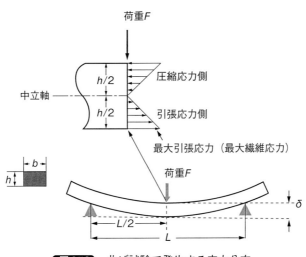

図3.18 曲げ試験で発生する応力分布

る。中立軸では応力は0で、それぞれの応力は試験片表面で最大になる。プラスチックは試験片下面に発生する「最大引張応力」（最大繊維応力ともいう）によって降伏または破断する。プラスチックの曲げ破壊は引張応力側から起こるので、降伏するときの最大引張応力を「曲げ降伏強度」、破断するときの最大引張応力を「曲げ破断強度」としている。

曲げ試験法は JIS K7171 に規定されている。試験片は多目的試験片の平行部を用いる。

・降伏強度、破断強度

降伏または破断する荷重 F を測定し、次式によって応力 σ_{max} を求める。

$$\sigma_{max} = \frac{3F \cdot L}{2b \cdot h^2}$$

　σ_{max}：降伏または破断する最大引張応力（MPa）
　F：降伏または破断荷重（N）　　L：支点間距離（mm）
　b：試験片幅（mm）　　h：試験片厚み（mm）

・曲げひずみ

降伏または破断するときのたわみ δ を測定し、次式によってひずみを求める。

$$\varepsilon = \frac{6h \cdot \delta}{L^2}$$

　ε：降伏ひずみまたは破断ひずみ
　h：試験片厚み（mm）　　δ：降伏または破断するときのたわみ（mm）
　L：支点間距離（mm）

・曲げ弾性率

基本的にはS-S曲線の原点における接線の勾配であるが、フックの弾性限度ひずみ範囲が狭いため、引張弾性率と同様にS-S曲線の2点間を結ぶ直線の勾配から次式により求める。

$$E = \frac{\sigma_2 - \sigma_1}{\varepsilon_2 - \varepsilon_1}$$

　E：曲げ弾性率（MPa）
　σ_1：ひずみ $\varepsilon_1 = 0.0005$ において測定された引張応力
　σ_2：ひずみ $\varepsilon_2 = 0.0025$ において測定された引張応力

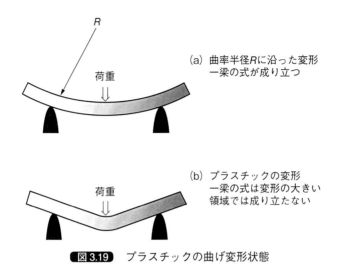

図 3.19 プラスチックの曲げ変形状態

　曲げ S–S 曲線の挙動、ひずみ速度依存性、温度依存性などは引張特性とほぼ同じである。しかし、曲げ特性に関しては次の点を注意しなければならない。

　上述の応力やひずみは材料力学に基づいた計算式を用いている。これらの式は**図 3.19**（a）に示すように、荷重を与えたときのたわみは曲率円を描きながら徐々に曲率半径 R が小さくなることを前提にして導かれた式である。しかしプラスチックでは、たわみが大きくなるにつれて図 3.19（b）に示すように曲率半径 R から外れた変形形態を示すようになる。したがって、降伏または破断時には大変形を示すため材料力学の計算式を適用することはできない。

　表 3.9 に各種プラスチックについて引張強度と曲げ強度の比較を示す。同表からわかるように、引張応力下の降伏または破壊であるにもかかわらず、引張強度に比較して曲げ強度は 30～40 MPa ほど大きな値になっている。一方、曲げ弾性率についてはフックの弾性限度内の微小ひずみの範囲で測定しているので、引張弾性率とほぼ同じ値になっている。

（3）圧縮強度

　圧縮試験法は JIS K7181 に規定されている。試験片は角柱、円柱、管形状のものを用いる。

表3.9 引張と曲げの強度および弾性率比較

プラスチック	引張強さ (MPa)	曲げ強さ (MPa)	引張弾性率 (MPa)	曲げ弾性率 (MPa)
PC	61	93	2,400	2,300
mPPE	55	95	2,500	2,500
PA6（絶乾）	80	111	3,100	2,900
POM	64	90	2,900	2,600

注）①使用材料：非強化標準グレード
　　②試験法：引張特性 JIS K 7161-1994
　　　　　　　曲げ特性 JIS K 7171-1994

圧縮応力は次式で求める。

$$\sigma = \frac{F}{A}$$

　　σ：圧縮応力（MPa）
　　F：圧縮荷重（N）　　A：試験片の初めの平均断面積（mm^2）

圧縮ひずみは次式で求める。

$$\varepsilon = \frac{\Delta L}{L}$$

　　L：試験片の初めの長さ（mm）　　ΔL：試験片長さの減少量（mm）

圧縮弾性率は、引張試験や曲げ試験と同様な方法で求める。

　圧縮応力下では引張や曲げのような明確な破壊を示さない。PE、PP、ABS、PCのように粘りのある材料では、ある応力に達すると膨らみ、さらに圧縮すると座屈降伏した後につぶれて完全な破壊は示さない。PSのように脆い材料では圧縮により破壊する。完全に破壊しないプラスチックの圧縮特性は、降伏点における圧縮応力で表すか、あるいは一定量のひずみを生じたときの圧縮応力、例えば、圧縮ひずみ１％や５％などの圧縮応力をもって表している。

　図3.20は圧縮と引張の応力-ひずみ曲線の概念図である。圧縮強度は引張強度や曲げ強度のように最大応力点を示さないことがわかる[8]。これは、ひずみの増大によって試験片が座屈して断面積が増加するためである。また、

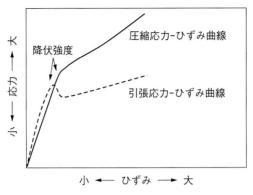

図 3.20 圧縮と引張の応力-ひずみ曲線

引張降伏強度より圧縮降伏強度のほうが大きくなる性質がある。

(4) せん断強度

試験法は単純せん断試験、ねじりせん断試験、打ち抜きせん断試験などがある。単純せん断では、物体の底面を固定して、これに接する接線外力 P を加えて変形させた場合に発生するせん断応力とひずみの関係を測定する。

図 3.21 において応力 σ、ひずみ ε は次式となる。

$$\sigma = \frac{P}{A}$$

σ：せん断応力（MPa）

P：外力（N）　　A：図に示す面積（mm^2）

$\varepsilon = d/H$

ε：せん断ひずみ　　d：変形量（mm）　　H：試験片の高さ（mm）

また、剛性率（横弾性率）は次式で求める。

$$G = \sigma/\varepsilon$$

しかし、JIS K7214 ではせん断打ち抜きによる試験法が規定されている。測定法の概略を図 3.22 に示す。同法ではせん断応力は次式で求める。

$$\tau = \frac{P}{A}$$

τ：せん断応力（MPa）

P：荷重（N）　　A：断面積（$=\pi Dt$）

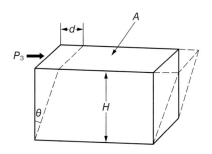

図 3.21 せん断力とせん断ひずみ

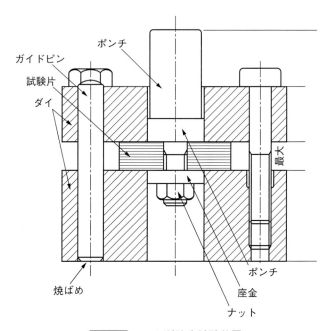

図 3.22 せん断強度試験装置

　　D：ポンチの直径（mm）　　t：試験片の厚さ（mm）
ただし、同法ではひずみ、剛性率などに関する規定はない。
　図 3.23 に単純せん断試験法による PC の応力-ひずみ曲線の概念図を示す[9]。引張 S–S 曲線と似た曲線パターンを示している。

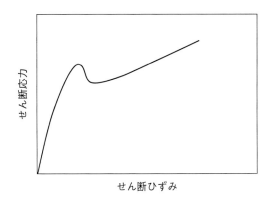

図 3.23 PC のせん断応力-ひずみ曲線

▶ 3.2.3 衝撃強度

「衝撃強度」は試験片が破壊するまでに吸収したエネルギーの大きさで表され、単位は J（ジュール）である。JIS ではシャルピー衝撃試験（K7111）、アイゾット衝撃試験（K7110）、引張衝撃試験（K7160）、パンクチャー衝撃試験（K7211）などの試験法が規定されている。**図 3.24** にシャルピー衝撃、**図 3.25** にアイゾット衝撃試験、**図 3.26** にパンクチャー衝撃試験の装置概略図と試験片の取り付け方を示す。

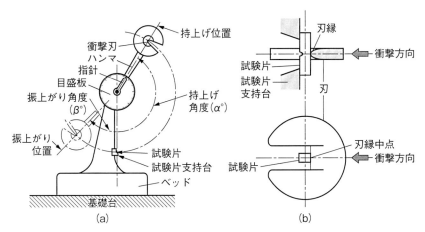

図 3.24 シャルピー衝撃試験装置と試験片の取り付け方

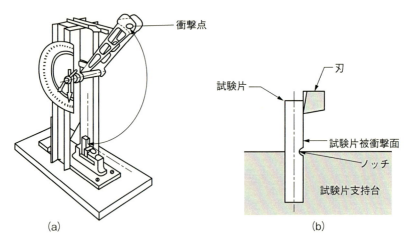

図 3.25 アイゾット衝撃試験装置と試験片の取り付け方

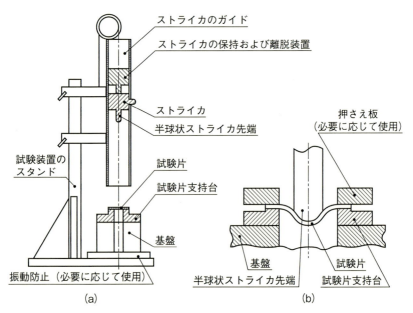

図 3.26 パンクチャー衝撃試験装置と試験片の取り付け方

表3.10 衝撃試験法とひずみ速度

試　験　法	ひずみ速度（％/min）
引張試験	$1\sim10^2$
落錘衝撃試験（パンクチャー衝撃試験）	$10^4\sim10^5$
シャルピー衝撃試験（ノッチ付）	$10^7\sim10^8$
アイゾット衝撃試験（ノッチ付）	$10^7\sim10^8$

　衝撃試験は、静的強度試験に比較して高いひずみ速度で衝撃力を加えたときの破壊エネルギーを求める方法である。**表3.10** に各種試験の試験片に発生するひずみ速度を示す。引張試験に比較して衝撃試験はいずれもひずみ速度が非常に速いことが分る。

　ここでは、代表的な試験法であるシャルピー衝撃試験法とパンクチャー衝撃試験法を説明する。

（1）シャルピー衝撃試験法

　試験片はノッチありとノッチなしがある。ノッチありでは先端アールは 0.25 mmR となっている。

　試験法は、図 3.24 に示したように試験片をセットし、衝撃ハンマーを持ち上げ角 $\alpha°$ まで持ち上げた後、ハンマーを振り下ろす。試験片を破壊した後の振り上がり角度 $\beta°$ を測定し、吸収エネルギー E を次式で求める。

$$E = \{WR(\cos\alpha - \cos\beta) + L\}$$

　　E：吸収エネルギー（J）｛kgf·cm｝
　　WR：ハンマーの回転モーメント（N·m）｛kgf·cm｝
　　α：ハンマーの持ち上げ角度（°）
　　β：試験片破断後のハンマーの振り上がり角度（°）
　　L：衝撃試験時のエネルギー損失（J）｛kgf·cm｝

試験片が破壊しないときは「破壊せず（NB）」と判定する。

吸収エネルギー E をもとにシャルピー衝撃強度 a は次式で求める。

$$a = \frac{E}{h \cdot b_N} \times 10^3$$

　　a：シャルピー衝撃値（kJ/m²）

h:試験片厚(mm)　　b_N:ノッチ付き試験片の残り幅(mm)

(2) パンクチャー衝撃試験

　以前は落錘衝撃試験と称していたが、JIS 改正で「パンクチャー衝撃試験」と名称変更になった。試験法には非計装化衝撃試験と計装化衝撃試験があるが、ここでは非計装化衝撃試験について説明する。

　試験装置の概略は図 3.26 に示した通りである。厚さ 2.0 mm、1 辺 60 mm の正方形または直径 60 mm の試験片を用いる。試験片を同図のようにセットし、試験片中心にストライカーを落下させて破壊エネルギーを求める。試験法には、高さ一定でストライカーの質量を変える方法と、質量一定で落下高さを変える方法がある。衝撃試験では破壊ばらつきが大きいので、次の手

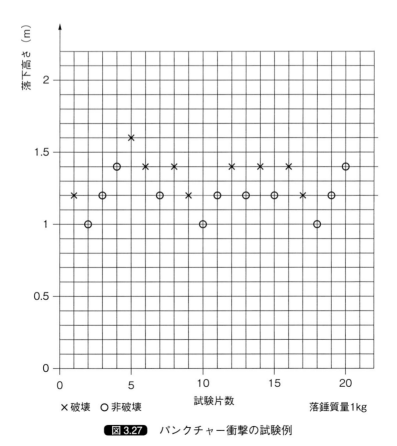

図 3.27　パンクチャー衝撃の試験例

順で破壊エネルギーを求める。ここでは、ストライカー質量1kgで落下高さを変える例で説明する。

① 試験片を20個用意する。

② 図3.27のように、破壊しないと次の試験片はレベルを上げ、破壊すれば下げる方法で20個試験する。

③ 図3.28に示すように、横軸に落下高さを、縦軸に各試験高さにおける破壊率をプロットする。

④ 同図から破壊率が50％になる高さをグラフから読み取る。同図の場合は1.3mである。

この結果から、本試験片のパンクチャー衝撃強度は50％破壊エネルギーとして

　　1 kg×1.3 m＝1.3 kg·m＝13 J

となる。

なお、JIS K7211では、計算によって50％衝撃破壊エネルギーを求める方法も示されている。

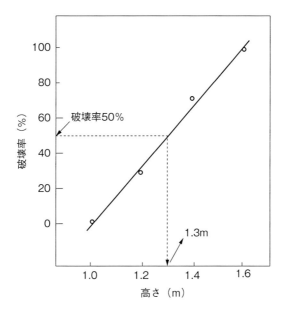

図3.28　破壊率50％の衝撃強度の求め方

(3) 衝撃強度に影響する諸要因

材料については分子量、結晶化度、吸水率などが衝撃強度に影響する。分子量が高いほうが分子の絡み合いが多くなるため、衝撃強度は大きくなる傾向がある。

図3.29はPEの結晶化度とシャルピー衝撃強度の関係を示す概念図である[9]。結晶化度が高くなると衝撃強度は低くなる傾向がある。結晶化度が高くなると衝撃時に分子間のせん断降伏変形が起こりにくくなることと関係がある。

PAは吸水しやすいので吸水率によって衝撃強度は変化する。**図3.30**はPAの吸水率とアイゾット衝撃強度の関係を示す概念図である[10]。吸水率が高くなると、水分による可塑化効果のため衝撃強度は高くなる傾向がある。ただ、吸水率が比較的低いプラスチックでは衝撃強度の吸水率依存性はほとんど認められない。

設計、使用要因ではコーナーアール、肉厚、温度などが関係する。

図3.31は、PCのシャルピー衝撃強度に対するノッチ先端アールおよび温度の関係を示す概念図である[11]。一般的にPCの衝撃強度は高いが、ノッチ先端アールが小さくなると衝撃強度は大きく低下している。つまり、PCはノッチアール依存性の大きいプラスチックであることがわかる。また、温度についてはノッチ先端アールが大きい場合でも、温度が低くなると衝撃強度は低下し脆性破壊を示すようになる。その場合、ノッチ先端アールが大きいほど脆性破壊に移行する温度は低温側にシフトする。

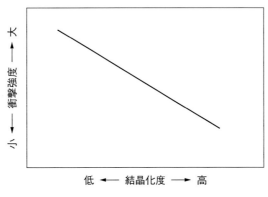

図3.29 PEの結晶化度と衝撃強度

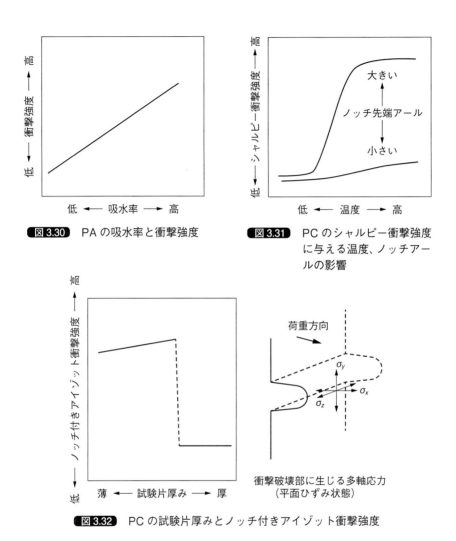

図 3.30 PA の吸水率と衝撃強度

図 3.31 PC のシャルピー衝撃強度に与える温度、ノッチアールの影響

図 3.32 PC の試験片厚みとノッチ付きアイゾット衝撃強度

衝撃破壊部に生じる多軸応力
(平面ひずみ状態)

　図 3.32 は PC の試験片厚さとアイゾット衝撃強度の関係を示す概念図である[12]。同図のように、ある厚み以上では急に衝撃強度が低下する。試験片の分子量が低いほど衝撃強度が低下し始める厚みは薄肉側にシフトする。標準タイプ PC では、肉厚 5〜6 mm 以上で衝撃強度が急に低下する。この原因は、肉厚が厚くなると同右側の図のように衝撃力による応力が多軸に作用するためと考えられる。一般的には、多軸応力下では平面ひずみ状態になる

ため脆性破壊するといわれている。

（4）衝撃試験データの活用の仕方

上述のように衝撃強度は試験片固有の衝撃吸収エネルギーをもとにした値であるので、製品設計にあたっては次の考え方で利用するとよい。

① 材料を選定するときのスクリーニングデータとして活用する。

② 製品の衝撃強度設計のデータベースとしては利用できない。

③ 衝撃特性データをもとに製品設計のための指針を得ることができる（コーナーアール、温度などの依存性）。

④ 材料としては分子量、結晶化度、吸水率（PAについて）などが関係する。また、コーナーアール、肉厚なども衝撃強度に関係する。

▶ 3.2.4　クリープ変形およびクリープ破壊

（1）クリープ試験法

試験片に一定の応力を加えておくと時間経過とともにひずみ（変形率ともいう）が大きくなる。この現象を「クリープ」という。また、応力の大きさによっては長時間経過後に破断する。これが「クリープ破壊」（クリープ破断、クリープラプチャーなどともいう）である。

クリープ試験法はJIS K7115（引張クリープ）とJIS K7116（曲げクリープ）に規定されている。測定装置については細かい規定はなく、クリープ測定データのまとめ方について規定されている。次に曲げクリープを例に説明する。

曲げクリープは、図3.33に示す治具に曲げ試験片をセットし、荷重と時間経過後のたわみを測定する。たわみ測定装置は荷重下における試験片のたわみを接触または非接触式で計測する。

曲げ応力は次式で計算する。

$$\sigma = \frac{3F \cdot L}{2b \cdot h^2}$$

σ：曲げ応力（MPa）
F：試験荷重（N）　　L：支点間距離（mm）
b：試験片の幅（mm）　　h：試験片の厚さ（高さ）（mm）

曲げクリープひずみは次式で求める。

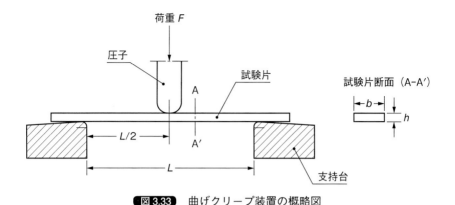

図 3.33　曲げクリープ装置の概略図

$$\varepsilon_t = \frac{6s_t \cdot h}{L^2}$$

ε_t：t 時間後の曲げクリープひずみ
s_t：時間 t での支点間中央のたわみ（mm）
h：試験片の厚さ（高さ）（mm）
L：支点間距離（mm）

時間経過後の曲げクリープ弾性率は次式で求める。

$$E_t = \frac{L^3 \cdot F}{4b \cdot h^3 \cdot s_t}$$

E_t：曲げクリープ弾性率（MPa）
L：支点間距離（mm）　F：試験荷重（N）
b：試験片の幅（mm）　h：試験片の厚さ（高さ）（mm）
s_t：時間 t での支点間中央のたわみ（mm）

以上のようにして得られた測定データをもとに経過時間と曲げクリープひずみ、または曲げクリープ弾性率の関係をクリープ線図に描く。クリープ破壊については、破壊するまでの時間と負荷応力の関係をクリープ破壊線図に描く。

（2）クリープ特性

図 3.34 はクリープひずみと時間の関係を示す概念図である。短時間側ではクリープひずみの増加は大きいが、次第に横軸に平行に近づく。平行にな

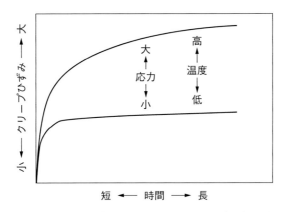

図 3.34 クリープ特性に対する応力および温度の影響

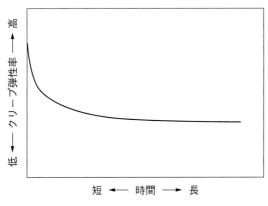

図 3.35 経過時間とクリープ弾性率

るところを「クリープ限度」という。また、応力が増加するほど、または温度が高くなるほどクリープひずみは大きくなる傾向がある。

また、経過時間とクリープ弾性率の関係は**図 3.35** の概念図となる。同図から負荷応力 σ と t 時間後のクリープ弾性率がわかれば、t 時間後の全クリープひずみを求めることができる。

クリープ破壊に先立ってクラックが発生する。定応力下ではクラック先端に応力集中するので、クラックは速やかに伝播して破壊に至る。長時間側ではクラックが発生する時間を測定することは実験上困難であるので、破断す

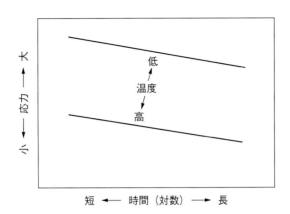

図3.36 クリープ破壊と時間および温度の影響

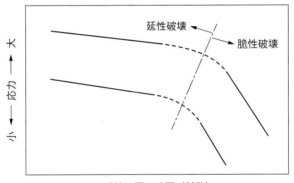

図3.37 破壊様式が変化するときのクリープ破壊挙動

るまでの時間を計測している。一般的には、横軸にクリープ破壊時間（対数）を縦軸に応力をとると負の勾配の直線になる。

　図3.36はクリープ破壊時間と負荷応力の関係を示す概念図である[14]。同図のように応力が大きいほど、また温度が高くなるほどクリープ破壊時間は短くなる傾向がある。ただ、クリープ破壊の過程で延性破壊から脆性破壊に変化する場合には必ずしも直線性を示さないことも報告されている。

　図3.37はPE-HDのパイプに内圧を負荷したときのクリープ破壊時間（対数）とフープストレス（周方向引張応力）の関係を示す概念図である[15]。同

図のようにクリープ破壊曲線は試験時間の途中で大きく変化している。曲線の変曲点より左側では延性破壊であるのに対し、変曲点より右側では脆性破壊している。このようにクリープ破壊様式が途中で変化する場合にはクリープ破壊時間（対数）と負荷応力は直線関係を示さない。

（3）クリープ破壊寿命の推定法

一般的には、負荷応力 σ とクリープ破壊時間 t_B（対数）の間には次の理論式がある。

$$\log t_B = A - B\sigma$$

A、B：温度に依存する定数

破壊様式が変化しない場合には上式を用いて、高応力側における短時間クリープ破壊時間と破壊応力の関係データから低応力側におけるクリープ破壊寿命を外挿法により予測することができる。

例えば、あるプラスチック材料について室温でクリープ破壊時間を測定し、これらの測定値を横軸（対数）に破壊時間、縦軸に負荷応力（MPa）をプロットすると**図 3.38**のようになる。同図の点線は、上式が成り立つとした直線外挿線である。例えば、この図をもとに 10 年後にクリープ破壊する負荷応力を求める。10 年は時間に換算すると 87,600 hr であるから、同図から約 17 MPa と読み取れる。

また、クリープ破壊では、横軸に $T(\log t_B + C)$（T：絶対温度、t_B：ク

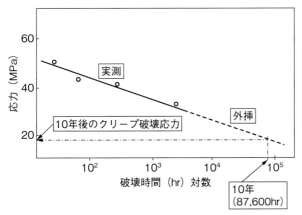

図3.38 クリープ破壊応力の寿命予測例

リープ破壊時間、C：材料による定数）を縦軸に負荷応力 σ をとると1本の直線に乗るという理論的関係がある。この場合、定数 C の値は材料ごとに予め実験で決めておかねばならない。この理論式に基づいてクリープ破壊寿命を推定する方法を「ラルソンミラー法」という。

▶ 3.2.5 疲労強度

（1）疲労試験法

材料に繰り返し応力を負荷すると破壊する現象を「疲労破壊」という。疲労試験法は JIS では K7118（疲れ試験方法通則）、K7119（平面曲げ疲れ試験法）に規定されている。これらの規格では試験機についての規定はなく、試験目的に応じて適切な疲労試験機を用いるとなっている。一般に試験機としては応力振幅一定型や、ひずみ振幅一定型があり、引張圧縮疲労試験機、回転曲げ疲労試験機、平面曲げ疲労試験機、ねじり疲労試験機などがある。

平面曲げ疲労試験法の例を図 3.39 に示す。平面曲げ用試験片の形状例を図 3.40 に示す。疲労試験では試験片のつかみチャック際またはチャック内から破壊することが多いので、同図（b）に示す試験片を用いることが多い。

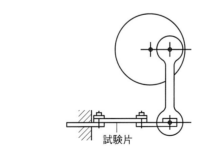

図 3.39 平面曲げ疲労試験装置例

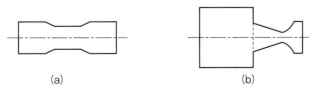

図 3.40 平面曲げ疲労試験片の形状

試験片の加工法は試験結果に影響するので、いくつかの注意事項がある。成形する場合はゲート位置、パーティングラインなどは疲労強度に影響しないように適切に設計すること、機械加工で作製する場合は加工ひずみや傷を残さないようにすること、などである。

疲労試験は、繰り返し応力 S を負荷したときに、疲労破壊するまでの繰り返し数 N を求めて S-N 曲線を描く。疲労試験を打ち切る時期としては、通常は次の3つがある。

① 繰り返し数 10^7 回未満で破壊するとき。

② 繰り返し数 10^7 未満で剛性保持率が一定値まで低下したとき。ここで、剛性保持率とは、最終剛性を初期剛性で除した値の百分率である(ひずみ軟化の影響)。

③ 繰り返し数 10^7 回までに①、②の条件を満たさなかった場合は 10^7 回。

(2) 疲労破壊特性

疲労破壊の過程は最大応力の発生する個所からクラックが発生し、これが繰り返し応力下で次第に成長して破壊に至る。クリープ破壊ではクラックが発生するとすぐに成長して破断するが、疲労破壊ではクラックが成長し破壊するまでの過程では、**図3.41** に示すように［クラック発生→クラック先端にクレーズ発生→クレーズの中にボイド発生→ボイドがつながってクラック発生］を繰り返しながら破壊に至る[16]。そのために走査型電子顕微鏡で疲労破壊の進行過程を観察するとクラックが不連続に成長した跡が観察される。この模様を「ストライエーション」(striation)と称している。

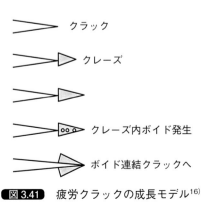

図3.41 疲労クラックの成長モデル[16]

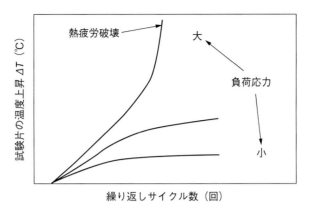

図 3.42 疲労応力と試験片の温度上昇

　基本的な疲労破壊機構はクリープ破壊と同様であるが、繰り返し応力の場合にはいくつかの違いがある。

　一つは、繰り返し応力によって機械的エネルギーは熱エネルギーに変わり試験片自体の温度が上昇する。一般に温度上昇は繰り返し周波数と応力振幅の2乗に比例するといわれる。温度上昇によって熱疲れ破壊することがある。**図 3.42** は単軸方向の繰り返し応力による温度上昇を示した概念図である[17]。応力の増大につれて温度が上昇して熱疲労破壊を示すことがわかる。

　二つめには、プラスチックは繰り返し応力をかけていくと次第にひずみが増加する現象や、一定のひずみの繰り返しでは応力が減少する現象（傾向）がある。このような現象を「ひずみ軟化」という。そのため JIS 7K118 においても、剛性保持率の低下に注目して試験終了時期を決める方法をとっている。ひずみ軟化が起こる機構については、繰り返し応力のもとで試験片の微細構造が変化することによるといわれている[18]。非晶性プラスチックでは、変形に応じて分子鎖が少しずつ移動し、全く不規則だった構造がより秩序ある領域とボイドを含むような領域に次第に2相化するものと考えられる。また、結晶性プラスチックでは結晶が壊れて小さくなり、非晶相が2相化していくと言われている。

　図 3.43 に結晶性プラスチックと非晶性プラスチックの疲労曲線の概念図を示す。プラスチックによって挙動が異なることがわかる[19]。一般的に静的

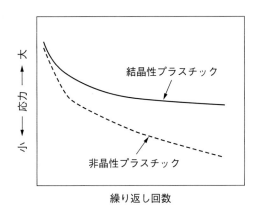

図 3.43　結晶性プラスチックと非晶性プラスチックの疲労曲線

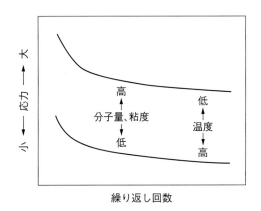

図 3.44　疲労強度に対する分子量、粘度および温度の影響

強度(引張強度、曲げ強度)が同等でも結晶性プラスチックは疲労強度が大きく、非晶性プラスチックは小さくなる傾向がある。

疲労強度は分子量、試験片表面の凹凸、温度なども関係する。

図 3.44 は、PC の粘度平均分子量および温度と疲労強度の関係を示す疲労曲線の概念図である[20]。分子量が高くなるほど疲労強度は大きくなる。温度は高くなるほど低下する傾向がある。

図 3.45 に示すように金属材料の S-N 曲線は 10^7 回あたりでは疲労限度に達するが、プラスチックでは 10^7 回においても疲労限度に達しないものが多

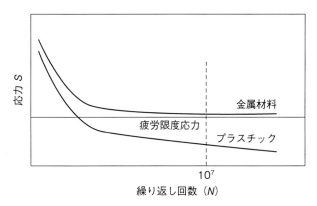

図 3.45 金属とプラスチックの疲労曲線（S-N 曲線）

いので、通常 10^7 回の疲労破壊応力で表している。

3.3 耐熱性

▶ 3.3.1 耐熱性に影響する要因

耐熱性を支配する要因には、主に二つある。

一つはポリマーの分子間力である。熱可塑性ポリマーの分子間力は、主にファンデルワールス結合に支配される。分子間に働く結合エネルギー F（分散力）は次式で示される[21]。

$$F \sim 1/r^6$$

F：分子間エネルギー　　r：分子間距離

ポリマーを加熱すると分子運動が活発になるので、分子間距離 r が大きくなるために結合エネルギーは小さくなる。そのため温度上昇とともに軟化し実用に耐えなくなる。このような特性を評価するのが「荷重たわみ温度」および「ビカット軟化温度」である。

一方、温度が低くなると強度や弾性率が高くなるが、衝撃吸収能力が低下

する。低温側の特性を測定するのが「脆化温度」である。実用的には強度および弾性率の温度特性、衝撃強度-温度特性などを測定する方法がとられる。

もう一つはポリマーの熱劣化である。分子は強固な共有結合で結合しているが、熱と酸素の共同作用で熱酸化分解を起こし、分子切断や架橋化が起こる。熱酸化分解によって変色、強度低下などの有害な変化を起こすことを「熱劣化」と称している。

ところで、熱分解は分解反応であるので反応速度論の考え方を適用できる。アレニウスは速度定数 k を次式で表した。

$k = A \exp(-E_a/RT)$

A：頻度定数　　E_a：活性化エネルギー
R：気体定数　　T：絶対温度

上式で頻度定数 A は全衝突回数に対する有効衝突回数の割合を示すものである。

いま初期の物理量 P_0 が物理量 P に達する時間 t は、一次反応では次式で表される。

$\ln P/P_0 = -kt$

$\ln$：自然対数

両式から次式が得られる。

$\ln t = \ln[(1/A \cdot \ln(P_0/P))] + E_a/RT$

時間 t_b を寿命時間とし物理量 P_0 が一定値 P に達する時間とすると、上式の右辺第1項は定数となり、これを A' とすると次の式になる。

$\ln t_b = A' + E_a/RT$

絶対温度の逆数と、ある値まで劣化する時間 t_b（対数）は直線関係になり活性化エネルギー E_a は直線の勾配を表し、反応の起こりやすさを示すことになる。上式を用いて熱劣化寿命時間を求める方法を「アレニウスプロット法」という。

▶ 3.3.2　材料比較のための耐熱温度

材料比較のための耐熱温度試験の JIS およびその他規格には**表 3.11** に示す方法がある。ここでは荷重たわみ温度とビカット軟化温度について述べる。

荷重たわみ温度試験法は JIS K7191 に規定されている。**図 3.46** に示すよ

表3.11 材料比較のための耐熱試験法

方法	規格	評価法
荷重たわみ温度	JIS K7191	荷重下のたわみから耐熱性を評価する
ビカット軟化温度	JIS K7206	針状圧子の侵入量で耐熱性を評価する
ボールプレッシャ温度	IEC 電気用品安全法	先端が球状圧子によるへこみ量で評価する
ヒートサグ温度	JIS K7195	試験片の一端を固定して自重たわみ量で耐熱性を評価する

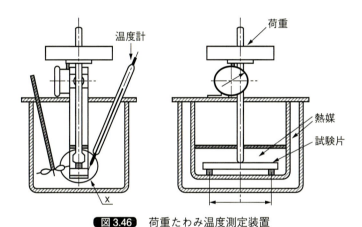

図3.46 荷重たわみ温度測定装置

うに試験片（長さ80 mm、幅10 mm、厚さ4 mm）を両端支持（支点間距離64 mm）の治具にセットする。熱媒中で支点間の中央に所定の荷重を負荷し、熱媒温度を室温から昇温速度120℃/hrで加熱する。試験片中央のたわみが0.34 mmに達するときの熱媒温度を「荷重たわみ温度」（Temperature of Deflection Under Load：DTUL）としている。

荷重は、試験片下面に発生する最大引張応力（最大繊維応力）が1.80 MPaになる荷重を「高荷重」、0.45 MPaになる荷重を「低荷重」としている。

ビカット軟化温度試験法はJIS K7206に規定されている。試験片は肉厚3 mm～6.6 mm、大きさは縦、横がそれぞれ10 mm以上の角板、または直

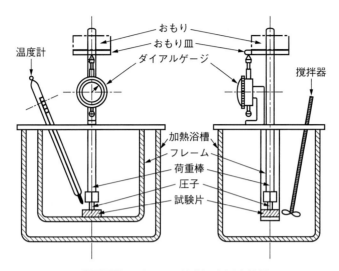

図3.47 ビカット軟化温度測定装置

径10 mm以上の円板を用いる。**図3.47**に示すように熱媒中に試験片をセットする。針状圧子の先端形状は長さ3 mmの円柱状であり、その断面積は1 mm²とする。荷重棒に10 Nまたは50 Nのおもりを載せて試験片上に一定の接触圧を加えて、浴槽の熱媒温度を50 ℃/hrまたは120 ℃/hrの速度で昇温し、針の先端が試験片に1 mm侵入したときの浴槽の温度を「ビカット軟化温度」(Vicat Softening Temperature：VST)とする。

DTULとVSTの関係の概念を**図3.48**に示す[22]。同図のようにDTULとVSTの間には良い相関性が認められる。

DTUL試験では、試験片厚み4 mmの場合は中央部のたわみδは$\delta = 0.34$ mmと指定している。ところで支点間中央部のたわみδと荷重Fの間には次式の関係がある。

$$\delta = \frac{F \cdot L^3}{4E \cdot b \cdot h^3}$$

δ：たわみ（mm）
F：荷重（N）　　L：支点間距離（mm）
E：曲げ弾性率（MPa）
b：試験片幅（mm）　　h：試験片厚み（mm）

図 3.48 荷重たわみ温度とビカット軟化温度の相関性

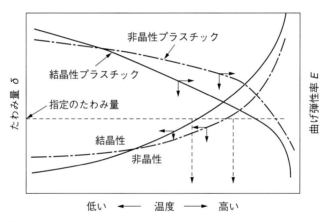

図 3.49 曲げ弾性率およびたわみ量の温度特性と荷重たわみ温度の概念図

　上式からわかるように、支点間距離 L、試験片幅 b、試験片厚み h などは一定であるので、たわみ δ は荷重 F と曲げ弾性率 E によって決まることになる。荷重 F に関しては低荷重（0.45 MPa）よりも高荷重（1.80 MPa）の方が低い温度において規定たわみ δ（0.34 mm）に達するので DTUL は低くなる。

　一方、温度上昇に伴って曲げ弾性率 E の低下の大きい材料ほど DTUL は低くなる。**図 3.49** は曲げ弾性率 E-温度特性および、たわみ δ-温度特性を

表3.12 各種プラスチックの荷重条件と荷重たわみ温度

プラスチック	荷重たわみ温度（℃）		A－B
	低荷重（A）(0.45 MPa)	高荷重（B）(1.80 MPa)	
PA6*	175（191）	68（85）	107（106）
POM（コポリマー）	158	110	48
PC	143	129	14
mPPE（標準品）	130	115	15
PBT	136	54	82
PPS	199	135	64
PSU	181	174	7

＊（ ）内は絶乾状態の値

同時に示した概念図である。同図から、温度上昇に伴って曲げ弾性率低下の大きい結晶性プラスチックのほうが荷重たわみ温度が相対的に低くなる理由を理解できる。ただ、結晶性プラスチックではガラス繊維などで強化すると繊維の補強効果によって曲げ弾性率の温度依存性は著しく小さくなるため、強化材料では高荷重においてもDTULは高い値を示すことになる。

　表3.12に各種プラスチックの荷重とDTULの関係を示す。同表から高荷重のほうがDTULは低いことがわかる。特に、PA6、POM、PBT、PPSなどの結晶性プラスチックでは低荷重より高荷重の方が50～100℃低い値になっている。この理由は、結晶性プラスチックは温度上昇による曲げ弾性率の低下が大きいことに起因している。

　ガラス繊維で強化すると曲げ弾性率の温度依存性は小さくなるので、高荷重においても荷重たわみ温度は著しく高くなる。表3.13に示すように結晶性プラスチックのガラス繊維強化材料では高荷重の荷重たわみ温度は著しく高くなる。

▶ 3.3.3　強度の温度特性

　製品設計では強度や弾性率の温度特性データが必要になる。
　図3.50は非晶性プラスチックの曲げ弾性率-温度特性の概念図である。非

表3.13 非強化品とガラス繊維強化品の荷重たわみ温度

プラスチック	荷重たわみ温度（℃）1.80 MPa		B−A（℃）
	非強化品（A）	ガラス繊維強化品（B）	
PA6＊	59＊	205（GF30）＊	146
POM（コポリマー）	105	162（GF25）	57
PC	129	145（GF30）	16
mPPE（標準品）	115	133（GF30）	18
PBT	54	202（GF30）	148
PPS	138	260（GF40）	122
PSU	175	185（GF30）	10

＊調湿後の値

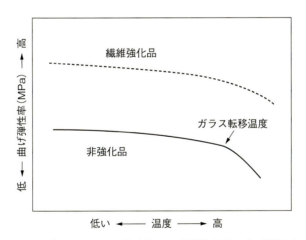

図3.50 非晶性プラスチックの非強化品と繊維強化品の曲げ弾性率−温度特性

強化品と繊維強化品ともにガラス転移温度まで徐々に弾性率が低下する。一方、図3.51は結晶性プラスチックの曲げ弾性率−温度特性の概念図である。非強化品は結晶融点まで温度上昇に伴って曲げ弾性率は大きく低下する傾向があるが、繊維強化品では繊維の補強効果によって温度依存性は小さくなる傾向がある。

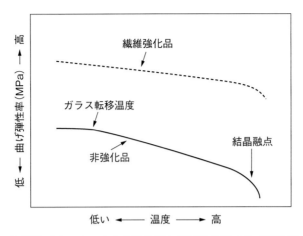

図 3.51 結晶性プラスチックの非強化品と繊維強化品の曲げ弾性率-温度特性

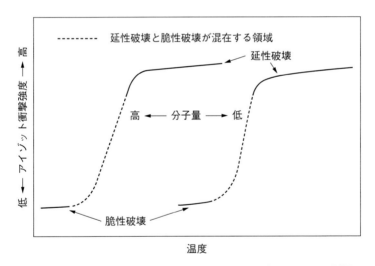

図 3.52 PC のアイゾット衝撃強度に及ぼす温度、分子量の影響

図 3.52 は PC のアイゾット衝撃強度-温度特性を示す概念図である。同図のように温度が低くなると延性破壊から脆性破壊に変化するが、その変化点温度は分子量が低くなるほど高温側にシフトすることがわかる[23]。

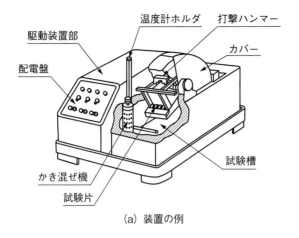

(a) 装置の例

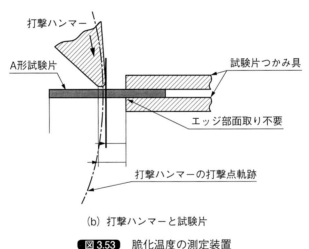

(b) 打撃ハンマーと試験片

図 3.53 脆化温度の測定装置

▶ 3.3.4 脆化温度

JIS K7216 には脆化温度の測定法が規定されている。**図 3.53** に脆化温度の測定法を示す。低温槽の中で試験片をつかみ具に取り付けて、打撃ハンマーで衝撃を与えて破壊した試験片の数を測定する方法である。

試験片が 50 % 破壊する温度を「脆化温度」としている。**表 3.14** にプラスチックの脆化温度を示す。同表には参考のためそれぞれのプラスチックのガ

表3.14 プラスチックの脆化温度とガラス転移温度

分類	プラスチック名	脆化温度（℃）	ガラス転移温度（℃）
結晶性プラスチック	PE-HD	−140	−125
	PP（ホモポリマー）	−10〜−35	0
	PA6	−60〜−80	50
非晶性プラスチック	PVC（硬質タイプ）	81	80
	PMMA	90	100
	PC	−135	145

ラス転移温度を示しているが、脆化温度との相関性は認められない。脆化温度は材料のスクリーニングデータとして用いられる。実用的には、衝撃強度の温度特性において延性破壊から脆性破壊に移行する温度を耐寒性の指標にすることが多い。

▶ 3.3.5 高温における熱劣化

プラスチックは大気中で高温に長時間曝されると熱と酸素の影響で熱劣化する性質がある。高温下では成形品内部へも酸素が拡散するので、熱と酸素の作用によって熱劣化が進行する。劣化現象は、熱分解に伴って分子切断、架橋化が起こる。そのため、成形品表面には微細なクラックが発生する。クラックが応力集中源になるので衝撃強度や引張破断ひずみが著しく低下する。

図3.54は、ABS樹脂について90℃熱エージングによる各物性の変化を示した概念図である[24]。引張強度は熱劣化に先立って硬く脆くなるため一時的には大きくなるが、衝撃力や引張破断ひずみは急激に低下しており劣化が進行していることがうかがえる。また、劣化に伴って黄変度も増大する。

熱劣化は温度が低くなるにつれて劣化するまでの時間が長くなるので、実用温度における熱劣化寿命を実験的に求めるには時間を要する。そのため、高温側での短時間加速劣化データからアレニウスプロットにより長時間後の寿命を予測する方法が取られている。

UL746Bでは比較温度インデックス（RTI：Relative Thermal Index）をアレニウスプロットによって求めている。図3.55に示すように試験対象材

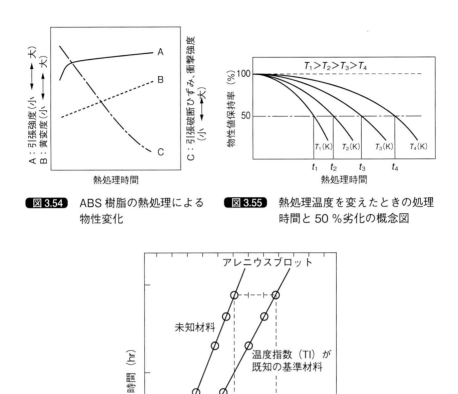

図 3.54　ABS樹脂の熱処理による物性変化

図 3.55　熱処理温度を変えたときの処理時間と50%劣化の概念図

図 3.56　アレニウスプロットによるRTIの求め方

料について高温側の4温度で熱劣化試験を行って引張強度、衝撃強度などの特性値が半減するまでの時間を求める。これらの測定値を用いて、図 3.56 のように絶対温度の逆数と50%劣化時間（対数）をアレニウスプロットする。

表3.15 電気用品安全法における絶縁物使用温度の上限値（抜粋）

材料名	区分	使用温度の上限値 (℃)	
		その1	その2
PMMA	—	50	90
PS	—	50	85
PP	—	105	110
	ガラス繊維	110	120
mPPE	—	75	120
	ガラス繊維	100	140
POM	—	100	120
	ガラス繊維	120	130
PA	—	90	120
	ガラス繊維	120	130
PC	—	110	125
	ガラス繊維	120	130
PBT	—	120	125
	ガラス繊維	135	150

その1：過去の実績値　その2：暫定値

コントロール材料のRTIから試験対象材料のRTIを求める。なお、ULでは、コントロール材料を用いない場合は初期の特性値が50％まで低下する熱劣化時間が10万時間（10年相当）に相当する温度をRTIとしている。

　我が国の電気用品安全法の「絶縁物の使用温度の上限値（抜粋）」を**表3.15**に示す。同表の値はULのRTIを基にしたデータである。

3.4 硬さ

　熱可塑性プラスチックは成形品表面に局部的な外力を加えると塑性変形する。また、硬いもので擦ると局部塑性変形または摩耗による傷が付く。一方、熱硬化性プラスチックは架橋構造であるため傷は付きにくい。表面硬さはくぼみ、擦り傷、摩耗などの表面損傷の程度によって評価している。硬さの評価には押し込み硬さと引っ掻き硬さがある。

▶ 3.4.1　押し込み硬さ

　押し込み硬さの測定法にはロックウェル硬さ、デュロメーター硬さ、バーコル硬さなどがある。それぞれの JIS を表 3.16 に示す。

　ロックウェル硬さ測定法の概略を図 3.57 に示す。試験片に鋼球圧子を介して基準荷重を加えた後、次に試験荷重を加え、再び基準荷重に戻す。基準

表3.16　プラスチックの押し込み硬さ試験法

硬さ	試験関連 JIS
ロックウェル硬さ	K7202（プラスチックの硬さの求め方）
デュロメーター硬さ	K7215（プラスチックのデュロメーター硬さ試験法）
バーコル硬さ	K7060（ガラス繊維強化プラスチックのバーコル硬さ試験法） K6911（熱硬化性プラスチック一般試験法 5.16.2）

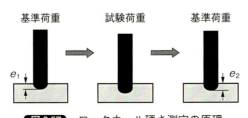

図3.57　ロックウェル硬さ測定の原理

荷重に戻したときの押し込み変形の読み値 e_2 から最初の基準荷重での押し込み変形の読み値 e_1 を差し引いた値を e とすると、ロックウェル硬さ HR は次式で表される。

　　HR = 130 − e

　　　e：$e_2 − e_1$（0.002 mm を一単位としたくぼみの読み値）

上式から e の値が大きいほど、言い換えれば押し込み変形量が大きいほど HR の値は小さくなる。

ロックウェル硬さには、**表 3.17** に示す R、L、M の硬さスケールがある。例えば、硬さスケール M で 80 であれば HRM80 と表現する。

デュロメーター硬さは、ロックウェル硬さと同様に針状圧子により押し込み硬さを測定する。圧子のタイプには A と D タイプがある。A タイプの圧子の形状を**図 3.58** に示す。針状圧子を試験片に押し付けて、所定のばね力で圧子を押し込み、くぼみ深さ h（mm）を測定する。次式からデュロメーター硬さを求める。

表3.17 ロックウェル試験の条件

ロックウェル硬さスケール	基準荷重（N）	試験荷重（N）	鋼球圧子直径（mm）
R	98.07	588.4	12.7
L	98.07	588.4	6.35
M	98.07	980.7	6.35

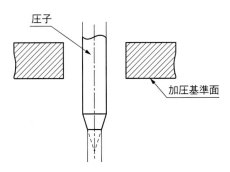

図3.58 デュロメーター硬さの圧子形状

デュロメーター硬さ = $100 - 40h$

Aタイプの場合はHDA、Dタイプの場合はHDDで硬さを表す。くぼみ深さhが小さいほど硬さは大きくなる。この方法は測定機が小型で取扱いが簡単であるという特徴がある。

バーコル硬さはガラス繊維強化プラスチックや熱硬化性プラスチックの硬さ測定法に応用されている。装置の概略を**図3.59**に示す。この試験法は小型で取扱いが簡単なのが特徴である。

各種プラスチックのロックウェル硬さを**表3.18**に示す。同表のように熱

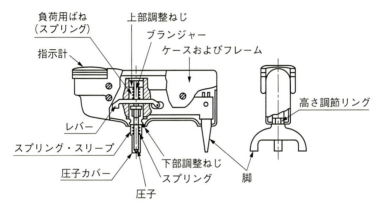

図3.59 バーコル硬さ測定器

表3.18 プラスチックのロックウェル硬さ比較

プラスチック	Mスケール	Rスケール
メラミン樹脂	110〜125	
不飽和ポリエステル	100〜115	
フェノール樹脂	90〜115	
エポキシ樹脂	80〜120	
PBM	80〜105	
PS	65〜80	
PC	60〜70	122〜124
PSU	60	120

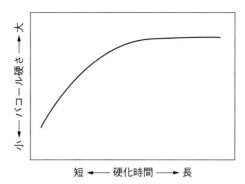

図 3.60 熱硬化性樹脂の硬化時間とバーコル硬さの関係

硬化性プラスチックの方が押し込み硬さは大きいことがわかる。また、PCやPSUの例では、RスケールよりMスケールの方が試験荷重は大きく、鋼球径も小さいので硬さは小さくなることがわかる。つまり、スケールが違うとデータの横比較はできない。

 図 3.60 は熱硬化性プラスチックの硬化時間とバーコル硬さの関係を示す概念図である[25]。このように熱硬化性プラスチックではバーコル硬さは適正な成形条件(金型温度、硬化時間)を探索する方法として用いられることがある。

 押し込み硬さをみるときの留意点は次の通りである。
 ① 硬さの値が大きいほど表面は硬いことを示している。
 ② 熱硬化性プラスチックでは硬化度(架橋度)によって硬さの値は変化するので、成形条件の適否を評価できる。
 ③ 熱可塑性プラスチックは成形条件によって硬さの値はあまり変化しないので、成形条件の適否評価には適用できない。そのため、熱可塑性プラスチックの硬さは特性としては重要ではなく、参考的に測定されている。

▶ 3.4.2 引っ掻き硬さ

 成形品表面を擦ったときの引っ掻き硬さは実用的には重要であるが、プラスチック用の試験規格はないので種々の方法で評価されている。
 プラスチック成形品表面に引っ掻き傷が付くのは次のケースがある。

① 自動車などにおけるワイパーやサイドウィンドの開閉時に付く傷
② 砂塵などが表面に当たって付く傷
③ 雑巾やハンカチなどで拭いたときに付く傷
④ 鋭利なもので表面を引っ掻いたときに付く傷

　これらの傷付き性を評価する方法にはテーバー摩耗試験、落砂試験、スチールウール試験、鉛筆硬度試験などが応用されている。テーバー摩耗試験、落砂試験、鉛筆硬度試験の概略図を**図 3.61** に示す。評価目的と試験法を**表 3.19** に示す。これらの試験後の試験片の全光線透過率変化、ヘイズ変化、表面反射率変化、表面傷の官能検査などで評価する。

　表 3.20 はガラス、PC，PMMA などの透明基材および熱硬化性塗料のコーティング品（基材：PC）の引っ掻き硬さの比較結果である[26]。コーティングなし透明材料では、ガラスが最も傷が付きにくく、次に PMMA、PC の順である。一方、コーティング品については、テーバー摩耗やスチールウールのような硬いもので擦る擦り傷はウレタン系塗膜、アクリル系塗膜、シリコーン系塗膜の順に傷が付きにくい。ただ、砂塵などが当たって付く打痕傷についてはウレタン系塗膜が最も傷が付きにくい結果になっている。ウレタン系塗膜は打痕傷がついても弾性変形により回復することによるものである。鉛筆硬さは基材の傷付き性の評価には適しているが、基材の硬さを反映するのでコーティング品塗膜の評価には有効でない。

　引っ掻き傷については次のことが分かる。
① ガラスに比較すると熱可塑性プラスチックは全般的に傷が付きやすい。PMMA は比較的傷は付きにくい。
② 傷付き防止のため熱硬化性塗料をコーティングする方法が有効である。
③ テーバー摩耗、スチールウールなどによる引っ掻き傷防止にはシリコーン系やアクリル系が適している。
④ 打痕傷の防止には弾性回復能のあるウレタン系塗膜が適している。
⑤ 一般的に熱硬化性プラスチックは引っ掻き傷が付きにくい。

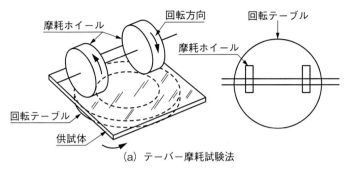

(a) テーバー摩耗試験法

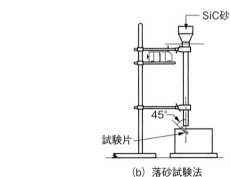

(b) 落砂試験法

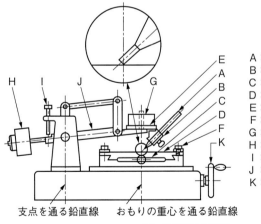

(c) 鉛筆硬度試験法

図3.61 引っ掻き硬さ試験法の概略図

表3.19 引掻き傷の評価目的と試験法

目　的	試験法
ワイパーなどによる傷付き性の評価	テーバー摩耗試験
砂塵が当たったときの傷付き性の評価	落砂試験
布などで拭いたときの傷付き性の評価	スチールウール試験
文具を引っ掻いたときの傷付き性の評価	鉛筆硬度試験

表3.20 各種塗膜の耐擦傷性評価例[26]

試験法	基材〔ヘイズの増加（%）〕			塗膜の種類とヘイズ増加（%）基材：PC		
	PC	PMMA	ガラス	シリコーン系	アクリル系	ウレタン系
スチールウール試験[1]	50	36	0	1〜2	3〜5	10〜15
テーバー摩耗試験[2]	38〜51	32〜41	1	1〜3	4〜7	10〜15
落砂試験[3]	83	80	10	5〜15	10〜20	1〜5
鉛筆硬度[4]	HB	2H	9H	H	H	F

注1) ＃0000スチールウール、1000g荷重下15往復
　2) ASTM D1044-56 CS-10F、500g、100サイクル
　3) ASTM D673-44 ＃80SiC、1000g
　4) 硬さ順 6B〜B＜HB＜F＜H〜9H（JIS K5600）

3.5 耐摩擦摩耗性

▶ 3.5.1 摩擦と摩耗

物体表面には表面自由エネルギーが存在し、2つの物体を接触させると引き合う力が発生するため、すべり抵抗力（摩擦力）が生じる。摩擦力 F は荷重 P に比例する。

$$F = \mu \cdot P$$

上式の比例定数 μ が摩擦係数である。

一方、プラスチックの摩耗には凝着摩耗、アブレシブ摩耗、疲労摩耗がある。凝着摩耗は、2つの摩擦面の微小突起同士の凝着部分が摩擦によってせん断され、引きちぎられて起こる摩耗である。アブレッシブ摩耗は、摩擦相手材が金属やセラミックのようにプラスチックより硬い場合に起こり、硬い表面がプラスチック表面を削り取り去る摩耗である。また、摩擦表面に繰り返し摩擦力や荷重が作用すると、応力集中部にマイクロクラックが発生し、これが内部に伝播し、さらにクラック同士が合体して摩耗粒子となって表面から脱落して起こる疲労摩耗がある。

▶ 3.5.2 静摩擦係数

静止状態から運動状態に移るときの摩擦抵抗が「静摩擦係数」である。プラスチック製品の静摩擦係数の測定法には規格にはないが、一般的には次のように測定する。図 3.62 に示すように傾斜面上に物体をおいて、その傾斜角 θ を次第に増加したときに物体がすべりだし始める角度 θ を求めるものである。その場合、傾斜面に垂直に働く力 P と摩擦抵抗 F との比 μ は摩擦係数と呼ばれ、傾斜角 θ（摩擦角と呼ぶ）の間には次の関係がある。

$$\mu = \frac{F}{P} = \tan \theta$$

図 3.63 に各種プラスチックの静摩擦係数測定例を示す[27]。同表のように同種のプラスチック同士の摩擦ではPE、POM、フッ素樹脂（四フッ化エチ

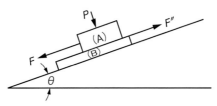

P：摩擦面に対して直角に加わる力
F：摩擦面における抵抗力（摩擦力）
F''：(A)、(B)間に対して相対運動を起こさせる力

図 3.62 静摩擦係数測定試験法

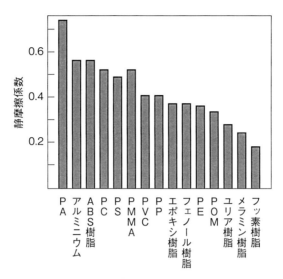

図3.63 同種プラスチックの静摩擦係数

レン）などは0.2〜0.3程度と静摩擦係数は小さい値である。PA同士の静摩擦係数は最も大きい値になっているが、アミド基の分子間力（水素結合）が影響していると推定される。

▶ 3.5.3 動摩擦係数

動摩擦試験は、**図3.64**に示すように荷重Pを加えた状態で試験片と相手材のうち一方を回転させたときのトルク抵抗Tから次式で動摩擦係数μを求める。

$$\mu = \frac{T}{P \cdot R}$$

μ：動摩擦係数　　T：トルク（N・m）
P：荷重（N）　　R：回転試料の平均半径（m）

図3.65に各種プラスチックの動摩擦係数を示す[28]。同図から同種プラスチック同士ではフッ素樹脂、POM、PAなどの動摩擦係数は小さいことがわかる。PAは静摩擦係数が大きいが動摩擦係数が小さくなっているのは、凝着摩耗や疲労摩耗などに対する耐性が優れているためと推定される。

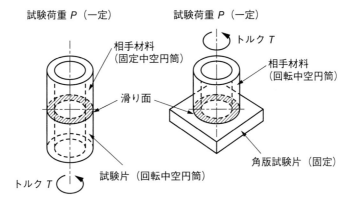

図3.64 動摩擦係数測定法

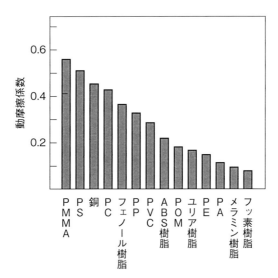

図3.65 各種プラスチックの動摩擦係数

▶ 3.5.4 限界PV値

　面圧（P）を大きく、または摩擦速度（V）を速くするにつれて、摩擦発熱し変形または溶融する。あるPV値以上では摩擦係数、摩耗量などがともに大きくなり、材料がその機能をはたさなくなる。このような限界を示すのを「限界PV値」という。一般的に動摩擦係数が小さく、かつ耐熱性の高い

表 3.21 鋼とプラスチックの限界 PV 値

プラスチック名	限界 PV 値（kPa.m/s）
POM	122
PA	87
PA	87
PPS	604

材料ほど限界 PV 値は高くなる傾向がある。**表 3.21** に鋼と摩擦したときの限界 PV 値の例を示す。POM は自己潤滑性の優れたプラスチックであるが、耐熱性の高い PPS の方が限界 PV 値は高くなることがわかる。

▶ 3.5.5　耐摩擦摩耗性に関する留意点

耐摩擦摩耗性に関する留意点は次の通りである。

① プラスチックの摩擦摩耗性は荷重、摩擦速度、相手材質、表面粗さなどのよって変化する。

② プラスチックの摩擦では摩擦熱が蓄熱しやすいので、耐熱性の高いプラスチックのほうが限界 PV 値は高くなる傾向がある。

③ 一般的に耐摩擦摩耗性の優れているのは、超高分子量 PE、POM、PA、PPS、PEEK、PAI、PEI、フッ素樹脂などである。

3.6 寸法安定性

成形後に種々の要因によって成形品寸法は変動することがある。実用上では寸法変動が少ないほうが製品の寸法安定性は優れている。寸法変動に影響する要因には、成形上では残留ひずみ、二次結晶化、使用上では温度、湿度、負荷応力などが関係する。寸法安定性についての規格はないが、各要因の概要は次の通りである。

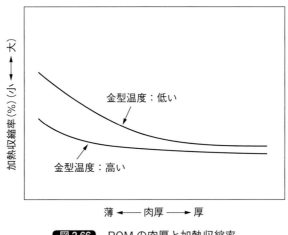

図3.66 POMの肉厚と加熱収縮率

(1) 成形に起因する寸法変化

成形時に生じた残留ひずみが成形後に解放されると寸法変化やそりが発生する。これらの寸法変動を少なくするには残留ひずみを小さくするように成形する必要がある。

図3.66はPOMについて金型温度を変えた成形品を熱処理したときの加熱収縮率変化を示す概念図である[29]。肉厚が薄い場合には金型温度が低い成形品のほうが加熱収縮率は大きくなる傾向がある。このことは、金型温度が低い条件では結晶化度が低く、かつ残留ひずみが大きいので、熱処理により結晶化の促進や残留ひずみの解放によって加熱収縮率が大きくなったと推定される。

(2) 二次結晶化による寸法変化

結晶性プラスチック成形品では、成形時に十分に結晶化が進んでいないと成形後に結晶化することで寸法変化が起こる。このように成形後に結晶化することを「二次結晶化」または「後結晶化」という。二次結晶化が進行すると寸法収縮する。

図3.67はPOM成形品の成形後の成形収縮率変化を示す概念図である[30]。金型温度が低い条件では成形後の後結晶化が進むため、成形後の収縮率は大きくなる傾向が認められる。

第 3 章　プラスチックの応用物性

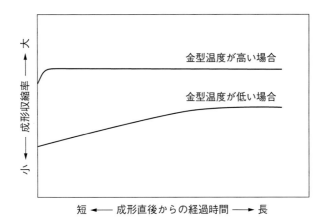

図 3.67　POM の成形後の二次結晶化による成形収縮率変化

（3）材料特性に起因する寸法変化

　成形直後の成形品は水分を含まない絶乾状態であるが、時間が経過すると大気中の湿気を吸って吸湿する。プラスチックは吸湿すると寸法は膨張する。逆に湿度の低い環境に放置すると、吸水率は低くなるので寸法収縮する。

　図 3.68 は PA6 の吸水率と寸法増加率の関係を示す概念図である[31]。吸水率の増加とともに寸法増加率は大きくなることがわかる。

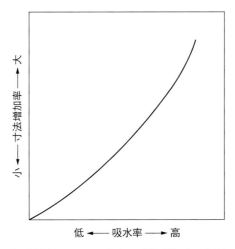

図 3.68　PA の吸水率と寸法増加率の関係

プラスチックは線膨張係数が大きいので、温度によって寸法は変化することに注意しなければならない。

（4）使用条件に起因する寸法変化

クリープによる寸法変化がある。プラスチックは荷重が長時間かかるとクリープ変形し寸法は変化する。また、使用温度が高くなると弾性率が低下するので荷重変形は大きくなる。

3.7 光学的性質

▶ 3.7.1 光学的特性

光が媒体中を通過するときには、まず表面で反射が起こり、次に内部に入射した光は吸収、散乱を繰り返し損失し、最後に裏面反射を一部起こし、反対面に出射する。

光が屈折率 n_D のポリマーに垂直に入射する場合、反射率 R は次式で示される。

$$R = \frac{(n_D - 1)^2}{(n_D + 1)^2}$$

すなわち、屈折率の高いポリマーほど反射率は高くなり、表面での光の損失が大きい。

次に媒体中を通過する光の吸収は、一般に紫外領域では電子遷移吸収が、赤外領域では分子振動吸収が起こる。可視光領域では電子エネルギー準位が容易に変化する共役二重結合をもたないポリマーはよく光を透過する。

散乱に起因する光の吸収係数は、媒体中に分散する散乱体と媒体の間の屈折率差 Δn が大きいほど大きくなるため光の散乱は大きくなる。屈折率差があると光分散により光透過性は低下する。

▶ 3.7.2 光線透過率

分光光線透過率は、紫外領域、可視光、赤外光領域までの全波長領域で波長別の光線透過率を測定するものである。図 3.69 は PC の分光光線透過率である[32]。紫外領域から透過し始め、可視光線は透過し、赤外領域ではポリマーの分子構造に対応した吸光が表れる。

物体に光が当たると一部は表面で反射され、物体に入った光の一部は物体内で吸収され、残りが透過光となる。この透過光は、物体内部で散乱される拡散透過光と、入射方向に直進する平行透過光とに分けられる。

透過率には、透過した光線の全量を表す全光線透過率（T_t）、拡散光線透過率（T_d）、平行光線透過率（T_p）の3つがある。光線透過率の測定装置を図 3.70 に示す。全光線透過率の測定には積分球式測定装置を用いて全光線

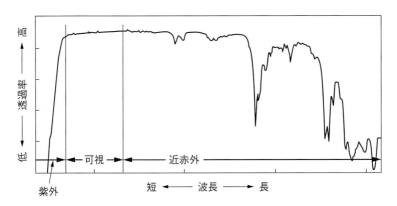

図 3.69 PC の分光光線透過率

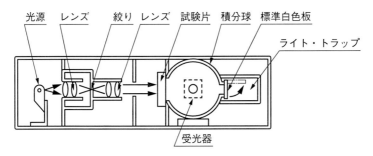

図 3.70 全光線透過率測定装置（JIS K7105）

透過量および散乱光量を測定し、次式で全光線透過率（T_t）と拡散透過率（T_d）を求める。

$T_t(\%) = (I_t/I_0) \times 100$

$T_d(\%) = (I_d/I_0) \times 100$

I_0：入射光量　　I_t：全光線透過光量

I_d：散乱光線透過光量（全散乱光線透過量から装置の同透過光量を引いた値）

平行光線透過率（T_p）は次式から求める。

$T_p = T_t - T_d$

光が透明材料中を透過するとき、光が散乱すると透明度が低下する。このような現象を表す特性値が「ヘイズ」（ヘーズまたは曇価ともいう）である。ヘイズ（H_z）は、全光線透過率（T_t）と拡散光線透過率（T_d）から次式で求める。

$H_z(\%) = (T_d/T_t) \times 100$

ヘイズの値は小さいほど透明度は良いことになる。

図 3.71 は PC のヘイズおよび平行光線透過率の厚み依存性を示す概念図である[33]。厚みが厚くなると平行光線透過率は低下し、ヘイズが増加する傾

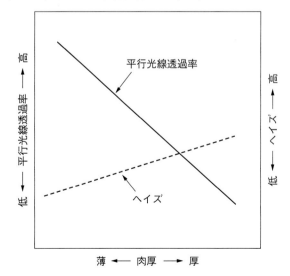

図3.71　PC の肉厚と平行光線透過率およびヘイズの関係

3.8 耐紫外線性、耐候性

▶ 3.8.1　紫外線による劣化原理

　グロッツス・ドレーバーの法則（光化学の第1法則）によれば、物質によって吸収した光のみが光化学反応を起こす。言い換えれば、光化学反応にはまず光エネルギーを吸収することが必要である。また、エネルギーを吸収した分子自身が反応するとはかぎらない。そのエネルギーが他の分子に移動して反応する、いわゆる増感作用もある。

　さて、物質には固有の吸収波長領域があり、その吸収エネルギーがその物質分子に作用して変化を起こす。表3.22に示すように、吸収される光の波長が短いほどエネルギーは大きくなる。一般的に紫外領域の光エネルギーはポリマーの分子結合エネルギーより大きいので、ポリマーが紫外線を吸収すると光分解する。一般にポリマーの光分解反応を起こす紫外線波長は290～370 mμあたりの領域である。

　ポリマーの紫外線劣化は紫外線による純粋な分解反応ではなく、大気中の酸素も関与する。紫外線によって遊離ラジカルが生成すると、引き続いて酸素によって酸化反応が進行する。劣化のスキームを次に示す。

　　$RH + h\nu \rightarrow R\cdot + \cdot H$
　　$R\cdot + O_2 \rightarrow ROO\cdot$　（活性化）

表3.22　光の波長とエネルギー

波長（mμ）	750	650	590	575	490	455	395	300	200
アインシュタイン (kcal)	38.0	43.9	48.3	49.6	58.2	62.7	72.2	95.0	143

注）光量子1 molのエネルギーを「アインシュタイン」という。

$$ROO\cdot + RH \rightarrow ROOH + R\cdot$$
$$2ROOH \rightarrow R\cdot + ROO\cdot \quad (連鎖開始)$$
または
$$RH + h\nu \rightarrow RH*$$
$$RH* + O_2 \rightarrow ROO\cdot (中間過程を経て)$$
$$ROO\cdot + RH \rightarrow ROOH + R\cdot$$

$h\nu$：光エネルギー〔h：プランク定数　ν：波数（波長の逆数）〕

したがって、酸化反応により分子切断や架橋化を起す。

また、劣化を促進する他の要因には温度と湿気がある。紫外線が関与する一次過程では温度の影響は小さいが、引き続いて起こる二次過程の酸化反応では温度や湿度が関係する。

▶ 3.8.2 紫外線劣化と物性変化

紫外線の暴露試験方法には**表 3.23** に示す方法がある。屋外暴露の試験法は JIS K7219 に規定されている。直接暴露、アンダーグラス屋外暴露、太陽光集光促進屋外暴露試験などがある。世界標準の促進暴露試験であるキセノンウェザー試験法は JIS7350-2 に規定されている。我が国で広く用いられていたサンシャインウェザー試験法は JIS K7350-4 に規定されている。

表 3.24 に示すように紫外線劣化によってプラスチックは化学変化、外観

表 3.23 紫外線劣化促進試験法

分　類	規　格	方　法
材料スクリーニングのための紫外線劣化試験	規格なし	QUV SUV
屋外曝露試験	JIS K7219	直接屋外曝露、アンダーグラス屋外曝露、太陽光集光促進曝露
実験室光源による曝露試験	JIS K7350-1	通則
	JIS K7350-2	キセノンアーク光源による曝露
	JIS K7350-3	紫外線蛍光ランプによる曝露
	JIS K7350-4	オープンフレームカーボンアークランプ（サンシャインカーボンアーク灯）による曝露

表3.24 紫外線劣化による劣化現象

項目	現　象
化学変化	分子量低下、架橋化、カルボニル基の生成
外観変化	黄変、表面粗化、チョーキング、微細クラック、汚染
強度変化	引張破断伸び低下、衝撃強度の低下

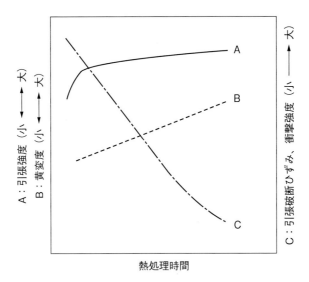

図3.72 ABS樹脂の屋外曝露による物性変化概念図

変化、強度低下などを起こす。

　図3.72はABS樹脂の屋外暴露の暴露期間と物性劣化を示す概念図である[34]。引張強度はやや大きくなるが、衝撃強度（衝撃力）や引張破断伸びの低下が大きく、硬く脆くなる傾向がうかがえる。また、黄変度も増加する。

　屋外暴露では紫外線以外に雨や風の影響も加わるので、紫外線照射のみの場合より劣化は促進される。

　図3.73に示すように耐候性劣化は次のように進行する。

　① 太陽光線に曝される表面層から劣化は進行する。

　② 劣化し脆くなった表面層は雨や風によって流されて、さらに下の層（劣化してない層）が表面に露出する

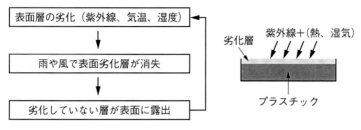

図3.73 耐候劣化の概念図

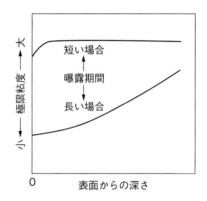

図3.74 PCのサンシャインウェザー促進曝露試験による厚み方向の分子量低下挙動

③ 露出した層が太陽光線に曝されて②と同じプロセスで劣化する。
④ このような劣化を繰り返しながら耐候劣化は内層へと進行する。

例えば**図3.74**は、PC試験片をサンシャイン促進劣化試験した後に表面側から削りだし、表面からの深さと極限粘度の関係を測定した概念図である[35]。極限粘度は分子量の代用特性である。照射時間が長くなると表面層の極限粘度の値が小さくなることから表面層から劣化が進行する様子がうかがえる。

▶ 3.8.3 耐候劣化の寿命評価

劣化は紫外線が照射される表面層から進行するため、熱劣化や加水分解劣化のようにアレニウスプロットによる寿命予測法をとることができない。そのため、屋外暴露寿命を予測するには、促進暴露劣化試験による寿命予測法が取られる。その場合、促進暴露試験機で何時間処理すれば屋外暴露の何年

表3.25 サンシャイン促進暴露試験と屋外暴露の相関性試験例[36]

試　料	評価項目	屋外暴露1年に相当する促進暴露時間
硬質PVC	変退色	500〜600 hr
PP		130〜260 hr
PMMA	破断ひずみ	500〜600 hr
高衝撃ABS	衝撃強度	500〜600 hr
PA6	引張強度	500〜600 hr

表3.26 各種プラスチックの50％劣化するまでの暴露期間[37]

屋外暴露月数	引張強さ	伸び率	衝撃力
2カ月以内		PE-HD、PE-LD、PP、ABS	ABS樹脂
4カ月以内	SAN	PS-HI	PC、PP
6カ月以内	POM	POM	
6カ月超過（上限不明）	PE-HD、PE-LD、PP、PC、PS-HI、PMMA、ABS	PMMA SAN	AS樹脂、PMMA、PS-HI、POM、PE-LD、PE-HD

に相当するかが問題になる。

　サンシャイン促進暴露試験に関しては、**表3.25**に示す相関データが報告されている[36]。同表から強度に関しては、屋外暴露1年に相当するサンシャイン促進暴露時間は500〜600 hrとするのが一般的である

　また、各種プラスチックについて屋外暴露試験を行い、初期物性が50％まで低下する屋外暴露時間に注目して分類すると**表3.26**の通りである[37]。同表に示されるようにPMMAは全体的に優れているが、他のプラスチックは評価する物性項目によって劣化ランクが分かれている。したがって、どのような特性に注目するかによって劣化時間が変化することに注意すべきである。

　促進暴露や屋外暴露のデータを利用するときには、次の点を配慮しなければならない。

（a）試験片厚みの影響

試験片厚みが薄いほど劣化は早く起こる。

(b) 屋外暴露場所の天候の差

曝露場所によって劣化の程度が異なるので気候条件を考慮して、我が国では銚子市や宮古島、米国ではアリゾナ、フロリダなどで評価することが多い。

(c) 屋外暴露した年の天候の順、不順の差。暴露開始時期

夏場は劣化速度が速い。

(d) 試験機の差（促進暴露試験の場合）

キセノンウェザーメーターよりサンシャインウェザーウェザーメーターのほうが劣化は早く起こる。

(e) 促進暴露と屋外暴露の劣化寿命の相関性

評価する特性の選び方によって促進曝露時間と屋外曝露時間の相関性が異なる。

3.9
耐 燃 性

▶ 3.9.1 燃焼特性

プラスチックの主な構成元素は炭素（C），水素（H），酸素（O）であるので、熱分解すると一酸化炭素（CO）、メタン（CH_4）などの可燃性ガスを発生する。プラスチック試験片に接炎すると溶融軟化し、さらに炎を当て続けると温度上昇し、ついに熱分解し分解ガスが発生する。可燃性ガスが発生すると着火して燃え出す。可燃性ガスの発生が比較的少ないときは、着火源を取り去ると自然に炎は消える。このように着火源を除くと自然に炎が消えることを「自己消火性」（自消性）という。一方、可燃性ガスの発生量が多い場合は、燃焼熱で溶融、分解、燃焼を繰り返しながら燃焼は持続する。

難燃剤を加えないプラスチックの燃焼性は次の3つのタイプに分けられる。

① いったん燃え出すとどんどん燃えるタイプ

PE、PP、ABS、PMMA、POMなど燃焼時の可燃性ガスが多く発生する

のでよく燃える。
② 着火源を離すと自然に火が消えるタイプ
PC、PA、PSU など。
③ 着火源を離すとすぐ火が消えるタイプ
PVC、フッ素樹脂、PPS など。

▶ 3.9.2　燃焼試験法と評価

表 3.27 にプラスチックの主な燃焼試験法を示す。製品によって難燃性への要求が異なるため試験法は異なっている。

一般的にプラスチック電気用品の燃焼性は UL 規格の UL94 の試験法で評価される。同燃焼試験法は、図 3.75 に示す水平燃焼試験法と垂直燃焼試験

表 3.27　プラスチックの燃焼試験法

分野	試験法例	主な試験内容	燃焼ランク
電機・電子	UL、CSA、IEC、電取法など	燃焼速度、燃焼時間 滴下物による着火の有無	V0、V1、V2、HB、5V など
建材	建築基準法 (昭和 25 年・法律 201 号)	変形や有毒ガス発生 亀裂の発生 残炎時間 排気温度 発煙性	不燃 準不燃 難燃 準難燃
車両	自動車 FMVSS302	燃焼速度	―
車両	鉄道車両 JRS17400-5A-15BR3A	耐燃焼性 (焼損重量、焼損面積残炎時間、排気温度) 耐発煙性 耐滴下性	不燃性 極難燃性 難燃性 準難燃性 可燃性 発煙性 (1〜4) 滴下性 (1〜3)
その他	酸素指数法	燃焼を持続するに必要な酸素濃度	OI

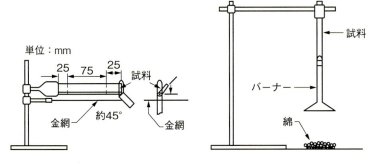

(a) HBの水平燃焼試験法　　(b) V-0、V-1、V-2の垂直燃焼試験法

図3.75　UL94燃焼試験法

法がある。

　水平燃焼試験法は、同図のように試験片を取り付けて標線間の燃焼速度を測定する。本試験で次の結果であればHBと評価される。

　・厚さ3.0〜13 mmの試料：75 mm標線間で燃焼速度が40 mm/minを超えない。

　・厚さ3.0 mm以下の試料：75 mm標線間の燃焼速度が75 mm/minを超えない。

　・100 mmの標線に達する前に燃焼が止まる。

　垂直燃焼試験法は、試験片を同図のように垂直に取り付けて燃焼させて、着火源を離した後の残炎焼時間、赤熱時間（アフターグロー時間）、滴下物による綿発火の有無などを測定する。表3.28に垂直燃焼試験における94V-

表3.28　垂直燃焼試験の判定基準

基準の条件	94 V-0	94 V-1	94 V-2
各試料の残炎時間	≦10秒	≦30秒	≦30秒
試料各組の残炎時間の合計	≦50秒	≦250秒	≦250秒
2回目の接炎後の各試料の残炎時間と赤熱時間の合計	≦30秒	≦60秒	≦60秒
各試料の保持クランプまでの残炎または赤熱	なし	なし	なし
発炎物質または滴下物による標識用綿の着火	なし	なし	あり

0、94V-1、94V-2 の燃焼ランク判定基準を示す。同表のように V-2、V-1、V-0 の順に難燃性能は高くなる。また、垂直燃焼試験判定に該当しない場合は水平燃焼試験の燃焼速度によって判定する。

酸素濃度が薄くても燃える材料は燃えやすいので、酸素指数（OI）で燃焼性を評価する方法がある。OI の測定法は JIS K7201 に規定されている。図 3.76 に OI 測定装置を示す。同図の装置を用いて、酸素と窒素の比率を変えた雰囲気で燃焼させ、試験片が燃え続けるに必要な最小酸素濃度（体積

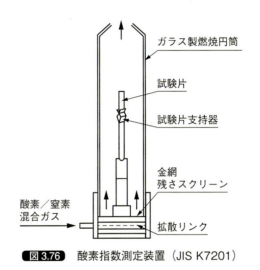

図 3.76 酸素指数測定装置（JIS K7201）

表 3.29 各種プラスチックの酸素指数

プラスチック	酸素指数	プラスチック	酸素指数
POM	14.9〜16.1	PMMA	17.3
PE	17.4	PS	18.1
PP	17.4〜18.0	PA66	24.3
PC	25〜27	PAR	36
PPS	44	PVC	45
PEI	47	PI	47
LCP タイプ II	35〜45	フッ素樹脂	95

濃度）を酸素指数（OI）とする。
　酸素指数は次式で求める。
　　酸素指数(%) = {(酸素)/(酸素 + 窒素)} × 100

表 3.29 に各種プラスチックの酸素指数を示す。同表から、燃えやすいプラスチックほど酸素指数は小さいことがわかる。また、我が国では酸素指数が 26 以上の場合には消防法（指定可燃物）の適用を受けないことになっている。

3.10 ガス透過性

▶ 3.10.1　ガス透過性に影響する材料要因

　ポリマー分子間には空隙が存在するので酸素、炭酸ガス、水蒸気などのガスを透過しやすい。食品包装関係の用途では、ガスバリヤ性（ガスを透過しにくいこと）が求められる。ガス透過性は、分圧の高い方から低い方への拡散性と、プラスチックとガスの溶解性が関係する。拡散性はポリマー分子鎖の空隙をガスが拡散する現象であるので結晶化度、ガラス転移点、分子配向や結晶配向などが関係する。すなわち、次の効果によってガスバリヤ性は向上する。

① 結晶相は分子間隔が近接しているので結晶化度は高い方が透過しにくい。

② ガラス転移温度以下では非晶相の分子運動が抑制されるので透過しにくい。

③ 分子配向や結晶配向によって配向方向に整列するとガスは透過しにくい。したがって 2 軸延伸するとガスバリヤ効果は高くなる。

　一方、ポリマーとガスの SP 値が近いものは溶解性がある。溶解性については次の特性がある。

① 極性の大きいプラスチックは無極性の酸素や炭酸ガスを透過しにくい。

② 無極性プラスチックは水分のような極性分子を透過しにくい。

▶ 3.10.2　ガス透過性試験法

ガス透過性を表す特性値としてはガス透過度（Gas Transmission Rate：GTR）とガス透過係数（Gas Permeability Coefficient：P）がある。

ガス透過度（GTR）は試験片を透過する試験ガスの単位面積、単位時間、および試験片両面間の単位分圧当たりの透過量である。単位はISOではmol/（m^2·s·Pa）であり、旧CGS単位ではcm^3/（m^2·24 h·atm）である。ガス透過性の測定法には差圧法と等圧法がある。

JIS K7126-1 では、差圧法は図 3.77（a）に示すように試験片をガス透過セルの2つのチャンバー間に密封シールする状態で装着する。低圧チャンバーを真空排気し、試験ガスを高圧チャンバーに導入すると、ガスは試験片を通過し、低圧チャンバー内に透過していく。試験片を通過する試験ガスの透過は低圧側の圧力上昇またはガス量の増加で計測する。

JISK7126-2 では、等圧法は図 3.77（b）に示すように試験片をガス透過セルの2つのチャンバー間に密封シールする状態で装着する。まず、チャンバーBにキャリアガスをゆっくり流してパージし、次にチャンバーAには試験ガスを供給する。各チャンバーの圧力は等しい（大気圧）が試験ガスの分圧はチャンバーAの方が高いので、試験ガスは試験片を透過してチャンバーBのキャリアガス中に移動する。試験片を透過した試験ガスはキャリアガスによってセンサーへ運ばれて計測される。

ガス透過係数（P）は、試料を透過する試験ガスの単位厚さ（d）、単位面積、単位時間および試料両面間の単位分圧当たりの透過量で、SI単位系では

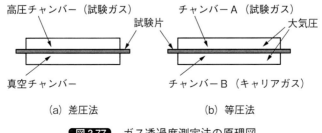

図3.77　ガス透過度測定法の原理図

mol·m/(m²·s·Pa)、旧 CGS 単位では cm³·cm/(m²·24 h·atm) である。
P は上述の方法で求めた GTR から次式で計算する。

$$P = GTR \times d$$

P は試料厚みの影響をキャンセルした値であり、プラスチック材料の比較に用いる。

▶ 3.10.3 ガス透過特性

図 3.78 は各種フィルムの酸素透過係数の温度特性を示す概念図である[38]。EVOH の酸素透過係数は最も小さいが、耐熱性が低いため温度が上昇するとともにやや透過係数は増大する傾向がある。

図 3.79 は酸素透過係数の湿度依存性を示す概念図である[39]。EVOH、PAMXD6 フィルムなどは低湿度側では小さいが、湿度の増加とともに透過係数は大きくなる。一方、酸素は無極性であるため、無極性の PP は透過しやすいことがわかる。

図 3.80 は水蒸気透過度の厚み依存性を示す概念図である[40]。水分は極性があるので、PA の透過度は大きいが、無極性の PP の透過度は小さいことがわかる。また、PP の例からわかるように未延伸に比較して延伸品の透過度は小さいことがわかる。

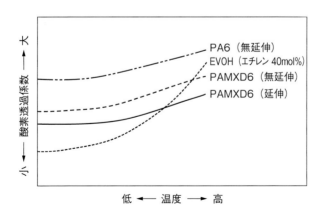

図 3.78　各種フィルムの酸素透過係数の温度依存性

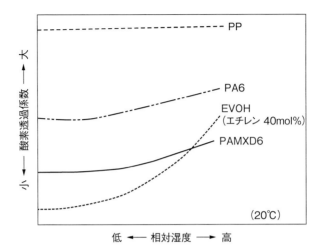

図3.79 各種フィルムの酸素透過係数の湿度依存性（同一厚みについて）

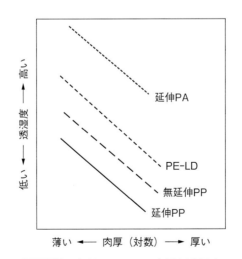

図3.80 各種フィルムの肉厚と透湿度

3.11 耐薬品性

▶ 3.11.1 薬品に対する基礎挙動

プラスチックの耐薬品性はポリマーの分子構造に支配される。実用上では、各薬品による影響は応力、温度、時間などによっても変化する。

プラスチックに対する薬品の挙動には以下の4種類のパターンがある。

（1）拡散

ポリマー分子間には空隙が存在する。薬液の分子径はポリマー分子間平均距離に比べて小さいので、拡散勾配があると分子間に拡散する。

プラスチックの拡散現象には次の特性がある。

① 温度が高くなるほど分子運動が活発になり分子間距離は広がるので薬液は拡散しやすくなる。

② ポリマー分子鎖の極性と薬液の極性が近いときは拡散しやすい。

③ 結晶性プラスチックは、結晶相は緻密な配列構造をとっており分子間距離は小さいので結晶相には拡散し難い。

（2）膨潤・溶解

プラスチックと薬液の極性が近い場合には、薬液が溶媒和を形成しつつポリマー分子間に拡散する。ここで「溶媒和」とは、ポリマー分子と薬液分子間で二次結合をつくることである。その結合の強さがポリマー分子相互間の凝集力より優ると、分子間を引き離して薬液が侵入し膨潤現象を起す。さらに進行するとポリマー分子が薬液中に完全に溶解する。このような挙動を示すものを良溶媒という。

（3）化学的分解

表 3.30 に示すように薬液によっては特定のポリマー分子鎖に反応して次のような分解反応が起こる。

① PBT、PET などのようにエステル結合 ［-C(O)O-］や PC のように炭酸エステル結合 ［-OC(O)O-)］を有するポリマーは高温蒸気、温水、アル

表 3.30 ポリマーの化学分解

薬 液	分解反応	分子結合	該当プラスチック
温水、高温蒸気、アルカリ水溶液	加水分解	エステル結合 炭酸エステル結合	PBT、PET、PC、PAR、LCP
強酸	酸化分解	-C-C- -C-H	プラスチック全般
オゾン	酸化分解（オゾニドを径由）	-C＝C-	ゴムなど

カリ水溶液などによって加水分解が起る。

② 炭素結合（-C-C-）や炭素水素結合（-C-H）などは、ポリマー中の結合位置にもよるが強酸によって酸化分解反応が起こる。

② ゴム、オレフィン系ポリマー（二重結合が残留しているもの）、ABS樹脂（ブタジエンゴム）ではオゾンが二重結合（-C＝C-）に反応してオゾニドを生成し、さらに分解が進行する。

また、ポリマーの分解反応は速度過程であるため温度と時間の関数である。温度が高いと短時間で分解するが、温度が低くて長時間後に分解が進行する。

（4）ケミカルクラック

ケミカルクラックは応力と薬液の共同作用でクラックが発生する現象である。応力の存在下で薬液がプラスチック中に拡散すると応力発生部で局部的に急速に応力緩和が起こるためクラックが発生すると推定される。ただ、膨潤・溶解が起こらない程度の弱い溶媒和（貧溶媒）によってクラックが発生するところにケミカルクラック現象の複雑さがある。ケミカルクラックについては 5.3.3 節で述べる。

▶ 3.11.2 耐薬品性試験法

JIS 規格の耐薬品性試験法には**表 3.31** に示す方法がある。

JIS K7114 による試験法の概要を**表 3.32** に示す。この試験法は、試験片を無応力下で薬液に浸漬し個々の薬液の影響を調べる方法である。同表に示すように、測定項目には質量変化、寸法変化、色相変化、外観変化、物理的性質の変化などがある。

表3.31 プラスチックの耐薬品関連JIS

JIS	名 称	適 用
K7107	定引張変形下における耐薬品性試験方法	一定の引張変形下におけるプラスチックの化学薬品に対する抵抗性を評価する。
K7108	プラスチック−薬品環境応力亀裂の試験方法	化学薬品の存在下で、プラスチックに一定の引張荷重をかけたときの環境応力亀裂を求める。
K7114	プラスチック−液体薬品への浸漬効果を求める試験方法	プラスチック材料の試験片を、すべての外的拘束のない状態で試験液に完全浸漬する結果生じる性質の変化を求める。
K7209	プラスチック−吸水率の求め方	正確に定めた寸法をもつプラスチック試験片を液に浸漬したり、状態調節した湿潤空気にさらす場合に、吸収した水分量を測定する手順について規定。厚さ方向の水分拡散係数を求めることもできる。
Z1703	ポリエチレンびん	ポリエチレンびんの試験方法の1つとして、ベントストリップ法によるケミカルクラック試験法について規定する。

表3.32 JIS K7114による耐薬品試験法（無応力下）の概略

項 目	内 容
試験片	一辺の長さ60 mm±1 mm、厚さ1.0〜1.1 mmの正方形とする。試験片は関連する製品仕様に規定する条件（または製造業者が記載した条件）で成形する。
浸漬方法	試験液に完全に浸漬する
試験温度	次の条件から選択する ・23℃±2℃　・70℃±2℃
浸漬時間	次の条件から選択する a) 短時間の試験では24 hr b) 標準的試験では1週間 c) 長期間の試験では16週間
状態調節	試験片は23℃、50％中で状態調節する。
測定項目	1) 質量変化　2) 寸法変化　3) 色変化 4) 外観変化（光沢、透過性、亀裂、クレージング、剥離、そり） 5) 物理的性質の変化（機械的性質、電気的性質、熱的性質、光学的性質）

一方、応力の存在下における耐薬品性試験法はK7107およびK7108がある。

3.11.3 耐薬品性を考慮した材料選定

プラスチックの耐薬品性は分子構造によって決まるが、温度や応力の条件によっても変化することに注意しなければならない。オールマイティな耐薬品性を有するプラスチックはないので、対象薬品に対応して適切な材料を選択して使用する必要がある。

各種プラスチックの定性的な耐薬品性を**表3.33**に示す[41]。同表から共通的に次のことが言える

① 非晶性プラスチックは有機溶剤類、油類などに侵されるものが多い。一方、結晶性プラスチックは有機溶剤、油などには侵されにくい。

② PBT、PET、PCのように分子中にエステル結合を有するプラスチッ

表3.33 各種プラスチックの耐薬品性（無応力下の定性的比較）[41]

プラスチック名 （結晶性、非晶性）	弱酸	強酸	弱アルカリ	強アルカリ	油	有機溶剤			
						アセトン	ベンゼン	エステル	アルコール
PE-HD（結晶性）	◎	△	◎	◎	○	×	×	×	◎
PP（結晶性）	◎	△	◎	◎	○	◎	◎	×	○
硬質PVC（非晶性）	◎	△	◎	◎	○	×	×	×	◎
PS（非晶性）	◎	△	◎	◎	△	×	×	×	○
SAN（非晶性）	◎	△	◎	◎	○	×	×	×	○
ABS（非晶性）	◎	△	◎	◎	△	×	×	×	△
mPPE（非晶性）	○	○	○	○	△	×	×	×	△
PA6、PA66（結晶性）	○	×	○	○	○	◎	◎	◎	△
POM（結晶性）	△	×	○	○	○	◎	◎	◎	○
PC（非晶性）	◎	△	△	×	○	×	×	×	○
PSU（非晶性）	○	○	○	○	◎	×	×	×	○

ASTM-D570（3.2 mm厚、24 hr）　◎：安全　○：ほぼ安全　△：一部危険
×：危険（いずれも無荷重状態において）

表3.34 耐薬品性が優れているプラスチック

プラスチック名	注意点（耐薬品性）
PPS	高温では強酸に侵される。
PEEK	濃硫酸には侵される。結晶化度が低いと、アセトンなどの一部の有機溶剤に侵される。
PAI	アルカリ水溶液、アミノ化合物などには侵される。
PEI	ハロゲン系脂肪族化合物（塩化メチレン、トリクロロエタンなど）には侵される。
LCP	アルカリ、アミン類などや、100℃を超える熱水、スチームでは分解する。
フッ素樹脂	フッ素ガス、溶融アルカリ金属、三フッ化塩素などの高温高圧下では侵される。

クは高温蒸気、温水、アルカリ水溶液などによって侵される（加水分解する）

③ プラスチック全般について強酸性薬品には侵されるものが多い

表3.34 に示すようにPPS、PEEK、PAI、PEI、LCP、フッ素樹脂などはほぼすべての薬品に強いが、特定の薬品に対して侵されることがある。

3.12 電気的性質

▶ 3.12.1 電気特性

電気を通さない物質を「絶縁体」といい、通常、体積抵抗率が10^8 Ωcm以上のものをいう。一般的にプラスチックの体積抵抗率はこの値以上であるので絶縁材料である。しかし、プラスチックに電圧を加えると、含まれる水分などの影響でごくわずかであるが電流が流れる。この電流を「漏れ電流」という。表面のみを流れる電流に対する抵抗が「表面抵抗」、内部のみを流れる電流に対する抵抗が「体積抵抗」である。

試験片に電圧を負荷して徐々に昇圧すると、最初は微小電流が流れるが、電圧が高くなると電流が急激に増加し、一部が溶けて穴があいたり炭化したりして絶縁性が失われる。この現象を「絶縁破壊」という。

 プラスチックに電圧をかけると、共有結合の共有電子対が正極に引き寄せられることで誘電分極を起こし、正と負の電荷が生じる。このような物質を「誘電体」という。その分極の度合いを示す値が誘電率や誘電正接である。

 耐電圧が高いプラスチックでも、高電圧で長時間使用していると部分放電によるトラッキング現象を起こし劣化する性質がある。「トラッキング」とは、絶縁体表面の気中で生じるアーク放電によって表面が熱劣化し、絶縁物表面に沿って炭化した導電路ができることである。また、高電圧で使用される製品表面に塵、埃、塩分などが付着した場合にはトラッキングを起こし燃え出すことがある。

▶ 3.12.2　電気的性質の測定法

 電気的性質の測定法は、JIS K6911（熱硬化性プラスチック一般的試験法）に規定されている。

（1）体積抵抗率、表面抵抗率

 体積抵抗および表面抵抗は円板状試験片を用い、**図 3.81** に示す電極配置

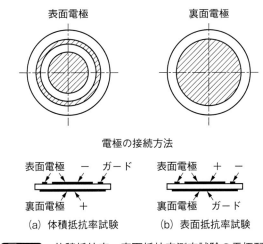

図 3.81　体積抵抗率、表面抵抗率測定試験の電極配置

で導電性ゴムを圧着させるか、導電ペイントで描いて電極とする。体積抵抗率の場合は同図（a）、表面抵抗率の場合は同図（b）に示すようにそれぞれ接続し電気抵抗値を測定し、次式により体積抵抗率 ρ_V（Ω・cm）および表面抵抗率 ρ_S（Ω）を求める。

$$\rho_V = \frac{\pi \cdot d^2}{4t} \times R_V$$

$$\rho_S = \frac{\pi(D+d)}{D-d} \times R_S$$

ρ_V：体積抵抗率（MΩcm）
ρ_S：表面抵抗率（MΩ）
π：円周率 = 3.14
d：表面電極の内円の外径（cm）　　t：試験片の厚さ（cm）
R_V：体積抵抗（MΩ）　　　　　　R_S：表面抵抗（MΩ）
D：表面の環状電極の内径（cm）

（2）絶縁破壊

絶縁破壊には「絶縁破壊強さ」と「耐電圧」がある。**図 3.82** に示す電極配置にして絶縁油中で測定する。電圧の印加は一定速度で昇圧し、試験片が破壊したときの電圧を測る。また、電圧を段階的に昇圧させる方法もある。

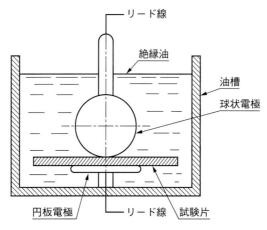

図 3.82　絶縁破壊電圧測定装置

絶縁破壊強さはプラスチックの単位厚さに対する破壊電圧の値で、単位はkV/mmで表す。プラスチックの絶縁破壊電圧は10～50 kV/mmのものが多い。

一方、耐電圧は絶縁材料がいくらの電圧まで破壊しないか保証する値（単位kV）である。通常周波数の電圧を0から一定速度で試験電圧まで上昇させ、その電圧に1分間耐える最大電圧で評価する。

（3）誘電率、誘電正接

測定法の詳細は省略するが、図3.83のように2個の電極で試験片を挟んで直流電圧を与えて測定する。

一般的に誘電率が小さいと誘電正接も小さくなる特性がある。

（4）耐アーク性、耐トラッキング性

耐アーク性の試験装置を図3.84に示す。板状試験片の上に2個のタングステン電極を一定間隔で離しておき、商用周波数で12.5 KV、10～40 mAのアークを発生させる。トラッキングが生じてアークが消滅するまでの時間を測定し、その時間を秒単位で表す。

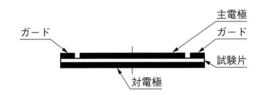

図3.83 誘電率および誘電正接試験の電極配置

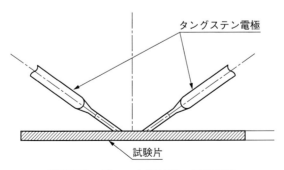

図3.84 耐アーク性試験の電極配置

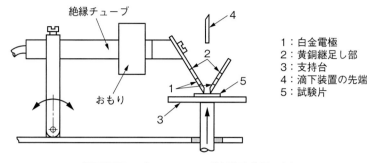

図 3.85　耐トラッキング性試験装置の例

　IEC 規格による耐トラッキング試験装置の一例を**図 3.85** に示す。板状の試験片に白金電極をセットし、両電極に 40〜60 Hz の周波数で 100〜600 V まで変えられる電圧を加える。試験片上から塩化アンモニウム液を 30 秒に 1 滴ずつ滴下する。トラッキングを起こすことなく 50 滴に耐える最大電圧を CTI（比較トラッキング）として表す。

▶ 3.12.3　各種プラスチックの電気特性

　プラスチックの電気特性はプラスチックの分子構造に関係する。**表 3.35** に各種プラスチックの電気特性を示す。

　絶縁破壊電圧は通常 10〜50 kV/mm の範囲であるが、材料によってそれほど大きな差はない。異物ボイドなどの存在、吸水率によって変化する。

　体積抵抗率は 10^{14}〜10^{20} Ωcm のものが多い。PE、PP、PS のように無極性のプラスチックは大きいが、極性のある PVC、PA などは比較的小さい。また、吸水率の増加とともに体積抵抗率は低下する傾向がある。

　誘電率や誘電正接については、無極性プラスチックは小さいが、極性プラスチックは大きい。交流電場では周期的に電界の方向が変わるので、分極によって生じた双極子もこれに同調してその方向を変化する。周波数を次第に高くすると、分子摩擦抵抗のため双極子の運動は次第に遅れを生じる。このとき加えられる電場エネルギーの一部は熱エネルギーに変わり、プラスチック自体の温度が上昇する。したがって、高周波電場では誘電率や誘電正接の大きい材料はエネルギー損失を伴うので、誘電率、誘電正接の小さい無極性プラスチックが求められる。逆に、高周波溶着では $\varepsilon \times \tan\delta$（$\varepsilon$：誘電率、

表3.35 プラスチックの電気性質比較

プラスチック	絶縁破壊電圧 (kV/mm)	体積抵抗率 (Ω·cm)	誘電特性 (60 Hz) 誘電率	誘電特性 (60 Hz) 誘電正接	耐アーク性 (sec)	備考
PE		>10^{16}	2.25〜2.35	<0.0005	135〜160	無極性
PP		>10^{16}	2.2〜2.6	<0.0005	136〜185	無極性
PVC		>10^{16}	3.2〜3.6	0.007〜0.02	60〜80	極性大
PS		>10^{16}	2.45〜2.65	0.0001〜0.0003	60〜80	無極性
PA6	19	10^{14}	3.6	0.01	120〜134	極性大
POM	20	10^{14}	3.7	0.01	240	
PBT	17	10^{13}〜10^{16}	3.3	0.002	125〜190	
PC	16〜18	10^{16}	3.0〜3.2	0.006	120	
PPE	22	10^{17}	2.6	0.0004	75	
PAR	16	10^{16}	2.7	0.0008	125〜129	
PSU	17	10^{16}	3.1	0.0008	122	
PES	16	$10^{17\sim18}$	3.5	0.001	20〜120	
PPS	23	10^{16}	3.2	0.0004		無極性
PEI	33	10^{19}	3.15	0.0013	128	
PEEK	17	10^{16}	3.2〜3.4	0.003		
LCP	25	10^{16}	4.5	0.015	122	
PTFE	20	10^{18}	2.1	0.0002	300	無極性

$\tan \delta$：誘電正接）が大きいほど発熱するので溶着しやすいことになる。

交流電場における電力損失は次式で表される。

$$W = k \cdot E^2 \cdot f \cdot (\varepsilon \cdot \tan \delta)$$

W：電力損失

k：比例定数　　E：印加電圧　　f：周波数

ε：誘電率　　$\tan \delta$：誘電正接

分子鎖中に芳香環を多く有するプラスチックは耐アーク性、耐トラッキン

グ性は良くない傾向がある。PC、mPPE、PAR、PSU などは良くないが、PA、PBT、PET、PTFE などは優れている。

3.13 成 形 性

▶ 3.13.1 流動特性

（1）MFR、MVR

成形材料の流動特性値にはメルトマスフローレイト（MFR）とメルトボリュームフローレイト（MVR）がある。これらの測定方法は JIS K7210 に規定されている。

測定装置の概要を図 3.86 に示す。同図のようにシリンダ中に試料を入れて指定の条件（荷重、温度）で加熱、溶融させた後、ダイから押し出したときの溶融樹脂の量を測定する。MFR は、ダイから押し出された時間当たりの質量から 10 分間当たりの質量を換算した値で表す。単位は g/10 min であるが、通常単位は付けないで表す。MVR は、ダイから押し出された時間当

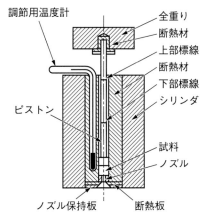

図 3.86　メルトインデクサーの測定装置概略図

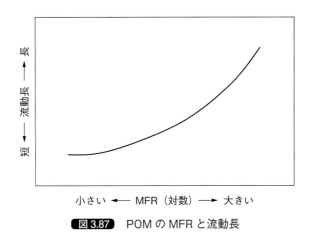

図 3.87 POM の MFR と流動長

たりの体積から 10 分間当たりの体積に換算した値で表す。単位は cm³/10 min あるが、通常単位は付けないで表す。

同一のプラスチックについては、MFR または MVF の値が大きいほど流動性は良いことを示す。**図 3.87** は POM についての MFR と流動長の関係を示す概念図である[42]。MFR の値が大きいほど流動長は長くなる傾向がある。しかし、所定の温度と荷重のもとで測定した値であるので、MFR の値から流動長を直接に予測することはできない。

MFR、MVR を見るときには次の点を留意する必要がある。

① 同一の品種（グレード）では、MFR、MVR が流動性の相対比較の目安になる。

② 異なる材料では横比較はできない。

③ 射出成形条件（射出圧、射出速度）と MFR、MVR の測定条件は異なるので、成形時の流動長データとして直接利用することはできない。

（2）キャピラリレオメーターによる溶融粘度

キャピラリレオメーターの測定装置の原理は MFR や MVR と同じであるが、射出成形のせん断速度領域で溶融粘度を測定する。

測定装置の概略を**図 3.88** に示す。同図のように、シリンダ中に試料を入れて加熱溶融後に荷重をかけてダイから押し出す。単位時間当たりの押出量、押出速度などから溶融粘度を計算によって求める。

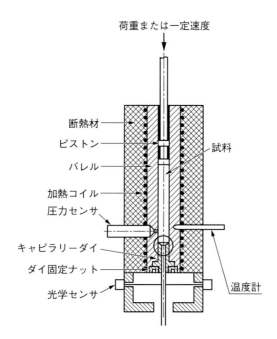

図 3.88 キャピラリーレオメーターの装置概略図

図 3.89 は溶融粘度とせん断速度の関係を示す概念図である[43]。同図のように、せん断速度が速くなると溶融粘度は小さくなる傾向がある。また、樹脂温度が高くなるほど溶融粘度は小さくなる傾向がある。同図のせん断速度で $10^3 \sim 10^4 \, \mathrm{sec}^{-1}$ は一般的な射出成形でのせん断速度領域である。

これらの粘度データは、CAEによる流動解析データベースとして利用される。

(3) 流動長

MFRやキャピラリレオメーターによるデータは、型内における溶融樹脂の流動長を直接的に表す特性値ではない。射出成形における型内流動長はスパイラルフロー型、バーフロー型、円板型などを用いて測定する。

一般的に多く用いられているバーフロー型の例を**図 3.90** に示す。実際の測定では、同金型を射出成形機に取り付けて、バーフロー肉厚を変えて成形することによって肉厚 (t) と流れ距離 (L) の関係を測定する。

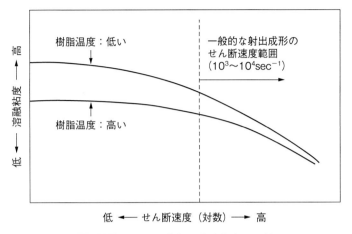

図 3.89 せん断速度と溶融粘度の関係

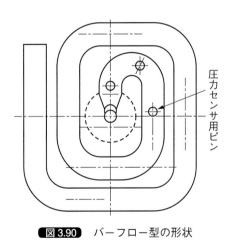

図 3.90 バーフロー型の形状

　測定値としては、t と L の関係をグラフに表す場合と、L/t として表現する場合がある。樹脂温度、射出圧、射出速度などの成形条件を変えることによって、成形条件と流動長の関係を測定する。このデータをもとに製品肉厚や最適ゲート位置などの製品設計を行う。

　図 3.91 に示すように、流動長を肉厚 t と流動長 L で表す場合と、L/t で表す場合がある。

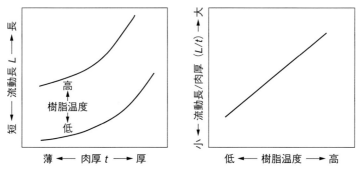

図 3.91　成形品肉厚 t と流動長 L の表し方

▶ 3.13.2　成形収縮率

　成形収縮率は製品寸法をもとに金型の加工寸法を計算するときに必要なデータである。

　成形収縮率の測定法は JIS K7152-4 に規定されており、試験片を用いて流流動方向に平行な成形収縮率と直角な成形収縮率を測定する。成形収縮率測定用試験片は JIS K7252-3 に規定されている。その形状を**図 3.92** に示す。

　金型の寸法を L_0、その金型で成形された成形品の寸法を L_1 とすると、成形収縮率 S は次式で表される。

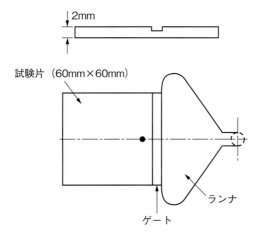

図 3.92　成形収縮率測定試験片の形状（JIS K7152-3）

$$S = \frac{L_0 - L_1}{L_0}$$

または、次式のように百分率で表現する場合もある。

$$S(\%) = \frac{L_0 - L_1}{L_0} \times 100$$

例えば、金型寸法が 100.00 mm で成形された成形品の寸法が 99.40 mm であった場合、成形収縮率 S は

$S = (100.00 - 99.40) \div 100.00$
　$= 0.006 (0.6\%)$

となる。

成形品の指定寸法 L から金型寸法 L_0 を計算する場合は上式から誘導される次式を用いる。

$L_0 = L / (1 - S)$

または、次の近似式を用いてもよい。

$L_0 \fallingdotseq L(1 + S)$

例えば、製品の図面寸法が 30.00 mm、成形収縮率が 0.6 % とすると、金型寸法 L_0 は次式で計算する。

$L_0 = 30.00 \div (1 - 0.006)$
　$= 30.18$ mm

または

$L_0 \fallingdotseq 30.00 \times (1 + 0.006)$
　$= 30.18$ mm

成形収縮率に誤差があると、金型寸法に見積もり誤差が生じ、結果として製品寸法誤差につながる。

表 3.36 に各種プラスチックの成形収縮率を示す。一般的に結晶性プラスチックは非晶性プラスチックより成形収縮率は 3〜4 倍大きい値である。

材料の成形収縮率データを実用成形品に利用するときには次の留意点がある。

① 材料の成形収縮率データより成形品の成形収縮率は大きくなることが多い。一般的に実用成形品ではゲートサイズは小さく、肉厚は薄く設計するので保圧が効きにくいためである。

表3.36 各種プラスチックの成形収縮率

分類	プラスチック	成形収縮率（％）*
結晶性プラスチック	PE	1.0〜3.0
	PP	1.0〜2.5
	PA6	1.0〜1.5
	POM	1.8〜2.5
	PPS	1.0〜1.4
	PEEK	1.1
非晶性プラスチック	PVC（硬質）	0.2〜0.6
	PMMA	0.2〜0.8
	PS	0.4〜0.7
	ABS	0.4〜0.8
	PC	0.5〜0.8
	mPPE	0.5〜0.8
	PSU	0.6〜0.8

＊同一条件の比較ではないので、参考値である

表3.37 成形収縮率の異方性

プラスチック	品種	成形収縮率（％）	
		流れ方向	直角方向
PC	非強化	0.5〜0.7	0.5〜0.7
	GF30wt％強化	0.05〜0.25	0.25〜0.45
PA6	非強化	1.0〜1.6	1.0〜1.6
	GF30wt％強化	0.2〜0.4	0.5〜0.8
PBT	非強化	2.2	2.0
	GF30wt％強化	0.3	1.0
POM	非強化	1.9	1.9
	GF25wt％強化	0.4	1.4

③ 成形品の肉厚によっても成形収縮率は変化する。
④ 繊維強化材料では繊維配向の影響で流れ方向によって成形収縮率が異なるので注意を要する。**表3.37**に非強化材料とガラス繊維強化材料の成形収縮率を示す。ガラス繊維強化材料では成形時の繊維配向によって成形収縮率に異方性が生じることがわかる。

参 考 文 献

1) 佐藤善之、他4名：成形加工、4（4）、p.265〜271（1992）
2) Termodynamik kendaten die verarbeitung termplastiser kunststoffe, Carl Hanser Verlag Munchenwien（1979）
3) 三菱エンジニアリングプラスチックス、ユーピロン技術資料、物性編、p.79（1995）
4) Osswald/Menges（武田邦彦監修）：エンジニアのためのプラスチック材料工学、p.57〜68、シグマ出版（1997）
5) 佐藤貞雄、斎藤工、大柳康：成形加工、4（1）、p.60（1992）
6) 成澤郁夫：成形加工、3（1）、p.6〜8（1991）
7) 三菱エンジニアリングプラスチックス：ユーピロン技術資料、物性編、p.21（1995）
8) 高野菊雄編：ポリアセタール樹脂ハンドブック、p.144、日刊工業新聞社（1992）
9) 北尾幸尾、鶴田秀和：高分子論文集、52、p.174（1995）
10) 福本修編：ポリアミド樹脂ハンドブック、p.91、日刊工業新聞社（1988）
11) I.Narisawa：Proc.Jpn.Congr.Mater.Res.25,p271〜281（1982）
12) 奥園敏昭：高分子学会予稿集、38（12）、p.4475〜4477（1989）
13) 本間精一編：ポリカーボネート樹脂ハンドブック、p.302、日刊工業新聞社（1992）
14) 山口章三郎：プラスチックス、22（5）,p.28（1971）
15) Osswald/Menges（武田邦彦監修）：エンジニアのためのプラスチック材料工学、p.342、シグマ出版（1997）
16) 成澤郁夫：プラスチックの強度設計と選び方、p.126（1986）
17) R.J.Crawford,P.P.Benham：Polymer,16,p.908（1975）
18) 大石不二夫、成澤郁夫：プラスチック材料の寿命―耐久性と破壊―、p.194〜195、日刊工業新聞社（1987）
19) エンプラ技術連合会：エンプラの本（第3版）、p.19（工業用熱可塑性樹脂技術連合会）

20) 三菱エンジニアリングプラスチックス：ユーピロン技術資料、物性編、p.39 (1995)
21) Osswald/Menges（武田邦彦監修）：エンジニアのためのプラスチック材料工学、p.21、シグマ出版 (1997)
22) 日本電電公社通信研究所研究発表論文集、10号、硬質PVC成形材料と射出成形品の実用化 (1964)
23) 本間精一編：ポリカーボネート樹脂ハンドブック、p.260、日刊工業新聞社 (1992)
24) 鈴木健一：日本ゴム協会誌、42 (2)、p.94、日本ゴム協会 (1969)
25) 広恵章利、本吉正信：プラスチック物性入門、p.101、日刊工業新聞社 (1989)
26) 島岡悟郎：機能材料、1984年7月号、p.30〜39
27) 高野、他：プラスチックス、20 (3)、p.37 (1969)
28) 山口章三郎：潤滑、11 (12)、p.12 (1966)
29) 三菱エンジニアリングプラスチックス：ユピタール技術資料（設計編）p.16 (1994)
30) 三菱エンジニアリングプラスチックス、ユピタール技術資料、設計・成形編、p.38
31) 福本修編：ポリアミド樹脂ハンドブック、p.106、日刊工業新聞社 (1988)
32) 三菱エンジニアリングプラスチックス：ユーピロンノバレックス技術資料、物性編、p.88 (2003)
33) 三菱エンジニアリングプラスチックス：ユーピロンノバレックス技術資料、物性編、p.90 (2003)
34) 鈴木健一：日本ゴム協会誌、42 (2)、p.147 (1969)
35) 三菱エンジニアリングプラスチックス、ユーピロン技術資料、物性編、p.95 (1995)
36) 仏性尚道：プラスチックス、22 (5)、p.69 (1971)
37) 鈴木健一：日本ゴム協会誌、42 (2)、p.80 (1969)
38) 三菱ガス化学：Packpia、p.24 (1988)
39) 福本修編、ポリアミド樹脂ハンドブック、p.421、日刊工業新聞社 (1988)
40) 伊保内賢：ポリフィルムの機能性膜、p.31、技報堂出版 (1991)
41) 大石不二夫、プラスチックス、23 (9)、p.19 (1972)
42) 三菱ガス化学：ユピタール技術資料　射出成形編、p.20
43) 本間精一編：ポリカーボネート樹脂ハンドブック、p.413、日刊工業新聞社 (1992)

プラスチックの改良

　重合工程ではポリマーの分子量または粘度を調整した材料が作られる。この材料をそのまま成形材料として使用するケースは少ない。成形性、性能、機能、意匠などの多様な要求に対応するためコンパウンディング工程で種々の配合剤を溶融混練して成形材料を作る。そのために次の改質方法が取られる。
　①添加剤を練り込む。
　②充填材を充填する。
　③異種ポリマーとアロイ化する。
　④ナノフィラーを充填する。
　本章では、これらの方法の改質原理と材料開発について解説する。

4.1
添加剤による改質

▶ 4.1.1 成形加工性の改良
(1) 熱分解の抑制

　成形過程では、可塑化時に高い温度に曝される。また、スクリュの供給ゾーンでは空気に曝されたり、ペレット中に溶存する酸素も存在するので、熱酸化分解を起こしやすい。特に、成形温度が高く成形サイクルが長い場合、またはリサイクル材を繰り返し使用する場合では熱酸化分解を起こしやすい。このような熱酸化を抑制するため酸化防止剤を添加する。材料に練り込む酸化防止剤には、一次酸化防止剤（ラジカル捕捉）と二次酸化防止剤（過酸化物分解剤）の2種類がある。

　一次酸化防止剤は、ポリマー分解の成長反応で生成したROO・ラジカルと次のように反応してラジカル連鎖を停止できる化合物である。

　　　ROO・＋AH → ROOH＋ A・

　一次酸化防止剤には、フェノール系やアミン系の酸化防止剤がある。

　一方、過酸化物（ROOH）は不安定な化合物であり、RO・と・OHに解離されて酸化分解を促進する原因になるので、これを安定化させるために二次酸化防止剤が用いられる。二次酸化防止剤には、イオウ系やリン系の化合物がある。これは単独では効果が少ないので、一次酸化防止剤と併用することで相乗的効果が得られる。

　また、酸化防止剤の添加率が高過ぎると成形時の金型汚染の原因になることもあるので、酸化防止効果と金型汚染防止の両観点から添加率の最適化が必要になる。

　一方、PVCでは側鎖の塩素基が熱によって離脱し、不安定な共役二重結合の長鎖ポリエンを作ることから熱分解が開始する。一般的に、このような熱分解を防止する化合物を「熱安定剤」と称している。PVC用熱安定剤には、金属石けん系、金属液状系、有機スズ系、非金属系などの安定剤がある。

（2） 流動性の改良

　可塑剤を添加すると流動性が良くなる。可塑剤はポリマー分子間に浸透して分子間力を弱くする。その結果、流動性は良くなるが、ガラス転移温度が低下したり軟らかくなったりするので、物性との兼ね合いから適切な添加率に設定される。可塑剤には、フタル酸エステル系、リン酸エステル系、トリメリット酸エステル系、エポキシ系などがある。

　一方、滑剤には外部滑剤と内部滑剤がある。外部滑剤は樹脂との相溶性が低く、樹脂の表面で作用するので、金属との滑りを良くすること、樹脂の粒子同士の滑りを良くすることなどの作用がある。そのため、後述の練り込み型の離型剤としても使用される。一方、内部滑剤は樹脂との相溶性が良く、ポリマー分子間の滑りを良くすることで流動性を良くする効果がある。一般的には、可塑化時のスクリュのトルク抵抗を小さくするため使用されている。

　滑剤には、炭化水素系、脂肪酸系、脂肪族アルコール系、脂肪族エステル系、金属石けん系などがある。これらの滑剤は樹脂によって外部滑剤として使用する場合と内部滑剤として使用する場合がある。

（3） 結晶化の促進

　結晶性プラスチックでは、結晶構造の制御や結晶化速度を速めるため結晶核剤（造核剤）を添加する。

　結晶化に先立って結晶核の生成が必要である。結晶核の生成を促進するのが核剤である。核剤を添加すると、これが一次結晶核となり結晶核部位を増大することで結晶化を促進する。核剤には無機系と有機系がある。PAの場合、無機系ではカオリン、タルク、モンモリロイド、酸化アルミニウムなど、有機系では高融点ポリアミドがある。

（4） 離型性の改良

　外部滑剤は、加工機や金型との滑りを良くする目的で添加する。原理的には、プラスチックとの相溶性が小さく、かつ表面で作用することでプラスチックと相手材の間で滑り性を良くする効果や、樹脂同士を滑りやすくする効果がある。成形サイクルの短縮のため、練り込み型の離型剤として滑剤が使用されている。前述のように、滑剤には炭化水素系、脂肪酸系、脂肪族アルコール系、脂肪酸エステル系などがあり、樹脂によって使い分けされている。

▶ 4.1.2　性能の改良

　性能の改良では、難燃性の賦与がある。

　プラスチックを構成する主要な元素は炭素、水素、酸素であるため、炎が当たり高温に曝されると熱分解し、一酸化炭素やメタンなどの可燃性ガスを生成し燃焼する。PVC、フッ素樹脂、PPS などは燃焼時に不燃性ガスを発生するので本来難燃性であるが、その他のプラスチックでは難燃剤を練り込んで難燃性を賦与している。難燃剤にはハロゲン系、リン系、無機系などがある。

・ハロゲン系難燃剤

　ハロゲン系難燃剤の難燃機構は次の通りである。

　① 燃焼によって不燃性ガスを発生させて酸素を希釈する。

　② 燃焼過程で生成する・OH、・H などの活性ラジカルを捕捉する。

　ハロゲン系難燃剤には塩素系や臭素系があるが、燃焼ガスの有害性や RoHS 規制の関係から最近では使用されることは少なくなっている。

・リン系難燃剤

　リン系難燃剤の難燃化機構は次の通りである。

　① リン化合物の熱分解により生成したリン酸層の被膜が酸素遮断層を形成する。

　② 脱水作用によりプラスチック表面に炭化被膜（チャー）を形成し酸素や熱の遮断による難燃効果が得られる。

　リン系難燃剤には無機リン酸塩系、赤リン系、リン酸エステル系などがある。

・無機系難燃剤

　無機系難燃剤は、加熱時に結晶水の解離により燃焼温度を下げて難燃効果を発揮する。

　無機系難燃剤には水酸化アルミニウム、水酸化マグネシウムなどがある。

▶ 4.1.3　機能性の賦与

（1）帯電防止

　プラスチック成形品は帯電すると静電気による電気ショック、ノイズなどの障害が起きるので、帯電防止剤を添加する方法が取られている。一般に帯

電防止剤には界面活性剤（非イオン、アニオン、カチオン、両性などのタイプなど）が使用されている。

成形品表面に存在する帯電防止剤は、**図 4.1** のように親水基を外側に分子配列し、単分子膜を形成する。この単分子膜が外気中の湿気を吸着し、表面に水分子の多層配列を形成することによって静電気をリークさせている[1]。ただ、成形品の内部に含まれている帯電防止剤は時間の経過とともに表面に移行するため拭き取りや水洗によって失われるので、帯電防止性能を長時間持続させることは難しい。

一方、最近では、ポリエチレンオキシド、ポリエーテルエステルアミド、ポリエーテルアミドイミドなどの高分子系帯電防止剤を練り込んだ帯電防止材料も開発されている。これらの高分子系帯電防止剤は、成形品内部から表面にブリードすることはないので、表面近傍に存在する成分だけが帯電防止効果に寄与する。ドメイン（分散相）である高分子系帯電防止剤成分はマトリックス（連続相）であるプラスチックより溶融粘度が低いため、成形時の射出過程でせん断力を受けると流動先端に押し出され、結果として表面層に筋状になって多く存在する（**図 4.2**）。このような効果を「表面濃縮効果」と称している[2]。表面濃縮効果を発現させるためには、マトリックスであるプラスチックとドメインである高分子系帯電防止剤のモルフォロジーの制御が重要である。

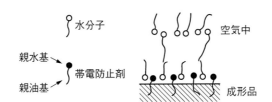

図 4.1 界面活性剤帯電防止剤の帯電防止機構[1]

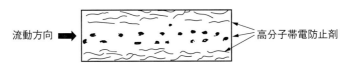

図 4.2 高分子系帯電防止剤の厚み方向の分散状態

(2) 潤滑性の賦与

　高度に潤滑性が求められる場合には潤滑剤を材料に練り込む方法が取られている。また、POMは自己潤滑性が求められる事務機器の歯車、プーリ、カム、しゅう動部品などに多用されているが、オフィスの作業環境の快適性を向上させるため、歯車などの歯面同士がこすれたときに発生するしゅう動音の低減が求められており、さらに潤滑性を高めるため潤滑剤を添加することもある。

　プラスチックに添加される潤滑剤には固体潤滑剤と液体潤滑剤がある。固体潤滑剤には、フッ素樹脂、二硫化モリブデン（MoS_2）、ポリエチレン、パラフィンワックス、黒鉛（グラファイト）などがある。液体潤滑剤には、シリコーン油などがある。

▶ 4.1.4　耐久性の向上

(1) 熱劣化防止

　プラスチックは大気中で高温に曝されると、熱と酸素の影響で長時間後に熱分解し、黄変や物性低下を起こす。このような挙動を「熱劣化」と呼んでいる。

　熱劣化を防止するため、酸化防止剤を添加する。酸化防止剤には一次酸化防止剤（ラジカル補足剤）と二次酸化防止剤（過酸化物分解剤）があり、両酸化防止剤を併用して熱劣化を防止することもある。

(2) 紫外線劣化

　紫外線のエネルギーはプラスチックの分子結合エネルギーより大きいので、ポリマーが紫外線を吸収すると、時間経過とともに表面から劣化が進行しチョーキング、変色、物性低下などを起こす。紫外線劣化防止には、光安定剤（紫外線吸収剤、ヒンダードアミン系光安定剤）、光遮蔽剤などをプラスチックに練り込む対策が取られている。

　紫外線吸収剤には、ベンゾフェノン系、サルシレート系、ベンゾトリアゾール系、シアノアクリレート系、ニッケル錯塩系などの種類がある。

　図4.3にベンゾフェノン系紫外線吸収剤の吸収機構を示す。同図のように紫外線が当たると、フェノール性水酸基の近くのカルボニル基が共鳴構造を取り、光のエネルギーを吸収して振動エネルギーに変換し、ポリマーが紫外

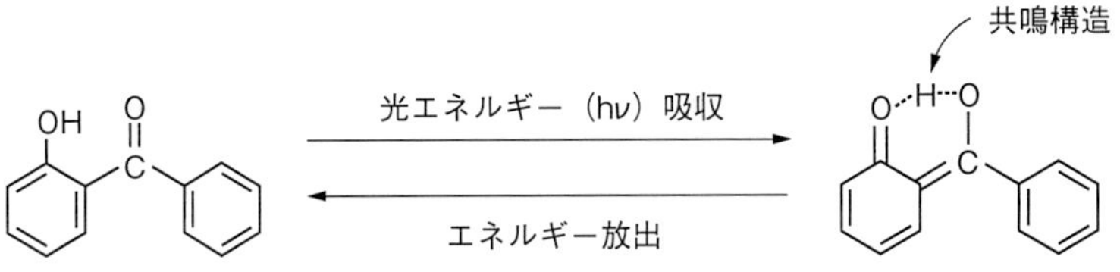

図 4.3 紫外線吸収剤の紫外線吸収機構（ベンゾフェノン系の場合）

線により励起されるのを防止する。その後、振動エネルギーは熱、光、蛍光などのエネルギーに変換し、エネルギーを放出すると紫外線吸収剤は元の構造にもどる。

一方、ヒンダードアミン系光安定剤（HALS）は紫外線吸収能がなく、劣化によって発生するヒドロペルオキシドラジカルの安定化、安定 N-オキシルの再生に伴う有害ラジカルの補足除去などの機能を有するものである。

光遮蔽剤には無機充填剤や無機顔料がある。これらをプラスチックに練り込むと、紫外線を表面で遮断するため紫外線劣化効果を発揮する。原理的には、これらの物質は紫外線を吸収する効果があるから吸収能が大きいものほど良い。カーボンブラックはすべての材料に対し最も優れた光遮蔽剤である。

4.2 充填材による強化

（1）強度の向上

プラスチックの静的強度、クリープ破断強度、疲労強度などを向上させるため、ガラス繊維、カーボン繊維などの強化材を充填する。

図 4.4 は、PA6、PC、POM にガラス繊維を充填したときの充填率と曲げ強度の関係を示す概念図である[3]。同一の充填率で比較すると、POM、PC、PA の順に補強効果は大きくなり、材料によって強度改良効果に違いがあることがわかる。

短繊維で強化する場合、複合則によれば、強化材料の強度 σ は次式で表さ

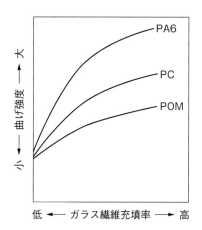

図4.4 ガラス繊維充填率と曲げ強度

れる[4]。

$$\sigma = \sigma_m \cdot (1 - V_f) + R \cdot C \cdot \sigma_f \cdot V_f$$

 σ：強化材料の強度

 σ_m：マトリックス（プラスチック）の強度

 σ_f：強化材の強度

 V_f：強化材の体積分率

 R：補強効率 $= 1 - \{(\sigma_f/4\tau) \cdot 1/(L/d)\}$

 C：繊維の配向度

 τ：界面のせん断強度

 L：繊維の長さ d：繊維径 L/d：アスペクト比

上式から、強化材料の強度には次の要因が関係することがわかる。

強化材の体積分率 V_f が高くなると強度は強くなる。ただし、V_f は体積分率であるが、実際の強化材料の充填率は重量分率で表される。例えば、密度ではガラス繊維は 2.50 g/cm³、カーボン繊維は 1.75 g/cm³ であるので、同じ重量分率に対し体積分率ではカーボン繊維のほうが補強効果は1.5倍高いことになる。

強化材の強度 σ_c は高い方が強化材料の強度 σ は強くなる。つまり、強化材は強度の強いものを充填する方が強化材料の強度は強くなる。ガラス繊維

よりカーボン繊維（PAN系）の方が強度は強いので、同じ体積分率で充填するとカーボン繊維強化材料の方が強度は強くなる。

補強効率 R には、材料と強化材界面の接着強度 τ やアスペクト比 L/d が関係する。接着強度 τ が大きい方が補強効率 R は1に近くなるので、材料の強度は強くなる。強化材を単に材料に充填するだけでは強度はあまり向上しない。強化材とプラスチックの界面接着強度 τ が重要である。そのため、強化材の表面には材料との接着強度を高めるためカップリング剤が塗布されており、成形時に溶融樹脂と強化材の界面で熱と圧力によって接着する機構になっている。図4.4においてPA6が同じ重量充填率で強度が高いのは、樹脂とガラス繊維の界面で接着性が高いことによると思われる。また、アスペクト比 L/d が大きいほど補強効率 R は1に近づくので、強化材料の強度 σ は強くなる。

繊維の配向度 C に関しては、応力のかかる方向と繊維の配向方向の関係によって強度は変化する。繊維の配向度 C は、型内における流動過程で生じるせん断力に支配される。

（2）耐熱性の向上

繊維強化すると繊維の補強効果によって荷重変形が起こりにくくなるので、荷重たわみ温度が上昇する。特に結晶性プラスチックにおいては荷重たわみ温度の上昇は大きい。

表4.1 に各種プラスチックについて、非強化品とガラス繊維強化品の荷重たわみ温度を示す[5]。POM、PE、PP、PA、PETなどの結晶性プラスチックの荷重たわみ温度の上昇が大きいことがわかる。また、これに対応して強度や弾性率も高温側では向上する。

（3）衝撃強度の向上

繊維強化によって強度や弾性率は高くなるが、衝撃強度は向上しないか低下する。

PPについて繊維長とアイゾット衝撃強度の概念図を**図4.5**に示す。同図のように繊維長が長くなるほど衝撃強度が向上する傾向がある。

繊維長や界面接着力の効果を調べた結果を**図4.6**の概念図に示す。衝撃強度の向上については次の機構によるとされている[6]。

同図のように短繊維より長繊維の方が衝撃強度は高くなる。しかし、短繊

表 4.1 ガラス繊維充填による荷重たわみ温度（熱変形温度）の上昇（充填率 20 wt %）[5]

プラスチック	荷重たわみ温度（℃）(1.82 MPa)		ガラス繊維添加による荷重たわみ温度の増加（℃）
	ガラス繊維未添加物	ガラス繊維添加物	
ABS 樹脂	88	102	14
AS 樹脂	91	102	11
PS	93	104	11
mPPE	129	143	14
PC	132	143	11
PSU	174	182	8
POM（ホモポリマー）	124	157	33
POM（共重合体）	110	163	53
PP	60	120〜149	60〜89
PE-HD	49	127	78
エチレンプロピレン共重合体	49	143	94
PA610	57	216※	159
PA6	49	218※	169
PA66	71	254※	183
PET	104	227	123

※ガラス含有率 30wt %

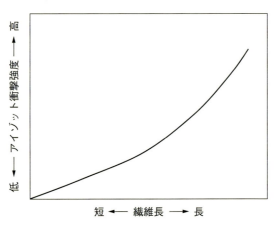

図 4.5 繊維長とアイゾット衝撃強度

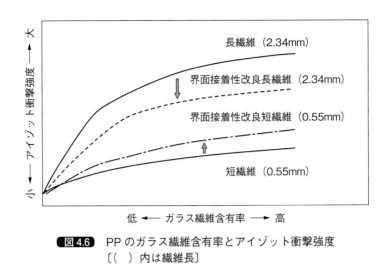

図4.6 PPのガラス繊維含有率とアイゾット衝撃強度
〔( )内は繊維長〕

維では界面性を改良して接着力を高めると、衝撃強度の絶対値は低いものの傾向としては向上する。しかし長繊維では、絶対値は高いものの界面接着性を改良すると衝撃強度は低下する傾向になっている。ここで、界面性を良くするためマレイン酸グラフトPPを用いている。このことに関して計装化衝撃試験機を用いて衝撃破壊の動的過程を調べている。その結果、短繊維では降伏点に達する前に破壊しており、界面性改良品の方が衝撃吸収エネルギーは大きいため衝撃強度は高くなる。一方、長繊維では降伏点以降における塑性変形の大きさに支配され、界面性を改良してない材料では応力下で塑性変形しやすく、破壊過程で繊維が引き抜かれるときに繊維近傍でボイドやクレーズが生成することでエネルギーを吸収するため高い衝撃強度が得られる[6]。

このように長繊維材料の高衝撃化では、繊維長に加えて界面接着性の制御にも工夫がされている。

(4) 寸法安定性、寸法精度の向上

寸法安定性を改良するため種々の充填材を充填する。主な充填材には**表4.2**に示すものがある。これらの充填材を充填することによって、次の寸法安定性改良効果が得られる。

① 吸水率が低くなるので吸水寸法変化が小さくなる。
② 線膨張係数が小さくなるので温度変化に伴う寸法変化が小さくなる。

表 4.2 プラスチック充填材

充填材	内容
炭酸カルシウム	天然物の純度の高い結晶質白色石灰岩を粉砕したもの
水酸化マグネシウム	ボーキサイトからつくられた無機物質
カオリン粘土（白陶土）	アルミシリケート系の粘土
タルク	マグネシウムの含水ケイ酸塩鉱物
マイカ（雲母）	アルカリ金属を含むアルミノケイ酸塩。板状構造である。
シリカ	SiO_2
ウォラストナイト	カルシウム、鉄、マンガンのシクロケイ酸塩
ガラスフレーク	ガラスをフレーク状にしたもの
ガラスビーズ	ガラスの中実球
ウィスカー	微小針状結晶であり、金属ウィスカーと非金属ウィスカーがある。

また、充填材を充填する目的には、ひけ防止、表面外観改良、成形サイクル短縮、材料価格低減などもある。

繊維強化材料は成形収縮率に異方性があるので、金型設計時の成形収縮率の見積もり誤差やそり不良の原因になる。その対策として、繊維強化材と充填材を適切な配合比率で充填する方法で成形収縮率の異方性を改良している。

（5）熱伝導性の賦与

分子振動が分子間を伝導することで熱は伝播する。物理学的には、フォノン（格子振動の伝播を量子化したもの）の振動エネルギーが損失なく伝播すると熱伝導性は良くなる。

プラスチックはポリマーの集合体であり、かつ分子間には空隙（自由体積）も存在するのでフォノン伝導は良くない。プラスチックの熱伝導率は鋼の約 1/100〜3/100 であり熱伝導率は小さい。そのため、発熱源を内蔵するケースやハウジングに使用するときには、放熱性が良くないため内部温度が上昇する問題点がある。良熱伝導性にするため、熱伝導性フィラーをプラスチックに充填する方法が取られる。

表 4.3 に代表的な熱伝導性フィラーを示す[7]。熱伝導性フィラーによる伝

表 4.3 熱伝導性フィラー[7]

名　称	組成	形　状	熱伝導率〔W/(mK)〕	モース硬度	導電性	備　考
アルミナ	Al_2O_3	粒状、繊維	36	9	絶縁性	
酸化マグネシウム	MgO	粒状	60	4	絶縁性	加水分解性
酸化亜鉛	ZnO	粒状	25	4〜5	半導性	
グラファイト	C	フレーク、繊維	80〜200	1〜2	導電性	伝熱に異方性
窒化ホウ素	BN	フレーク	210	2	絶縁性	伝熱に異方性
炭化ケイ素	SiC	粒状、繊維	160〜270	9	半導性	
シリカ	SiO_2	粒状	3〜5	7	絶縁性	
アルミニウム	Al	粒状	237	2〜3	導電性	
窒化アルミ	AlN	粒状	170	7	絶縁性	加水分解性

● 熱伝導性フィラー

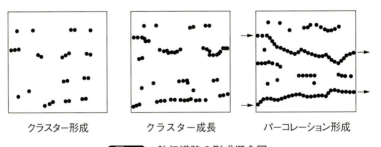

クラスター形成　　　クラスター成長　　　パーコレーション形成

図 4.7 熱伝導路の形成概念図

導路を形成することで熱伝導性が発現する。

図 4.7 に示すように、フィラーの配合量を増やしていくとフィラーのクラスターの数が増えていき、ある配合量を超えるとクラスター同士がつながり熱の伝導路（パーコレーション）が形成され、熱伝導率が急に大きくなる[7]。このフィラー濃度を「パーコレーション濃度」または「パーコレーション閾値」という。

熱伝導フィラーの充填率を高くすればパーコレーション濃度に達するが、高濃度になると成形流動性が失われるためポリマーの改質と熱伝導フィラーの選択の両面から材料開発が進められている。例えばカネカでは、熱伝導性フィラーである六方晶窒化ホウ素を充填した液晶ポリマー「SP シリーズ」

を発表している[8]。同液晶ポリマーはスメクチック型液晶であり、射出成形時にせん断流動によってラメラ構造がスリップして成形品の面内に平行に配向するため、面内方向の熱伝導性は良くなる。さらに同熱伝導フィラーを充填することで、面内方向については目標である熱伝導率 $10\,W/(m.K)$ をクリアしている。また、マトリックス樹脂自身の熱伝導率が高いため、比較的低充填率でも熱伝導率を向上させることができる。

PA6、PPS、PBT、PCなどにおいても、マトリックス樹脂の流動性改良、熱伝導フィラーの選択と充填率の最適化などによって高熱伝導性材料が開発されている。

(5) 導電性賦与

一般的に導電性材料と呼ばれるものは、体積抵抗率で $10^{-2} \sim 10^4\,\Omega cm$ のものである。プラスチックは絶縁体であるが、半導体用途における高度な帯電防止要求、電気機器における電磁波シールドなどに対応するためにさらに良導電性が求められる。

プラスチックの導電剤には**表4.4**に示すようにカーボン系、金属系、その他などがあるが、カーボン系が最も多く使用されている。これらの導電性を発現させる導電路の形成の考え方は熱伝導原理と同じである。

表4.4 導電剤の種類

系統	分類	種類
カーボン系	カーボンブラック	ケッチェンブラック アセチレンブラック ファーネスブラック
	カーボンファイバー	PAN系 ピッチ系
	グラファイト	天然グラファイト 人工グラファイト
金属系	金属粉末 金属酸化物 金属フレーク 金属繊維	銀、銅、ニッケルなど ZnO、SnO_2 アルミニウム アルミニウム、ニッケル、ステンレス
その他	ガラスビーズ カーボン	金属表面コーティング 金属めっき

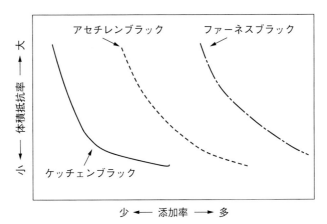

図 4.8 各種カーボンブラックの添加率と体積抵抗率

　プラスチックの導電化では、一般的に導電カーボン、カーボン繊維などが使用される。プラスチックに各種導電性カーボンを添加したときの添加率と体積抵抗率の関係の概念図を**図 4.8**に示す[9]。導電性カーボンでは、表面積が大きくストラクチャーが発達しているケッチェンブラックの導電効果が大きい。さらに高い導電性が要求されるときはカーボン繊維を充填する。

4.3 ポリマーアロイ

　広義の定義ではポリマーアロイは高分子多成分系とされており、第1章で述べた共重合体もこの定義に含まれるが、本節では2種類以上のポリマーをブレンドするポリマーアロイ材料について述べる。

▶ 4.3.1 ポリマーアロイの材料設計
（1）相溶系ポリマーアロイ
　2種類以上のポリマーを溶融混練するだけで良く分散するものを「相溶系

ポリマーアロイ」という。代表的なものに PPE/PS アロイがある。PPE と PS をブレンドすると相溶性が良いため 1 点のガラス転移温度を示す。このようなポリマーアロイを「完全相溶ポリマーアロイ」という。

図 4.9 は PPE と PS の組成比とガラス転移点の関係を示す概念図である[10]。同図のように PPE の成分比が高くなるとガラス転移温度がほぼ直線的に高くなる。一方、PS 成分が高くなると溶融流動性が良くなるので、耐熱性と流動性の点から適切な成分比を選択できる。

半相溶性を示すものとして PC/ABS アロイがある。図 4.10 に PC/ABS 成分比と荷重たわみ温度および流動性の関係の概念図を示す[11]。同図のように ABS 成分比が高くなると荷重たわみ温度は低くなるが、溶融流動性は良くなる。

(2) 非相溶系ポリマーアロイ

非相溶系ポリマーアロイは混ざりにくいポリマー成分同士をブレンドするもので、相分離構造を示す。相分離構造の分散状態を「モルフォロジー」と称している。ポリマーアロイの材料設計ではモルフォロジーを意図的に制御することが重要である。同じ組合せのポリマー成分を単にブレンドしても意図した性能・機能は得られない。目標とする性能・機能に対応する最適なモルフォロジーを形成させるには、ポリマー成分の組成比、各成分の粘度比、ポリマー間の相溶性などの制御が重要である。また、コンパウンディング工程においては可塑化時のスクリュにおけるせん断速度も関係する。

海になるマトリックスに対し島になる分散相（ドメイン）の分散粒子径が性能に影響する。分散粒子径に関しては種々の提案があるが、下記の Taylor の理論式が一般的に用いられている。

$$d = \{(C\tau)/(\eta_0 \gamma)\} f(\eta_0/\eta)$$

d：分散相の粒子径
C：定数　　τ：界面張力
γ：せん断速度　　η_0：マトリックスの粘度　　η：分散相の粘度

上式から次のことがわかる。

① 界面張力 γ は小さい、つまり相溶性が良い方が分散粒子径 d は小さくなる。

② マトリックスの粘度 η_0 は大きい方が分散粒子径 d は小さくなる。

第 4 章　プラスチックの改質

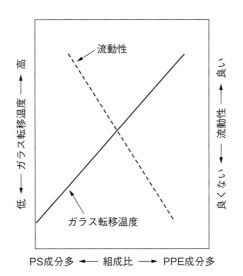

図 4.9　PPE/PS の組成比とガラス転移温度

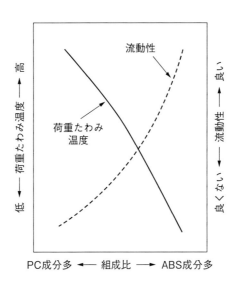

図 4.10　PC/ABS の組成比と荷重たわみ温度、流動性

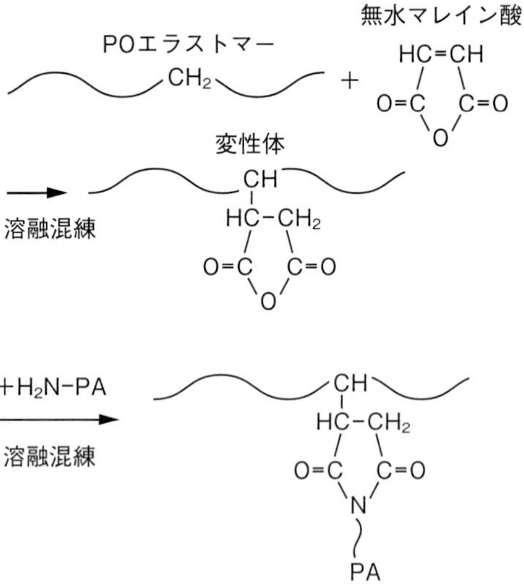

図 4.11 PA と PO エラストマーの相溶化の概念図[12]

③ せん断速度 γ は速い方が分散粒子径 d は小さくなる
④ マトリックスと分散相の粘度比 η/η_0 は分散粒子径 d に関係する。
①〜④をコントロールすることでモルフォロジーを最適化できる。

非相溶系ポリマーアロイでは、界面張力 τ を小さくすることで混ざらない成分同士を相溶化させることがキーテクノロジーになる。ちょうど水と油を混ぜるときの界面活性剤のような作用をする相溶化剤、または相溶化のためのポリマー変性が必要になる。

相溶化法としては、相溶化剤を用いる方法、または一方のポリマー成分を化学的変性して相溶性を賦与する方法がある。後者の例として、ポリオレフィン（PO）と PA の相溶化法を**図 4.11** に示す[12]。同図のように溶融混練によって PO エラストマーの CH_2 基に無水マレイン酸を反応させて変性体を作る。同変性体と PA を溶融混練すると、PA 末端のアミノ基（$-NH_2$）と反応することで相溶性が得られる。

また、溶融混練の過程でアロイ成分同士を相溶化させつつポリマーアロイ材料を作る方法もある。この方法を「リアクティブプロセッシング」と称している。

▶ 4.3.2 性能の改良

(1) 流動性の改良

PPE は強度や耐熱性が優れているが成形流動性は良くない。図 5.10 に示したように PS とアロイ化することによって流動性は改良される。耐熱性と流動性の兼ね合いから適切な成分比が選ばれる。この場合、耐衝撃性も改良するためにポリブタジエンとのアロイである PS–HI を用いる。PS–HI のブタジエンゴム成分によって衝撃強度も向上する。

PC/ABS アロイでは、図 4.10 に示したように ABS 成分とのアロイによって PC の成形流動性を改良している。

(2) 衝撃強度の改良

衝撃強度については、衝撃改良剤であるエラストマー（ゴム）成分の分散粒子径が影響する。図 4.12 に示すように衝撃力を受けると分散粒子が弾性変形するとともに粒子周囲のマトリックス相において応力方向にクレーズが生成することで衝撃エネルギーを吸収する。

PA66 と PO エラストマーアロイ（ゴム）の粒子間距離と衝撃強度の関係を図 4.13 の概念図に示す[13]。同図のように PO 粒子壁間距離が臨界値（T_c）以下になると PA66 の品種によらず衝撃強度が急に高くなる。同組成の臨界値は 0.3 μm といわれている。なお、粒子間距離が近くなることは分散粒子径が小さくなることである。

図 4.14 は、PA66／ゴムアロイである高衝撃 PA66（ザイテル ST801）と PC のノッチ先端アールとアイゾット衝撃強度の関係を示す概念図である[14]。

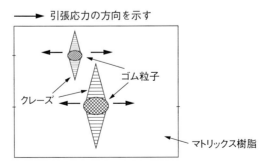

図 4.12 ゴム成分とのアロイ材料のクレーズ発生モデル

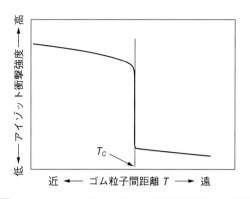

図 4.13 PA66／ゴムアロイのゴム粒子間距離 T と衝撃強度

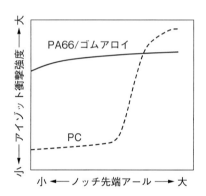

図 4.14 ノッチ先端アールと衝撃強度の関係

同図のように PC に比較して高衝撃 PA66 はノッチアールが小さくても高い衝撃強度を保持している。つまり、アールが小さい製品でも高い衝撃強度を有することになる。

（3）耐薬品性の改良

PC/PBT アロイについて、PBT の成分比が 30 wt ％ のモルフォロジーを**図 4.15** に示す[15]。同写真では成形品断面について PC マトリックス中における PBT の分散状態を示している。表面層近傍では流動過程のせん断力によって PBT は層状に分散している[15]。せん断力の影響を受けない内部（コア層）ではほぼ球状に分散している。

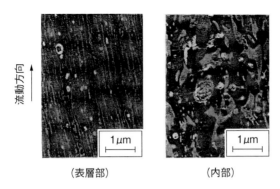

図 4.15 PC/PBT アロイの成形品厚み方向の分散状態[15]

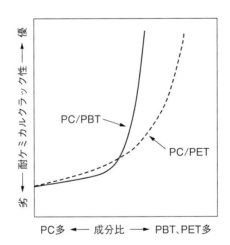

図 4.16 PC/ポリエステルアロイの成分比と耐ケミカルクラック性

　図 4.16 は、PC/PBT および PC/PET について耐ケミカルクラック性を評価するために同試験片を四塩化炭素中で曲げ強度保持率を調べた概念図である[19]。PC/PBT について、ある成分比以下では PC がマトリックスとなり PBT が層状に分散しているため、四塩化炭素の浸透、拡散が抑制され、かつ PBT の補強効果によって耐ケミカルクラック性が向上したと推定される。PBT の成分比がさらに高くなると、PBT がマトリックスになり PC が分散相になるように相転換するため耐ケミカルクラック性は急に向上する。

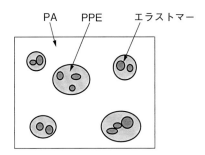

図 4.17 PA/PPE/ ゴムアロイの相分離構造の概念図(海-島-湖の構造)

表 4.5 PPE/PA アロイと PPE/PS-HI アロイの耐ケミカル性比較(条件:23 ℃ 72 hr、0.5 %ひずみ)

薬　品	PPE/PA アロイ	PPE/PS-HI アロイ
ガソリン	○	×
ワックスリムーバ	○	×
灯油	○	×
ワックス	○	×
バッテリー液	△	○

○異状なし　△膨潤　×クラック

図 4.17 は、PA/PPE/ エラストマー(ゴム)のモルフォロジーの概念図である。同図のように海(PA)、島(PPE)、湖(エラストマー)の相分離構造である。一般的に PPE の耐薬品性は良くないが、PA の耐薬品性は優れている。PA/PPE/ エラストマーでは PA がマトリックスとなる相分離構造であるため、PA の特性を反映して耐薬品性は大幅に改良される。

表 4.5 は同ポリマーアロイの耐ケミカルクラック性を調べた結果である[16]。PPE/PS-HI アロイに比較すると同ポリマーアロイの耐ケミカルクラック性は大幅に改良されていることがわかる。

4.4 フィラーナノコンポジット

▶ 4.4.1 改良原理

「ナノコンポジット」とは、ポリマー中にナノメーターオーダー（1～100 nm）の超微粒子を分散させた複合材料である。分散相がフィラーの場合を「フィラーナノコンポジット」と称する。ナノフィラーには、クレー、シリカ、カーボンナノチューブ、ナノ炭酸カルシウムなどがある。

半径 r の球が体積分率 V で均一に分散していると仮定する。ここで、球は半径 r の単分散とし、体積分率は系の全体積が1のとき、Vの割合で分散相が占められていると仮定する。また、分散粒子間の距離 d は一定であるとする。このように仮定したときの分散粒子間の距離 d と粒子の全表面積 A は以下の式で示される[17]。

$$d = [(4\pi\sqrt{2}/3)^{1/3} - 2] \cdot r$$

$$A = 3V/100r$$

d：粒子間距離　　V：フィラーの体積分率　　r：粒子径

A：全表面積

上式からわかるように、体積分率 V が一定の場合、粒子径 r を小さくすると分散粒子間距離 d は比例的に小さくなり、また全表面積 A は反比例して大きくなることがわかる。

例えば、単純に直径が 10 μm（10^4 nm）の球状の分散相を 10 nm まで小さくしたとすると、直径の比は

10 nm / 10 μm（10^4 nm）= 1/1,000

である。したがって、粒子径を 1,000 分の1に小さくすると、粒子間隔は 1,000 分の1に小さくなり、表面積は 1,000 倍に増大することになる。

このように分散相サイズをナノオーダーまで超微粒子化すると、マトリックス中での粒子間隔が小さく、かつ粒子の表面積も大きくなるので、少量の添加量でも分散相の影響が大きくなる。そのため強度、耐熱性、ガスバリヤ

性などが向上する。

▶ 4.4.2　製造法

　層状の無機フィラーを用いたナノコンポジット材料は次のようにして作る。
　ナノコンポジットに用いる無機フィラーである層状ケイ酸塩は、厚み1 nm、長径10～数百 nm の板状結晶が層状に積み重なった構造をしており、全体としては厚み数μm、長径数十～数百 nm の粒子である。
　ナノ分散させるためには、層状物質の1枚1枚を剥離して樹脂中に分散させなければならならない[18]。ナノコンポジット PA6 を作る工程の概念図を図 4.18 に示す。まず層状物質を層間剥離してポリマー中に分散させるため、層状物質を特殊な化学処理する。このような処理を「インターカレーション」という。次に、ε カプロラクタムの開環重合工程で層間剥離させて PA6 ポリマー中にナノ分散させる。一方、PA6 のコンパンディング工程で層間に溶融樹脂を侵入させてナノ分散させる方法もある。

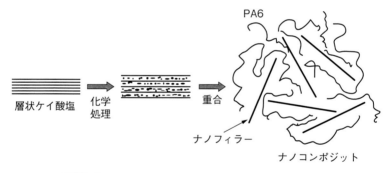

図 4.18　PA6 ナノコンポジットの重合による製造法

▶ 4.4.3　改良効果

　材料開発が進んでいる PA 系ナノコンポジットを例に述べる。
　ユニチカが開発したケイ酸塩シートの PA6 ナノコンポジット「ナノコン(NANOCON)」を例に説明する。表 4.6 は、ナノコンと強化 PA6 および非強化 PA6 の物性比較である[19]。同表のように、通常タルク強化品では数十％で達成する物性をナノコンでは数％の充填率で達成できている。また、非

表4.6 ユニチカ「ナノコン」の物性[19]

材料			ナノコン	強化ナイロン	強化ナイロン	非強化ナイロン
強化剤	種類		ケイ酸塩シート	タルク	タルク	―
	配合量	mass %	4	4	35	―
	配合法		重合時添加	重合時添加	重合後添加	―
	比重		1.15	1.15	1.42	1.14
物性	破断伸び	%	4	4	4	100
	曲げ強さ	MPa	158	125	137	108
	曲げ弾性率	GPa	4.8	2.9	6.1	2.7
	DTUL (1.88 MPa)	℃	152	70	172	70

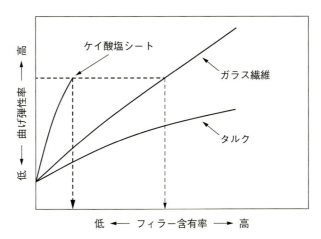

図4.19 PA6における各種フィラーの含有率と曲げ弾性率

強化PA6に比較して、ナノ微粒子4質量%充填することで曲げ強さ、曲げ弾性率、荷重たわみ温度などは大幅に向上している。

図4.19は各種フィラーの含有率と曲げ弾性率の関係を示す概念図である。ケイ酸塩ナノフィラーでは低い含有率でも曲げ弾性率は大幅に向上している。一方、射出成形においても興味ある特性が確認されている[19]。

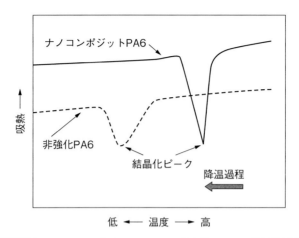

図 4.20 ナノコンポジット PA6 と非強化 PA6 の結晶化挙動

図 4.20 は DSC による冷却過程の結晶化挙動を示す概念図である[19]。溶融状態からの冷却過程において、非強化 PA6 に比べてナノコンポジットは結晶化に伴う鋭い発熱ピークを示しており、結晶化速度が速いことがわかる。これは、ケイ酸塩ナノフィラーが結晶核剤として作用しているためと推定される。このように結晶化速度が速いため、射出成形では冷却時間が短くなることで成形サイクル短縮につながる。

図 4.21 は、せん断速度と溶融粘度の関係である[19]。同図のように非強化 PA6 に比較してナノコンは溶融粘度のせん断速度依存性は大きくなっている。つまり、高せん断速度側では流動性が良く、充填完了直前にせん断速度が遅くなると溶融粘度が大きくなることでバリ防止効果が得られる。

Nanocor 社はナノコンポジット「IMPERM103」を開発している[20]。この材料は、PA-MXD6（メタキシリレンジアミンとアジピン酸から合成された PA）にナノクレイをナノ分散させた複合材料である。PAMXD6 は本来、ガスバリヤ性の優れたプラスチックであるが、ナノ粒子を分散すると迷路効果によってさらにガスバリヤ性が向上する。図 4.22 に環境湿度と酸素透過度の関係の概念図を示す。IMPERM103 は PA-MXD6 よりも酸素ガスバリヤ性はさらに向上し、高湿度側では EVOH よりも優れている。

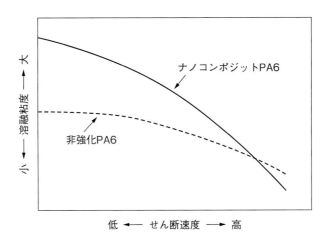

図4.21 ナノコンポジットPA6と非強化PA6のせん断速度と溶融粘度

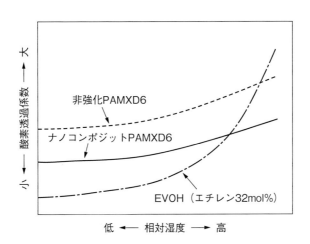

図4.22 ナノコンポジットPAMXD6フィルムと他フィルムの酸素透過係数比較
（試料：未延伸フィルム）

参 考 文 献

1) 芝田正之：やさしいプラスチック配合剤（本間精一編）、p.63、三光出版社（2008）
2) 福本忠男：プラスチックス、49（9）、p.42〜48（1996）

3）仏性尚道：プラスチックス、23（2）、p.9（1972）
4）荒井貞夫：精密機器用プラスチック複合材料、p.70～74、日刊工業新聞社（1984）
5）Krautz：SPE J. 27（8）,p.74（1971）
6）野村学、山崎康宣、濱田泰以：成形加工、15（12）、p.830～836（2003）
7）吉川幹夫：プラスチックスエージ、2009年10月号、p.51～54
8）吉原秀輔：プラスチックスエージ、2012年12月号、p.92～96
9）大江光：やさしいプラスチック配合剤（本間精一編）、p.158、三光出版（2008）
10）小平哲司、井上一成、石原敏雄：成形加工、1（5）、p.462（1989）
11）高木喜代次：プラスチックス、47（4）、p.31（1999）
12）井上文雄編：プラスチック機能性高分子材料事典、p.225、産業調査会事典出版センター（2004）
13）S.Wu：Polymer,26,p.1855（1985）
14）松島哲也：プラスチックス、41（10）、p.68～74（1984）
15）島岡悟郎：プラスチックス、41（10）、p.93（1990）
16）ノリルGTX技術資料、サビックイノベーティブプラスチックスジャパン
17）中條澄：ナノコンポジットの世界、p.21、工業調査会（2002）
18）山下敦志：合成樹脂、43（3）、p.43（1997）
19）小上明信：成形加工、14（4）、p.217～221（2002）
20）Nanocor社：IMPERM103カタログ

材料選定と品質低下対策

　第2章で述べたようにプラスチック材料にはいろいろな種類があるので、製品の要求性能に対応してこれらの材料を適切に選定することが必要である。また、選定した材料は成形加工を経て製品（成形品）に賦形されるが、材料物性が成形品の品質にそのまま反映されないこともある。

　本章では、材料選定の進め方と成形および使用過程における製品品質の低下要因と対策について解説する。なお、本章で取り上げる成形法は汎用的に応用されている射出成形を前提とする。

5.1 材料選定

▶ 5.1.1 材料選定の手順

製品に適したプラスチック材料を選定し量産に至るまでのフローを図 5.1 に示す。同図のように、まず対象製品の要求性能を把握した上で材料を適切に選定しなければならない。

材料選定の手順を図 5.2 に示す。過去における類似製品の使用実績、材料物性、成形法および成形性などから候補材料を絞り込む。候補材料を選定するときのポイントを表 5.1 に示す。性能ばかりでなく製品外観、二次加工の必要性、環境安全などの観点も大切である。

次に材料選定のポイントについて述べる。

（1）結晶性プラスチックと非晶性プラスチックの特性の違いからの材料選択

表 5.2 に結晶性プラスチックと非晶性プラスチックの特性の違いを示す。

図 5.1　材料選定から製品量産までの手順

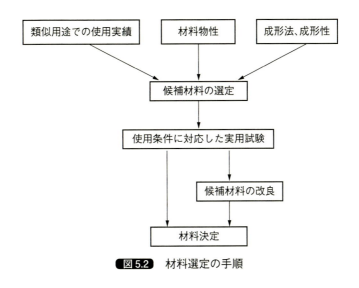

図5.2 材料選定の手順

表5.1 材料選定のポイント

ポイント	特 性
強 度	静的強度、衝撃強度、クリープ破壊強度、疲労強度
耐熱性	荷重たわみ温度、強度、弾性率－温度特性、耐寒性
寸 法	寸法公差、幾何公差、 使用過程の寸法変化（寸法安定性）
耐薬品性	耐酸性、耐アルカリ性、耐有機溶剤性
機能特性	表面硬度、摩擦摩耗性、燃焼性、電気特性、透明性
外 観	色相、光沢、表面粗さ
劣 化	熱劣化、加水分解劣化、紫外線劣化、放射線劣化
成形法	射出成形、押出成形、ブロー成形、延伸ブロー成形 真空成形、回転成形
成形性	流動性、熱分解性、予備乾燥、成形収縮
二次加工	接着、溶着、塗装、印刷、めっき、機械加工
環境・安全	リサイクル性、添加剤の安全性
コスト	材料単価

表 5.2 非晶性プラスチックと結晶性プラスチックの比較（一般的比較であり例外もある）

項　目	非晶性プラスチック	結晶性プラスチック
透明性	透　明*	半透明、不透明
成形収縮率	小（0.4～0.8 %）	大（1.5～2.5 %）
寸法精度	良い	良くない
寸法安定性	よい	良くない
強度、弾性率（繊維強化材料）	比較的低い	高い
耐薬品性	良くない	良い
耐ストレスクラック性	良くない	良い
耐ケミカルクラック性	良くない	良い
耐疲労性	良くない	良い

＊自然色品（PS-HI、ABS、変性 PPE などのポリマーアロイを除く）

同表に示した両プラスチックの特性の大まかな違いを理解した上で、製品の要求性能に対応した材料を大枠で絞り込むことが必要である。例えば、自動車部品を例にすると、エンジンルーム内は耐ガソリン性や耐油性、耐振動疲労性、耐熱性などが要求されるので、PA、PP などの結晶性プラスチックで、耐熱性の点からガラス繊維強化材料が候補となる。一方、内装関連部品では寸法精度、寸法安定性、表面光沢などが重視されるので ABS、PC などの非晶性プラスチックが候補材料となる。

（2）耐熱性からの材料選択

耐熱性と一口にいっても、用途によって求められる耐熱性にはいろいろな特性がある。用途による耐熱分類としては次の3つがある。

① 無荷重で短時間高温に曝される用途
② 高温で荷重が負荷されるときの破壊や変形が問題になる用途
③ 長時間、高温で使用されたときの熱劣化が問題になる用途

これらの耐熱分類と材料物性データとの関係を**表 5.3**に示す

（3）成形性を考慮した材料選択

プラスチックは成形加工して製品になるので、成形性の良し悪しも重要な

表5.3 用途分類と参考にすべき耐熱物性データ

用途分類	耐熱物性データ
無荷重で短時間高温に曝される用途	荷重たわみ温度 ビカット軟化温度 ボールプレッシャー温度 ヒートサグ温度
高温で荷重が負荷されるときの破壊や変形が問題になる用途	静的強度–温度特性 衝撃強度–温度特性 クリープ破壊強度–温度特性 クリープひずみ–温度特性 疲労強度–温度特性
長時間、高温で使用されたときの熱劣化が問題になる用途	ULの比較温度指数（RTI） 電気用品安全法「プラスチック使用温度の上限値」

材料設定基準である。成形性に関する材料選定では次のチェックポイントがある。

① 対象製品の肉厚とゲート位置からの流動長を前提にした場合、使用材料の肉厚 t と流れ距離 L または L/t で成形可能か。
② 成形時の熱分解性には問題ないか。
③ 成形時に溶融樹脂から発生するガスは成形品品質に影響しないか。
④ 型離れ（離型性）は問題ないか。
④ 寸法精度を満足できるか。
⑤ 寸法安定性には問題ないか。
⑥ 残留ひずみの発生が問題にならないか。
⑦ 二次加工（接着、塗装、印刷など）する上で問題ないか。

材料選定にあたって上述のチェックポイントを事前に調査し、選定する材料に課題がある場合には、材料の見直し、設計・金型対策、成形条件などを含めて総合的に対策することが必要である。

（4）際立った特性からの材料選択

表5.4は、特に際立った特性を有するプラスチック材料をリストアップしたものである。製品の要求性能のキー特性について際立った特性を示す材料を候補材料として選定する。

表5.4 際立った特性を有するプラスチック例

特　性	プラスチック
低比重	PMP（TPX）、PP、PE
高強度、高弾性率	繊維強化材料
耐衝撃性	PS-HI、ABS、PC、PE-LD、超高分子量PE、ゴム系アロイPA
耐疲労性	PEEK、PPS、PA、POM、PBT
耐熱性	スーパーエンプラ、半芳香族PA
耐寒性（低脆化温度）	PE、PC、PSU、PES、PTFE
耐摩擦摩耗性	POM、PA、PP、PTFE
良透明性	PMMA、PS、PC、COP、COC
耐候性	PMMA、PTFE
難燃性	PVC、PFA、PPS、PES、PEEK、LCP、PEI、PAI、PI
ガスバリヤ性	EVOH、PAMXD6、PA66、PA6、LCP
耐薬品性	PPS、PEEK、PAI、LCP、PTFE
低誘電率、低誘電正接	PE、PP、PS、PPS、PTFE
耐アーク性、耐トラッキング性	PA、PBT、PET
薄肉流動性	LCP

　例えば、歯車であれば耐摩擦摩耗性と耐疲労性の2つがキー特性になる。同表から耐疲労性ではPEEK、PPS、PA、POM、PBTなどが挙げられる。一方、耐摩擦摩耗性ではPFA、POM、PA、PPSなどがある。両特性を兼ね備える材料はPOM、PA、PPSなどが候補材料になる。

　必要に応じて、これらの候補材料を用いて試作品による実用試験によって性能を評価する。実用試験の結果に加えて耐熱性、寸法安定性、成形性、材料単価などを含め総合的に判断して最終材料を絞り込む。

▶ 5.1.2　材料物性を見るときの注意点

　材料メーカーのカタログの物性表には、「代表値である」や「保証値ではない」などの注意事項が書かれている。このことは、材料物性は基本的に材

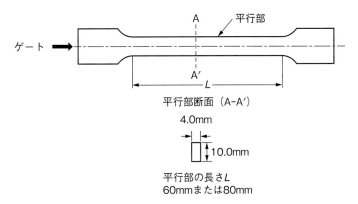

図5.3 多目的試験片の形状（JIS K7139）

料間の比較データとして有効であり、設計データとして直接的に利用するのは適切でないことを意味する。

一般的に材料物性は次のようにして測定されるので、それを前提にして製品設計に活用しなければならない。

（1）試験片

一般物性の測定には、図5.3に示すJIS K7137の多目的試験片を用いる。ゲートはダンベルの長手方向の一端に設けられるので、成形時にはせん断力によって流動方向に分子配向や繊維配向が起きる。そのような試験片を用いると配向方向の強度を測定することになるので、一般的に測定値は高くなる傾向がある。また、試験片の標準厚みは4.0 mmであるが、製品の物性は厚みによって物性が変化する特性がある。

そのため、次の事柄を留意しなければならない。

① 製品肉厚が薄いほど成形時のせん断力やせん断速度は大きくなるので、分子配向や繊維配向は起こり易い。

② 結晶性プラスチックは肉厚が薄いほど金型内で急冷されるので、結晶化しにくくなる。結晶化度が低いと、強度や弾性率は低くなる傾向がある。

（2）測定条件

試験片は23℃、50％RHで状態調節した後に測定している。状態調節する時間はプラスチック材料の種類によって異なる。

表5.5 プラスチックの状態調節時間

プラスチック名	JIS	状態調節時間*
PE	K9622	40〜96 hr
PP	K6921	40〜96 hr
PS	K6923	16 hr 以上
PMMA	K6717	24 hr 以上
ABS	K6934	16 hr 以上
PA6	K6920	絶乾状態と吸湿平衡状態
POM	K7364	16 hr 以上
PC	K6719	4 hr 以上（機械的測定用） 24 hr 以上（電気特性測定用）
mPPE	K7313	24 hr 以上（PA とのアロイを除く）
PBT、PET	K6937	16 hr 以上

＊状態調節条件は、温度23℃、相対湿度50％RHとする

　各種プラスチックのJISに記載されている状態調節時間は**表5.5**の通りである。例えばPAの場合には、吸水率によって性能が変化するので、「絶乾状態」と「吸湿平衡状態」（一般的には「調湿後」と表現する）の2つの条件で測定するように指定している。その他の材料では、吸水すると寸法膨張するが物性はそれほど変化しない。

　物性値は各測定値の平均値で表しており、通常、測定ばらつきは記載されていない。例えば、引張や曲げ試験では、試験片個数は5本以上、シャルピー衝撃試験の試験片個数は10本以上となっている。パンクチャー衝撃試験では、ばらつきを考慮して20個で試験し、50％が破壊するエネルギーレベルを衝撃強度としている。

　プラスチックの強度は、ひずみ速度によって変化する性質がある。つまり、ひずみ速度が速くなると強度（降伏、破断）や弾性率は高くなり、破断伸びは小さくなる傾向がある。したがって、どの程度のひずみ速度で測定したかが重要である。

　例えばJIS K7113では、引張速度 V は 1、5、10、20、50、100、200、500 mm/min の中から1つの条件を選ぶことになっている。図5.3に示した

A形試験片の平行部長さLは80 mmであるから、引張速度1 mm/minと500 mm/minについて、ひずみ速度$\dot{\varepsilon}$を計算すると次の値になる。

引張速度1 mm/minでは

$\dot{\varepsilon} = V/L$

$= 1 \text{ mm/min}/80 \text{ mm}$

$= 0.0125 \text{ min}^{-1}$

$= 1.25 \text{ \%/min}$

引張速度500 mm/minでは

$\dot{\varepsilon} = 500 \text{ mm/min}/80 \text{ mm}$

$= 6.25 \text{ (min}^{-1})$

$= 625 \text{ \%/min}$

500 mm/minは、ひずみ速度は500倍大きく異なるので強度測定値には大きな差が生じる。

5.2 射出成形における品質低下の要因と対策

表5.6に成形品の品質に影響する諸要因と不具合現象を示す。次のそれらの要因と対策について述べる。また、各プラスチックについて、不具合防止の予備乾燥条件、成形温度、金型温度の標準条件を**表5.7**に示す。

▶ 5.2.1 熱分解

熱分解は温度と時間の関数である。温度が高ければ短い時間でも熱分解が起きる。また、酸素の存在下では熱分解は促進される。プラスチックの成形加工は材料を溶融させて賦形する方法であるので、加熱・溶融させる工程で熱履歴を受けることは避けられないが、熱履歴の過程で熱分解が起こらないように成形温度と滞留時間を制御する必要がある。射出成形するときに熱分解すると、分解の程度によって差はあるが色相変化、銀条不良、樹脂焼け不

表5.6　射出成形における品質低下要因と不具合現象

品質への影響要因	主な不具合現象
熱分解	色相変化、樹脂焼け、外観不良（銀条）、分子量低下（低分子分の増加）による強度低下、成形収縮率変動
水分による加水分解	外観不良（銀条）、分子量低下（低分子分の増加）による強度低下、成形収縮率変動
低結晶化度 （結晶性プラスチック）	低結晶化度による強度・弾性率低下、寸法安定性不良
分子配向、繊維配向	強度の異方性（流動に平行方向は強く、直角方向は弱い）、成形収縮率の異方性、そり（繊維強化品）
残留ひずみ（残留応力）	過大な残留応力によるクラック、そり
応力集中源（異物、ボイド、傷、ウェルドラインなど）	外観不良、応力集中による強度低下
再生材	熱履歴による分解（強度低下） 異物混入による応力集中 繊維破砕による成形収縮率変動（繊維強化品）

良、強度低下、成形収縮率変動などが起きる。

　熱分解に影響する成形条件には、成形温度と滞留時間がある。成形温度が高ければ短い滞留時間でも熱分解する。逆に、成形温度が低くても滞留時間が長いと熱分解が起こる。

　成形温度は一般にシリンダの設定温度や指示温度で表すが、実際の樹脂温度は、スクリュでのせん断力の影響で設定温度より10～20℃高くなることが多い。図5.4にシリンダにおける成形温度と樹脂温度のプロファイルを模式的に示す。特に、スクリュ径が大きい場合やスクリュ回転数が高い場合などでは、せん断熱が発生しやすいため設定温度より樹脂温度は高くなる。したがって、成形の上限温度に関しては成形時の樹脂温度をもとにして熱分解しない温度以下に設定しなければならない。

　シリンダ内に4～6ショット分の樹脂が入っていると仮定すると、滞留時間の目安は次式で示される。

$$滞留時間（min）= \frac{射出容量（g）\times 4～6}{ショット重量（g）} \times \frac{全サイクル（sec）}{60（sec）}$$

表5.7 各種プラスチックの予備乾燥、成形温度、金型温度*

分類		予備乾燥		成形温度（℃）	金型温度（℃）
		温度（℃）	時間（hr）		
汎用プラスチック	PS	75〜80	2〜4	170〜280	20〜70
	ABS	80〜100	2〜4	180〜270	40〜80
	PMMA	70〜100	2〜4	170〜270	20〜90
	PE	不要		180〜280	20〜60
	PP	不要		180〜280	20〜60
	PVC　硬質	80〜120	2〜4	160〜200	20〜60
	軟質	50〜80	2〜4	150〜200	20〜40
汎用エンプラ	PA　6	80〜100	3〜4（真空）	230〜290	60〜100
	66	80〜100	3〜4（真空）	250〜300	60〜100
	PC	120〜125	3〜4	250〜320	70〜120
	PPE	80〜120	3〜4	240〜320	70〜120
	POM	80〜90	3〜4	175〜210	60〜100
	PBT	120〜124	3〜4	230〜270	70〜120
スーパーエンプラ	PAR	100〜140	3〜4	250〜350	70〜140
	PPS	120〜140	3〜4	310〜350	120〜150
	PSU	145〜160	3〜4	340〜370	80〜150
	PEEK	150		365〜420	120〜170
	LCP	120〜160	3〜4	285〜360	100〜280
	PAI	120〜150	3〜4	340〜370	200

＊使用する樹脂の品種、乾燥装置、射出成形機の特性によって異なるので、条件は目安である。

　上式から滞留時間は射出成形機の射出容量とショット重量の関係および成形サイクルに関係することがわかる。ショット重量に対し射出容量の大きい成形機を使用し、かつ成形サイクルが長い場合には、滞留時間は長くなる。一方、シリンダ内に局部的な滞留箇所があるときには、さらに滞留時間が長くなるので熱分解を起こしやすい。

　成形時の熱分解を防止するには、次の事柄に注意しなければならない。

① プラスチックによって熱分解性は異なるので、熱分解特性を考慮して

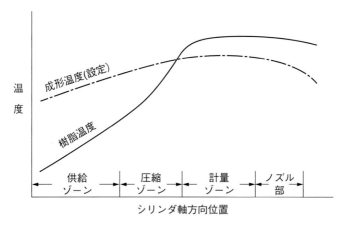

図5.4 シリンダ内での成形温度（設定）と樹脂温度のプロファイル

成形条件（成形温度、成形サイクル）を設定する。
② 添加剤、着色剤、充填材などを配合すると熱分解性は低下しやすくなることを配慮する。
③ 使用するプラスチックに適した成形温度範囲で成形する（表5.7参照）。
④ シリンダ流路内での局部的滞留箇所はできるだけ少なくする。

▶ 5.2.2 水分による加水分解

PC、PBT、PET、PARなどの分子鎖にエステル結合を有するプラスチックは、成形時に微量の水分によって加水分解する。加水分解によって分子量が低下すると、機械的強度、特に引張破断ひずみ、衝撃強度、クリープ破壊強度、疲労強度などが低下する。強度だけではなく成形収縮率変動、外観不良（銀条、気泡）なども発生する。

これらのプラスチックでは、成形に先立って限界吸水率以下に材料を予備乾燥する必要がある。各プラスチックの限界吸水率と予備乾燥条件を**表5.8**に示す。表5.7では、エステル結合を有しないプラスチックについても予備乾燥条件を記載している。

成形対策としては、各プラスチックについて限界吸水率になるように予備乾燥を実施することである。特に予備乾燥条件では乾燥温度が重要である。

図5.5（a）は、熱風循環式乾燥機を用いた場合の乾燥温度と吸水率の関

表5.8 限界吸水率と予備乾燥条件

プラスチック	限界吸水率（wt %）	予備乾燥条件*
PBT	0.02	120〜130℃　3〜4 hr
PET	0.01〜0.015	130℃　5 hr 150℃　4 hr
PC	0.02	120℃　3〜4 hr
PAR	0.02	140℃　5〜6 hr

＊乾燥時間は乾燥機の種類によって異なる

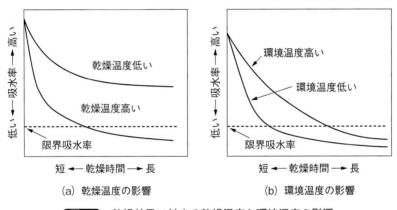

図5.5　乾燥効果に対する乾燥温度と環境湿度の影響

係を示す概念図である[1]。乾燥温度が低い条件では限界吸水率には達しないことから、乾燥温度を適正な温度にする必要がある。また、図5.5（b）は環境湿度の影響を示す概念図である。環境湿度が低い条件に比較して、湿度が高いときには限界吸水率に達するまでの乾燥時間は長くなることがわかる。

▶ 5.2.3　結晶化度

一般的に成形品の結晶化度は製品肉厚や成形時の金型温度に左右される。

図5.6は結晶性プラスチックの結晶化度と強度の関係を示す概念図である[2]。結晶化度が高くなると引張強度や弾性率が高くなるが、引張破断ひずみは小さくなる。引張破断ひずみが小さくなることは衝撃強度が低下することを意

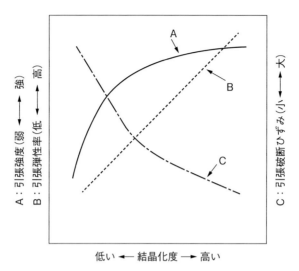

図5.6 POMの結晶化度と物性の関係

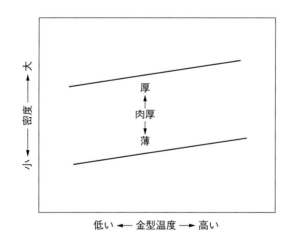

図5.7 POMの金型温度とおよび成形品肉厚と密度の関係

味する。

図5.7はPOMについて金型温度と密度の関係を示す概念図である[3]。結晶化度の代用特性として密度を測定しているが、同図から次のことがわかる。

① 成形品肉厚が厚いほうが型内で冷却する速度が遅いため密度は大きく

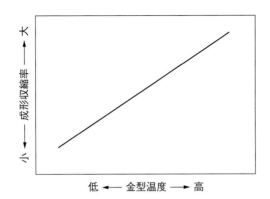

図 5.8 POM の金型温度と成形収縮率

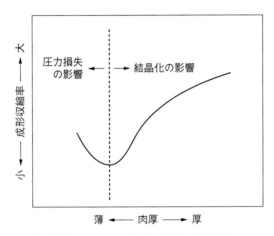

図 5.9 POM の成形品肉厚と成形収縮率

なる（結晶化度が高くなる）。

② 金型温度が高いほど型内の冷却速度が遅くなるため密度は大きくなる。結晶化度は成形収縮率にも影響する。

図 5.8 は POM の金型温度と成形収縮率の関係を示す概念図である[4]。金型温度が高くなると結晶化度が高くなるため成形収縮率は大きくなる傾向がある。

図 5.9 は POM の成形品厚みと成形収縮率の関係を示す概念図である[5]。

同図のように、ある肉厚で成形収縮率は最小値を示し、これより肉厚が薄くても厚くても成形収縮率は大きくなる特性がある。最小値を示す肉厚は約2 mm～3 mm である。肉厚が厚くなると結晶化が進むため成形収縮率は大きくなる[5]。逆に、肉厚が薄くなると圧力損失が大きくなるため保圧が効きにくくなることにより成形収縮率が大きくなると推定される。

結晶化度に関しては次の設計・成形対策が必要である。

① 成形品内での結晶化度分布を均一にするため製品肉厚をできるだけ均一に設計する。

② 金型温度分布を均一にするため型温調回路を適切に配置する。

③ 成形時には金型温度を高くして結晶化度を高める。標準的な金型温度範囲を表5.7に示した。

▶ 5.2.4　ウェルドライン

多点ゲートやキャビティ内に流動の障害個所がある形状では、溶融樹脂が合流するときにウェルドラインが発生する。型内の流れ方からウェルドラインを大別すると、**表5.9**に示す対向流タイプ、並走流タイプ、偏流タイプの3つがある。対向流タイプは、両方向から流れてきた樹脂が直接合流して流動停止するタイプである。並走流タイプは、両方向から流れてきた樹脂がウェルド部で合流した後に並走しながら流れるタイプである。偏流タイプは、局部的に薄肉個所がある形状では溶融樹脂は圧力損失の小さい厚肉部を先に流れ、型内圧が高まった後に薄肉部に流入するために最終的に樹脂が合流する薄肉部にウェルドラインが発生するものであり、対向流タイプと同様の溶着状態になる。

図5.10に対向流ウェルドラインの合流状態を示す。両流動先端の樹脂温度が低下しつつ合流する。また、流動先端にはエアやガスが封じ込められた状態になる。そのため、ウェルド部で合流すると、同図のような分子配向状態になり、厚み方向に分子配向した状態になる。また、表面層は完全に合流できないためV溝状の窪みが生じる。

ウェルドラインによる不良現象には、外観不良、強度不良、寸法不良、塗膜密着不良などがある。

ウェルド強度が低下する原因としては、主に次のことが挙げられる。

表5.9 ウェルドラインのタイプ

タイプ	ウェルドラインのタイプ	
対向流	(図)	強度低下大
並走流	(図)	強度低下小
偏流	(図)	強度低下大

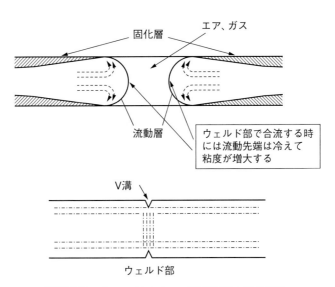

図5.10 ウェルドラインの形成過程と微細構造

① ウェルド部ではウェルド面に平行に分子配向するので、その直角方向に応力が作用すると引張、衝撃、クリープ破壊、疲労などの強度は低くなる。
② ①に関係してウェルド部表面にはV溝状の窪みが生じるので、応力集中によって強度低下する。
③ ウェルド部には溶融樹脂から発生したガス分が集積するので、ウェルド部の溶着強度は弱くなる。

ウェルド部では、①、②、③などの要因が重なってウェルド強度は低下する。一般的にウェルド強度はウェルドのない箇所に比較して通常50〜60％に低下する。

一方、繊維強化材料のウェルド部では繊維は分子配向と同様にウェルド面に平行に配向しており、補強効果が得られない。

材料選択の点では次の通りである。

材料の流動性の良い方がウェルドラインの溶着は良くなるので低粘度材料が適している。また、成形時にガス発生が少ないほうがウェルドラインの溶着は良くなる。したがって、樹脂の熱安定性が良く、添加剤としてはガス発生の少ない材料が好ましい。

設計・成形上の対策を**表5.10**に示す。設計上では、成形品肉厚、ゲート方式や位置などが関係する。

ウェルド部の肉厚は厚いほうがウェルド部の強度は大きくなる。たとえば、インサート金具周囲の樹脂層肉厚、ボス穴周囲の肉厚などは、ある程度は厚くする必要がある。

ゲートの位置は、ウェルド部の溶着面積ができるだけ広くなるように選定する。たとえば、**図5.11**（a）のようにゲート位置を選定すると対向流ウェルドになりウェルド部の強度低下が大きいが、図5.10（b）の位置にゲートを設けるとウェルドラインは並走流ウェルドになるのでウェルド強度は向上する。一方、図5.11（a）の位置にゲートを設けざるを得ない場合には、**図5.12**のように捨てキャビティを設けると、最初に合流して温度低下した樹脂は捨てキャビティ内に押し出されるのでウェルドラインが目立ちにくくなると同時にウェルド強度も向上する。

一方、ウェルド部分にはキャビティ内のエア、溶融樹脂から発生するガス分などが集まるため、ウェルド部の溶着が悪くなる。対策としてウェルド部

表5.10　ウェルドラインの対策

種　類	対　策
対向流タイプ	①ウェルド部の溶着面積が広くなるようにゲート位置を選定する。 ②外観的に目立ちにくい位置に発生するようにゲート位置を選定する。 ③ウェルドラインが発生する位置にガスベントを設置する。 ④ウェルド部にダミーキャビティを設ける。
並走流タイプ	①外観的に目立ちにくい位置に発生するようにゲート位置を選定する。 ②ウェルドラインが発生する位置にガスベントを設置する。
偏流タイプ	①肉厚部と薄肉部の肉厚差を少なくする。 ②ウェルドの発生部にガスベントを設ける。

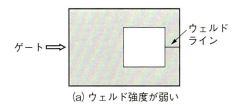

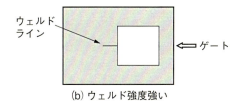

図5.11　ゲート位置とウェルド強度

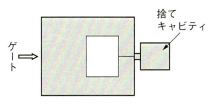

図5.12　捨てキャビティによるウェルド対策

にはガスベントを設ける必要がある。

　成形条件としては、溶融樹脂がウェルド部で合流するときの樹脂温度や圧力は高いほうがウェルドの溶着は良くなる。そのためには成形温度や保圧は高いほうが良い。また、金型温度は高く、射出速度も速いほうがウェルド部の溶着は良くなる傾向がある。

▶ 5.2.5　残留ひずみ

　「残留ひずみ」は、成形時に生じた弾性ひずみが緩和されずに成形品に残留したものである。「残留応力」はフックの弾性限度内では残留ひずみとヤング率の積であるので、材料のヤング率の大きさに左右される。以下では残留ひずみと残留応力の表現を適宜用いる。

　残留応力は定ひずみ下の応力であるので、時間経過すると応力緩和によって、ある程度減少する特性がある。

　実用上では成形品に過大な残留応力が存在するとクラックやそりが発生する。

　プラスチックの残留ひずみについては定義された用語はないが、本節では型内冷却過程で生じるひずみを「冷却ひずみ」、インサートした時に生じるひずみを「インサートひずみ」、二次加工時の局部的溶融によって生じる「熱ひずみ」の3つに分類して説明する。

（1）冷却ひずみ

　型内冷却過程で生じた局部的な成形収縮差によって弾性ひずみが発生する。この弾性ひずみを「冷却ひずみ」と表現する。キャビティ内の冷却過程では型内圧や冷却速度に局部的な差が生じることは避けられず、これらの差によって成形収縮差が生じる。型内圧および冷却速度と成形収縮率の関係を**表5.11**に示す。同表から次のことがいえる

　キャビティ内では圧力損失があるため、ゲートの近くは圧力が高いので成形収縮率は小さいが、遠いところは圧力が低いので成形収縮率は大きくなる。

　肉厚が厚いと型内でゆっくり冷却するので成形収縮率は大きくなるが、肉厚が薄い個所では速く冷えるので成形収縮率は小さくなる。金型温度が高いと型内で冷却する速度は遅いので成形収縮率は大きくなるが、逆に、金型温度が低いと冷却速度は速いので成形収縮率は小さくなる。特に結晶性プラス

表5.11 圧力および冷却条件と成形収縮率

要因	条件	ケース	成形収縮率
型内圧	高い	ゲートの近く	小
	低い	ゲートから遠く	大
冷却速度	急冷	肉厚が薄い 型温が高い	小
	徐冷	肉厚が厚い 型温が高い	大

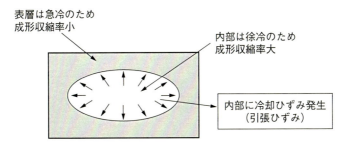

図5.13 冷却ひずみ発生モデル（厚肉成形品の不均一冷却）

チックでは結晶化の影響も加わるので、肉厚差や金型温度差に基づく成形収縮差はより大きくなる。

このような諸要因によって成形品内で成形収縮率差を生じることで冷却ひずみ（弾性ひずみ）が生じる。

図5.13は厚肉成形品における残留ひずみが生じる例である。肉厚が厚いため型壁面と接する表面層（スキン層）は急冷されて先に固化するが、内部のコア層は遅れてゆっくり固化する。急冷されたスキン層の成形収縮率は小さく、コア層の成形収縮率は大きくなる。その結果、コア層に引張弾性ひずみが生じる。

冷却ひずみの発生を防止するには、型内の圧力差を小さくし、冷却速度を等速にする必要がある。

図5.14はPCについて成形条件と残留応力の関係を示す概念図である[6]。残留応力の大きさは、成形品を四塩化炭素に浸漬してクラックが発生するま

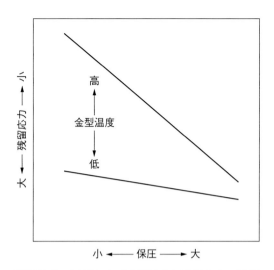

図 5.14 保圧および金型温度と残留応力の関係

での時間を計測することで相対評価する方法をとっている。つまり、クラックが発生するまでの時間が長いほど残留応力は小さいという評価になる。同図から、金型温度を高く、保圧を低く成形すると残留応力は小さくなることがわかる。

設計・成形面からの対策と残留応力が低減する理由を**表** 5.12 に示す。

（2）インサートひずみ

インサートひずみは、溶融樹脂が固化して室温までの熱収縮が金具によって拘束されるために生じる。すなわち、金具に比較してプラスチックの線膨張係数が大きいことに起因している（**図** 5.15）。

金具周囲のプラスチック層に発生するひずみは、金属で適用されている焼きばめ円筒で生じる応力の発生原理と類似している。焼きばめ円筒の外筒に発生する応力計算式を用いて、金具周囲のプラスチック層（外筒に相当）に発生する応力を推定できる。プラスチック層に発生する周方向の最大引張応力は金具と接する内縁に発生し、その初期最大引張応力 $\sigma_{t\,max}$ は次式で表される。

$$\sigma_{t\,max} = E(\alpha_p - \alpha_i)(T_2 - T_1)/\{1 + (\nu/W)\}$$

表5.12 冷却ひずみ対策と低減理由

対策		残留ひずみ低減理由
設計	肉厚を均一に設計する	冷却速度を均一化する。
	コーナーアールを付ける	コーナー部近傍での冷却速度を均一にする。
	ゲート方式、位置の最適	型内圧を均一分布にする。
	金型温調回路の最適設計	冷却速度を均一化する。
成形	金型温度を高くする	・樹脂温度と金型温度の差を小さくすることで残留ひずみの発生を少なくする。 ・残留ひずみを型内で緩和する（アニール効果）。
	保圧を低くする	ゲート部と流動末端部との型内圧差を小さくする。
後処理	アニール処理	応力緩和

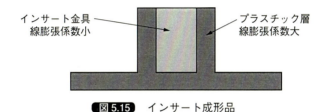

図5.15 インサート成形品

$\sigma_{t\,\max}$：プラスチック層内縁に発生する初期周方向最大引張応力（MPa）
E：ヤング率（MPa）
α_p：プラスチックの線膨張係数（/℃）
α_i：金具の線膨張係数（/℃）
T_1：室温（℃）　　T_2：プラスチックの固化温度（℃）
ν：プラスチックのポアソン比
W：$\{(b/a)^2+1\}/\{(b/a)^2-1\}$
a：金具径（mm）　　b：ボス外径（mm）

上式から、金具周囲のプラスチック層に生じる残留応力には次の要因が関係することわかる。

　$(\alpha_p - \alpha_i)$ はプラスチックと金具の線膨張係数の差である。
　$(T_2 - T_1)$ は固化温度と室温の温度差（ΔT）である。

表5.13 インサート金具周囲クラック防止対策

対　策	具　体　策
金具周囲の残留応力を低減する	①金具周囲のボス肉厚は 0.5〜1.0 D とする（D：金具直径） ②線膨張係数の大きい金具材質を選定する。 ③金具は予備加熱してインサートする。
クラック発生促進要因を無くする	①金具は切削油などを洗浄、除去後に使用する（切削油によるケミカルクラック）。 ②できるだけシャープエッジのない金具形状にする。（シャープエッジでの応力集中） ③金具周囲にウェルドラインの発生を避ける。

　$\{1+(\nu/W)\}$ は、金具径（a）やボス外径（b）やポアソン比が関係し、b/a によってインサートひずみの大きさは変化する。

　インサートひずみによる残留応力が材料のストレスクラック限界応力を上回ると、クラックが発生する。実際には、残留応力の要因以外に金具周囲のシャープコーナーやウェルドラインにおける応力集中、金具に付着した切削油によるケミカルクラックなどが影響する。

　インサートによるクラック発生防止対策を**表5.13**に示す。

（3）熱ひずみ

　熱ひずみは、溶着、機械加工、バフ加工などの二次加工時に発生する残留ひずみである。

　図 5.16 に示すように加工面だけが局部的に溶融すると、冷却過程で非溶融層との間で収縮差が生じることで熱ひずみが発生する。溶着加工では溶着面近傍を選択的に溶融させて2つのパーツを接合するので、条件が不適切であると熱ひずみが発生する。穴あけ加工、タップねじ加工、のこぎり切断などの機械加工では、加工面で摩擦熱やせん断熱が過度に発生すると熱ひずみとなる。バフ加工では、摩擦熱が過度に発生すると熱ひずみとなる。

　熱ひずみによる残留応力が過大であると、時間経過後にクラックが発生する。熱ひずみの原因と対策を**表5.14**に示す。

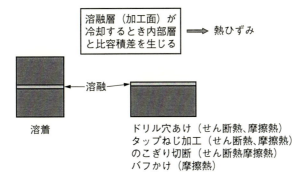

図 5.16 熱ひずみの発生原理

表 5.14 熱ひずみの発生原因と対策

方 法	原 因	対 策
溶 着	溶着面を過度に溶融	溶着条件の適正化（溶着時間、加圧力など）
ドリル穴加工 タップねじ加工	加工条件が不適のため、せん断熱、摩擦熱が過度に発生	鋭利な工具を使用する。錐の回転速度、送り速度の適正化。
のこぎり切断	加工条件が不適のため、せん断熱、摩擦熱が過度に発生	鋭利なのこぎり刃を使用する
バフ掛け	加工条件が不適のため、摩擦熱が過度に発生	表面が溶融するように過度にバフがけしない

▶ 5.2.6 応力集中

成形品に応力集中源があると、この部分に応力が集中し強度低下する。**図 5.17** に示す応力集中源の周辺に発生する最大引張応力は、近似的に次式で表される[7]。

$$\sigma_{max} = \sigma_0 (1 + 2\sqrt{\frac{L}{r}})$$

σ_{max}：切欠きコーナーに発生する最大引張応力

σ_0：平均引張応力

L：切り欠きの深さ

r：切り欠き先端半径

上式からわかるように、切り欠きの深さ L が大きく、先端半径 r が小さ

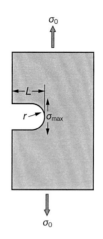

図 5.17 応力集中挙動

い場合に応力 σ_{max} は最も大きくなることがわかる。特にクラックのように先端アールが小さいときには、L/r の項は非常に大きくなるので、クラックは急速に伝播して破損することになる。上式の $(1+2\sqrt{L/r})$ の項を「応力集中係数」という。

　このように成形品中に応力集中源が存在すると成形品の強度が低下する。成形品にはいろいろな応力集中源が存在する。

　製品設計に基づく応力集中源には、コーナーアール、リブのボス基部のコーナー、ウェルドラインなどがある。

　異物は、使用する材料中にすでに含まれていることもあるが、成形工程では金属異物、炭化物、異樹脂、同種樹脂の未溶融物などがある。金属異物は主としてスクリュ部分の摩耗または破損により発生した金属片などが混入することが多い。炭化物は、長期間の運転中にシリンダ壁面に生成した炭化物が剥離して溶融樹脂に混入したものである。異樹脂は、成形工程で使用していた他の樹脂が乾燥機やホッパーに残留していて混入することが主な原因である。同種樹脂の未溶融樹脂は、可塑化が間に合わず未溶融の樹脂が射出された場合に発生する。特に結晶性プラスチックのハイサイクル成形では、可塑化時間が短い場合にはペレットの結晶が完全に融解しない状態で可塑化されることで発生するケースが多い。

表5.15 成形時に発生する応力集中源と対策

応力集中源	内　容	対策
気　泡	真空泡（気泡）	設計、成形条件による対策
	ガスによる気泡	熱分解、加水分解の防止
異　物	金属片	材料輸送配管、スクリュなどの点検
	未溶融物	スクリュでの可塑化対策
	異樹脂混入	乾燥機、配管などから点検
	着色剤	粒子径の大きいものが混入防止
表面の凹凸、コーナーアール	仕上げ跡	ゲート、バリなどの仕上げ跡の平滑化
	パーティング段差	型構造対策
	シャープコーナー	製品設計対策
クラック	離型抵抗、コーナーアール	突き出し位置、方式、抜き勾配の適正化
ウェルドライン	溶着不良、表面V溝	ゲート位置や肉厚分布の設計対策

　気泡は、成形品の厚肉部分に発生する場合と溶融樹脂の分解ガスによる場合がある。厚肉部分に発生する気泡を解消するには、ゲート位置の選定、金型温度を高くすること、保圧を高くすることなどの成形条件調整が必要である。分解ガスによる場合は、前項で述べた成形時の熱分解や加水分解防止の対策が必要である。

　成形品表面の傷は、ノッチ効果で応力集中により強度低下をまねく。傷の原因には、離型の突出し時に発生する微細な亀裂、ゲートやバリ仕上げ跡などがある。また、パーティングラインの段差も応力集中源になることがある。

　射出成形における応力集中源の種類と対策を**表5.15**に示す。

▶ 5.2.7　再生材使用による強度低下

　再生材料の使用については、成形工程でスプル、ランナ、成形不良品（再生可能なもの）などを粉砕して再使用する「工程再生」と、市場で使用された製品を回収して再使用する「樹脂再生」の二つがある。後者の樹脂再生については、回収システム、製品からの成形部品の分離、減容化、塗装や異物の分離、粉砕、洗浄、リペレット化方法、物性保持のための材料処方開発な

どの多岐にわたる応用技術が必要である。ここでは、前者の工程再生の留意点について述べる。

工程再生では、再生材を粉砕して再使用する場合と、再生材をリペレット化して再使用する場合がある。

粉砕品を再使用する場合には粒度や形状がばらつきやすいため、成形工程で計量が安定しないことが多い。このような成形上の不安定性を防止するためにリペレット化して成形することがある。リペレットする場合は溶融押出でペレット化するので、粉砕後に直接使用する場合よりも熱履歴は1回多くなる。

また、再生材の使用法は、再生材を100％で成形する場合と、新材（バージン材）に対し再生材を一定の比率で混合して使用する場合がある。再生材使用による強度低下の概念を**図5.18**に示す。同図のように100％再生材を使用する場合は、再生繰り返しとともに物性が低下するので、製品の性能要求があまり高くない場合に限定される。新材に再生材を一定の比率で混合する方法では、繰り返し回数の多い再生成分は成形品の方に一定の比率で出て行くので物性は一方的には低下せず、理論的には一定の値に収斂する特性がある。

再生材の使用に関して、実際の成形工程では種々の要因が関係する。再生材使用による不良と対策を**表5.17**に示す。

また、成形上の注意点は以下の通りである。

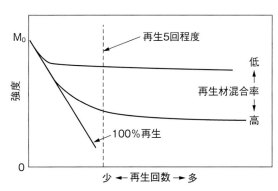

図5.18 再生材の混入率と強度低下の概念図

表5.17 工程再生における不良と対策

要　因	不良現象	対　策
樹脂分解 （熱分解、加水分解）	物性低下 色相変化 オーバパック（離型不良） ガスによる不良	・再生材の混入比率を30％以下にする 　（ホットランナー要検討） ・予備乾燥を十分に実施
繊維強化材料の繊維破砕	強度低下 成形収縮率が大きくなる	再生材の混入比率を30％以下にする。
異物の混入	異物が応力集中源となって強度低下	再生材の保管管理に注意
	異樹脂、離型剤などの混入による成形熱安定性低下	

① プラスチックの特性を考慮した再生材の使用

使用するプラスチックの熱分解特性を考慮して再生材の混合率や取り扱いをすべきである。また、材料の再生試験データは成形現場にはそのまま当てはまらないことが多い。理由は、材料の再生データの成形条件と、成形現場で実際に行われている成形条件とは異なるためである。一般に成形現場での成形条件の方が苛酷であることが多い。

② 再生材の管理

再生材の管理では異物が混入しないようにしなければならない。成形現場で混入しやすいものとしては、異樹脂、離型剤、油、インサート金具、塵埃などがある。特に粉砕機での異樹脂の混入、成形時に使用した離型剤が成形品に付着したままで再生されることなどに注意すべきである。

5.3
応力亀裂と対策

　実用上でしばしば問題になるのはクラックである。製品にクラックが発生すると応力集中源になるので、簡単に破損することになる。クラックは応力の存在下で発生するので「応力亀裂」と総称している。応力亀裂には、ストレスクラックとケミカルクラックがある。

▶ 5.3.1　クレーズとクラック
　プラスチックの破壊の前駆的現象としてクレーズ（クレイズともいう）の発生がある。

　成形品に応力を負荷した状態で時間が経過するとクレーズが発生する。クレーズが発生した部分を透過型電子顕微鏡で拡大して観察すると、**図 5.19** のようにクレーズの内部には配向した分子鎖が観察される。一方、**図 5.20** のようにクラックの中は空隙である。したがってクレーズは、応力が負荷された状態で時間が経つと局部的に分子鎖が配向することで応力を解放する現象と考えられている。

　クレーズの発生部は密度が低く、あたかもスポンジのような微細ボイドを含んだ構造になっている。クレーズ発生部と未発生部とは屈折率が異なるため、光の散乱によって白化して見える。しかし、目視観察では判別しにくいので透過型電子顕微鏡を用いて判別される。また、クレーズは局部的な分子配向であるため、非晶性プラスチックではガラス転移温度以上で熱処理すると配向が回復して消失することでクラックと識別できる。

　クレーズが発生してもすぐに破損に至ることはない。しかし、**図 5.21** に示すようにクレーズが発生した個所にさらに引張応力を作用するとクレーズ中のボイドが大きくなり、ボイドがつながってクラックへ成長する。したがって、クレーズはクラックの前駆的現象といえる。

　クレーズは透過型電子顕微鏡などで観察しないと判別できないほど微小で

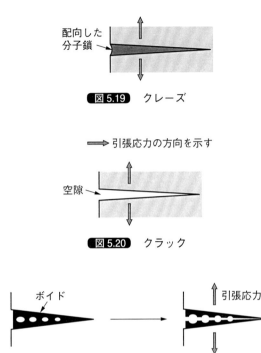

図 5.19 クレーズ

図 5.20 クラック

図 5.21 クレーズがクラックに成長するモデル

あるので、目視観察で検出することは困難である。実際にはクラックに成長した段階で発見されることが多い。

▶ 5.3.2 ストレスクラック

ストレスクラックは、限界応力以上の応力が作用すると時間経過後にクラックが発生する現象である。機械的クラック、メカニカルクラックなどとも呼ばれている。

図 5.22 にストレスクラックの発生過程を示す。同図のように応力が負荷されるとすぐにクラックが発生するわけではなく、誘導時間を経た後にクラックが発生する。一定ひずみ下の応力ではクラックが発生すると応力は解放されるのでクラックの成長は停止するが、何らかの引張力が作用するとクラックは成長して破損する。

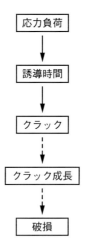

図 5.22 ストレスクラックの発生過程

　一定応力を与えたときのクリープ破壊に対して、一定のひずみを与える方法では応力緩和が起こるので、負荷するひずみが小さくなるほどクラックが発生するまでの誘導時間は長くなる傾向がある[8]。

　図 5.23(a) はストレスクラック特性を、同図 (b) は同時に進行する弾性ひずみの緩和挙動を示している。図 (a) に示すように、初期応力（試験片に負荷する応力）が低いほどクラックが発生するまでの時間は長くなるため、横軸に平行に近づく特性曲線となる。これは、図 (b) に示すように初期応力は時間経過とともに弾性ひずみが緩和するが、初期に負荷する応力が小さい場合にはクラックが発生するまでの時間が長いため、この経過時間内で初期応力が緩和することによるものである。横軸に平行になるときの応力をストレスクラック限界応力 σ_C とする。一定のひずみを負荷する場合の製品設計では σ_C 以下で設計すれば、長時間使用してもクラックは発生しないことになる。

　一定ひずみ下での使用例を**表 5.18**に示す。

　材料選択の点からは次の対策がある。

　① 高分子量材料（または高粘度材料）を選定する。ただし、高分子量になるに従って成形性（流動性）が悪くなることを考慮しなければならない。

　② 結晶性プラスチックを選定する。ストレスクラックは結晶性プラスチ

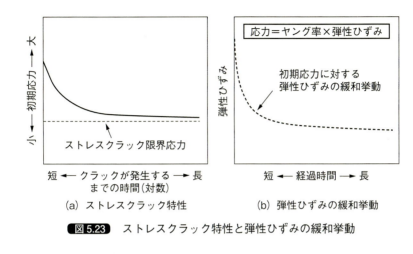

図5.23 ストレスクラック特性と弾性ひずみの緩和挙動

表5.18 定ひずみ下の応用例

ケース	定ひずみ状態
残留ひずみ	成形時の部分的な成形収縮率の差によって生じるひずみ
インサート成形品	金具と樹脂の線膨張係数の差によって生じるひずみ
ボス下穴に金具を圧入（プレスフィット）する場合	締めしろ（金具径－ボス下穴径）によって生じるひずみ
成形品穴を通しボルトで締め付ける場合	ボルトで締め付けることで成形品に圧縮力が生じ、ポアソン比によって周囲のプラスチック層を押し広げることによるひずみ

ックの方が発生しにくい傾向がある。

③ 繊維強化材料を使用する。ガラス繊維の補強効果によって、たとえクラックが発生しても成長しにくいので破損に至らないことが多い。ただし、繊維配向による強度の異方性に注意しなければならない。補強効果が期待できるのは繊維の配向方向に応力が作用する場合である。

製品設計上では、ストレスクラック限界応力以下で設計することが必要である。

▶ 5.3.3 ケミカルクラック

ケミカルクラックは、ソルベントクラック、環境応力亀裂（Environmental Stress Crack：ESC）などと呼ばれることもある。非晶性プラスチックでは有機溶剤下でクラックが発生することから「ソルベントクラック」と表現することが多い。

ケミカルクラックは応力と薬液の共同作用で発生するクラックである。接着、塗装、めっきなどでの有機溶剤類、その他処理液などの影響でケミカルクラックが発生する。応力要因には、成形時に発生した冷却ひずみ、インサートひずみ、熱ひずみなどの残留応力や使用時に負荷される応力がある。ケミカルクラックの発生過程を**図 5.24** に示す。

ケミカルクラックの発生機構について定説はないが、現象面からは**図 5.25** に示す発生機構と推定される。同図のように薬液がプラスチック成形品に接触すると、まず成形品内部へ拡散する。分子間隔は広がるため、分子間力が低下する。そのため残留応力のある箇所では周囲のポリマーの拘束から解かれて動きやすくなる。その結果、残留応力が急速に緩和するときにクラックが発生すると推定される。

成形品内部への薬液の拡散は、ポリマーのSP値と薬液のSP値が関係する。ポリマーのSP値と薬液のSP値が近いほど薬液は拡散しやすい。しかし、溶解・膨潤するような良溶剤ではケミカルクラックは発生しないところにケミカルクラック現象の複雑さがある。一般的には貧溶媒で発生しやすい傾向がある。

ケミカルクラックの限界応力を調べる方法に4分の1だ円法がある。試験法を**図 5.26** に示す。同図のように試験片を押さえ枠でだ円治具にセットする。試験片厚み t と長軸位置 x に発生する曲げひずみ ε は次式で示される。

$$\varepsilon = [0.02(1 - 0.0084 x^2)^{-3/2}] t$$

  e：ひずみ x：長軸中心からの距離 t：試験片厚み

肉厚 1.0 mm の試験片を用いたときのクラック発生位置 x とひずみ ε の関係を同図（b）に示す。応力緩和を考慮しないときには、ひずみ ε と初期応力 σ の関係は次式となる。

  応力（σ）＝ヤング率（E）×ひずみ（ε）

4分の1だ円法で、肉厚 1.0 mm の PC シートを用いて各種有機溶剤に対

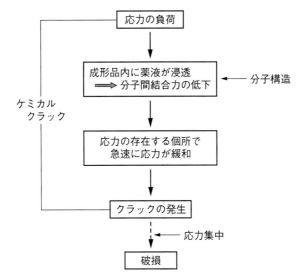

図 5.24 ケミカルクラック発生過程

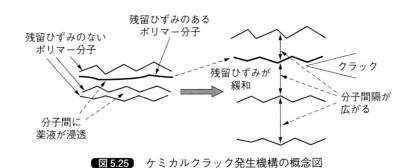

図 5.25 ケミカルクラック発生機構の概念図

するケミカルクラック限界応力を測定した結果を**表 5.19**に示す[9]。本試験は液温 20 ℃、浸漬時間 1 min で試験している。同表から、PC はアルコール、脂肪族炭化水素、多価アルコールなどに対しては限界応力が高いが、芳香族炭化水素、ハロゲン系炭化水素、ケトン系、エステル系などに対しては限界応力が低いことがわかる。

　1.1.2 節（8）で述べた SP 値について、プラスチックの SP 値と溶剤の SP 値で整理してみる。PC の SP 値は 9.8 である。使用した各溶剤の SP 値と表

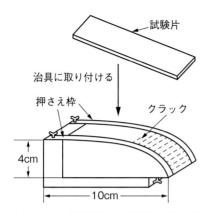
(a) 4分の1だ円治具への試験片の取り付け状態

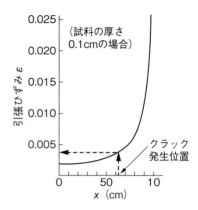
(b) クラック発生位置とひずみの関係

図 5.26 4分の1だ円のクラック発生位置とひずみ

表 5.19 4分の1だ円法によるケミカルクラック限界応力測定例（PCの例）[9]

分類	溶剤名	クラック限界応力(MPa)	クラックのパターン外観[b]	分類	溶剤名	クラック限界応力(MPa)	クラックのパターン外観[b]
アルコール類	メタノール	26.9	A	ハロゲン化炭化水素類	メチレンクロライド	—	D
	エタノール	25.3	A		1.2シクロルエタン	17.7	C
	Nプロパノール	27.2	A		クロロホルム	15.4	C
	イソプロパノール	26.9	A		四塩化炭素	4.0	B
	ブタノール	25.3	A	アセタール系	テトラヒドロフラン	13.5	C
	オクタノール	26.7	A		ジオキサン	6.3	C
芳香族炭化水素類	ベンゼン	5.8	C	ケトン類	アセトン	14.2	C
	トルエン	6.7	C		メチルエチルケトン	12.3	C
	キシレン	5.8	C		メチルイソブチルケトン	5.5	C
脂肪族炭化水素類	ペンタン	23.9	A	エステル類	酢酸メチル	15.9	C
	ヘキサン	24.8	A		酢酸エチル	12.8	C
	ヘプタン	26.0	A	多価アルコール類	メチルセロソルブ	13.8	A
	シクロヘキサン	31.5	A		ブチルセロソルブ	16.9	A

a) 浸漬条件：20℃　1分間浸漬
b) クラックのパターン外観。
　A：応力方向に直角に小さなクラックが発生する。B：不規則方向に大きなクラックが発生する。C：膨潤溶解しながらクラックが発生する。D：溶解するのみでクラックが発生せず。

6.19のケミカルクラック限界応力の関係をグラフにすると**図 5.27**の通りである。同図のようにPCのSP値に近い溶剤では限界応力が低いことがわかる。

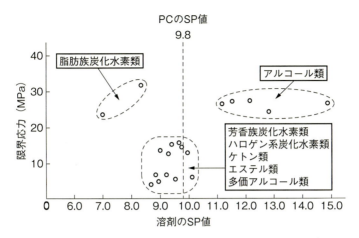

図 5.27 PC のケミカルクラック限界応力と溶剤の SP 値

表 5.20 ケミカルクラックを発生させる薬品の例

種　類	対象薬品
非晶性 プラスチック	・有機溶剤類 ・塗料、印刷インク、接着剤（有機溶剤を含むもの） ・可塑剤 ・油、グリース、ガソリン、切削油、防錆油
結晶性 プラスチック	・PE：界面活性剤 ・POM：塩酸水溶液 ・PA：塩化亜鉛水溶液、塩化カルシウム水溶液

ただ、一定の規則性は認められないので、溶剤の SP 値でケミカルクラック限界応力を予測することは困難である。

実用上でケミカルクラックが問題になるのは、有機溶剤以外に**表 5.20** に示す薬液がある。同表のように結晶性プラスチックは限られた薬液でケミカルクラックが発生するだけであるが、非晶性プラスチックではいろいろな薬液でケミカルクラックが発生することが多い。一般的に非晶性プラスチックの耐ケミカルクラック性は良くないといえる。

ケミカルクラックは応力と薬液の共同作用で発生する。したがって、応力か薬液のどちらかを排除すれば発生しない。ケミカルクラック発生要因を応

表5.21 ケミカルクラック発生要因と対策

要因	対策	
応力	残留応力の低減	①肉厚均一化 ②金型温調回路の最適化 ③ゲート方式、位置の最適化 ④金型温度を高くする。 ⑤保圧を低くする。 ⑥アニール処理する。
	応力低減	①組立応力を低くする。 ②使用時の負荷応力を低減する。
薬液	ケミカルクラック限界応力の高い薬液に変更する。	
材料	①結晶性プラスチックに変更する。 ②高分子量材料に変更する。	

力、薬液、材料に分けて対策をまとめると表5.21に示す通りである。

参考文献

1) 三菱ガス化学:ユーピロン技術詳報 PCR106 成形時の劣化現象とその防止対策、p.11〜12(1979)
2) C.F.Hammer:J.Applied poly.Sci.1(2)p.169(1959)
3) 高野菊雄編:ポリアセタール樹脂ハンドブック、p.250、日刊工業新聞社(1992)
4) 三菱エンジニアリングプラスチックス:ユピタール技術資料、設計・成形編、p.35
5) 三菱エンジニアリングプラスチックス:ユピタール技術資料、設計・成形編、p.32
6) 甲田広行:高分子化学、25(277)、p.287〜297(1968)
7) 成澤郁夫:プラスチックの強度設計と選び方、p.31、工業調査会(1986)
8) 三菱エンジニアリングプラスチックス:ユーピロン技術資料(物性編)、p.47(1995)
9) 本間精一編:ポリカーボネート樹脂ハンドブック、p.611、日刊工業新聞社(1992)

プラスチック製品の品質評価

プラスチック製品の品質を評価する目的には、
① 量産に先立って初期製品の品質を確認する
② 量産段階において製品に品質上の不具合が生じたときに原因究明して対策を立てる
などがある。
　プラスチック製品に求められる品質は強度、寸法、外観など様々であるため、品質評価には種々の手法が用いられる。本章では、一般的にプラスチック製品に用いられている品質評価法について解説する。

6.1 熱分解、劣化に関する評価

▶ 6.1.1 熱分解温度の測定法

同一の成形材料について熱分解性を比較評価する目的で熱分解温度を測定する。成形材料に添加剤、着色剤などを添加すると熱分解温度が低下する傾向がある。熱分解温度は成形時の熱安定性を比較するときに参考になる特性値である。また、製品に使用された材料の熱分解性を調べるために、製品から試料を切り出して比較評価することもできる。

（1）熱重量法（TGA）

TGAは熱天秤法ともいう。プラスチックを加熱すると、ある温度から熱分解を開始して分解ガスが揮散するため重量が減少する。この原理を利用し、試料を一定速度で加熱しながら重量変化を測定するのがTGAである。TGAによる測定法はJIS K7120に規定されている。

図6.1にPCの窒素中でのTGA曲線の概念図を示す[1]。一定速度で昇温すると同図のように熱分解開始温度から急激な重量減少を示す。熱分解開始温度が高温側にあるほど熱安定性は良いといえる。TGA曲線は、昇温過程で材料に含まれる成分が揮散すると熱分解温度以下においても若干の重量減少を示すこともある。

（2）示差熱分析法（DSC）

DSCによる測定法に関しては、1.2.2節（2）で述べたので参照されたい。

図6.2にPOMの窒素中でのDSC曲線の概念図を示す[1]。同図のように熱分解開始温度から急激な吸熱を起こすことがわかる。TGA曲線と同様に、熱分解開始温度が高温側にあるほど熱安定性は良いといえる。

（3）熱分解測定の留意事項

成形時の熱分解は成形温度（樹脂温度）とシリンダ内の滞留時間によって決まるので、上述の方法で測定された熱分解温度は成形温度の上限温度を示す値ではない。シリンダ内では滞留時間が長いこと、微量酸素が存在するこ

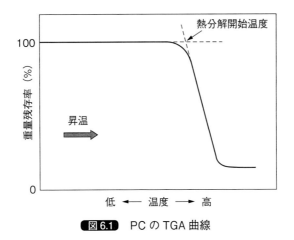

図 6.1 PC の TGA 曲線

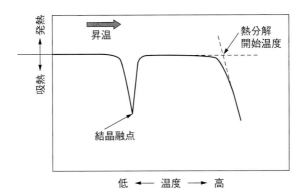

図 6.2 POM の DSC 曲線（結晶性プラスチックの例）

となどの影響で、TGA や DSC で測定される熱分解温度より低い温度でも熱分解する。熱分解温度は同一材料間の熱分解性比較データとして利用するとよい。

▶ 6.1.2 分子量の測定法

表 6.1 に示すように、成形過程の熱分解や使用過程における分解・劣化によって分子量は低下する。同表に示す要因による分子量低下を調べる目的で製品の分子量を測定する。

表6.1 分子量の低下要因

条件	分子量低下要因
成形過程	①シリンダ内での熱分解 ②予備乾燥不足による加水分解（PC、PBT、PET、PAR） ③再生材使用による分解（①と②が影響）
使用条件過程	①熱エージング劣化 ②温水、高温蒸気中での加水分解劣化（PC、PBT、PET、PAR） ③紫外線劣化 ④放射線劣化

平均分子量の測定法には、絶対法である浸透圧法や光拡散法もあるが、GPC（ゲル・パーミエーション・クロマトグラフィ）や粘度法による相対法が一般的に用いられている。ただ、これらの測定法では溶媒に溶解して測定するので適切な溶媒がある材料に限られる。また、材料には着色剤や充填剤も含まれているので、測定に先立って溶媒に溶解した後、遠心分離法または濾過法によりこれらの配合剤を分離した後に測定しなければならない。

（1）GPC

GPCは、ポリスチレンゲルなどを充填したカラムにポリマー溶液を流すと分子サイズの大きい順に分離される性質を利用して分子量を測定する方法である。GPCでは数平均分子量（$\bar{M}_n$）、重量平均分子量（$\bar{M}_w$）、分子量分布などを測定できる。

分子量 M_i のものが N_i 個ある場合、数平均分子量および重量平均分子量は次式で示される。

$$\text{数平均分子量}：\bar{M}_n = \sum_{i=1}^{\infty} M_i N_i / \sum_{i=1}^{\infty} N_i$$

$$\text{重量平均分子量}：\bar{M}_w = \sum_{i=1}^{\infty} M_i^2 N_i / \sum_{i=1}^{\infty} M_i N_i$$

ここで、次の例をもとに両平均分子量の意味を考える。分子量10,000の分子10個と分子量100,000の分子が10個混ざっていると仮定する。このときの数平均分子量は次の通りである。

$$\text{数平均分子量} = (10{,}000 \times 10) + (100{,}000 \times 10)/(10+10)$$
$$= 55{,}000$$

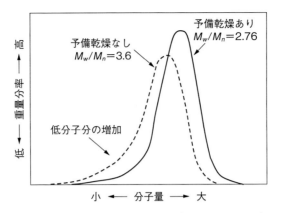

図6.3 GPCによるPCの予備乾燥の有無と分子量分布の変化

また、重量平均分子量は次の通りである。

重量平均分子量 = {(10,000² × 10) + (100,000² × 10)}
　　　　　　　　/{(10,000 × 10) + (100,000 × 10)}
　　　　　　= 91,820

この試算結果からわかるように数平均分子量は低分子分の影響を受けて低い値になるが、重量平均分子量は低分子分の影響をあまり受けない。つまり、成形品の分子量測定結果を評価するときには、低分子成分の影響が現れる数平均分子量に注目するほうが良いことになる。また、$\bar{M}_w$ と $\bar{M}_n$ の比（$\bar{M}_w/\bar{M}_n$）は分子量の広がりを示す。つまり、$\bar{M}_w/\bar{M}_n$ の値が大きいほど分子量分布は広いことを示す。

図6.3は、GPC法を用いてPCについて予備乾燥の有無と分子量分布の関係を測定した概念図である[2]。同図のように予備乾燥「有」に比較して予備乾燥「なし」は低分子量成分が増加するため、数平均分子量は低下する。また、分子量分布は予備乾燥「あり」は $M_w/M_n = 2.76$ であったが、予備乾燥「なし」は $M_w/M_n = 3.60$ であり、分布は広くなっている。

（2）粘度法

溶液粘度から粘度平均分子量を求める方法である。溶媒に一定量の試料（プラスチック）を溶解し、図6.4に示す粘度計（ウベローデ粘度計の例）を用い、溶液が標線間を垂下する時間を計測する。分子量の大きい試料の方

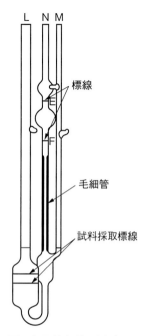

図6.4 分子量測定用粘度計の例（ウベローデ粘度計）

が垂下するに要する時間は長くなる。垂下時間から相対粘度→比粘度→極限粘度 η を求める。

η と粘度平均分子量 $\bar{M}_\eta$ の間には次の関係がある。この関係から $\bar{M}_\eta$ を次式で求める。

$$\eta = K \cdot \bar{M}_\eta{}^a$$

　　K、a：ポリマー溶媒に固有な定数

ただし、上式の定数 K、a が決まっていないときは代用値として粘度数で表すこともある。

また、同一試料を測定したとき、数平均分子量、重量平均分子量、粘度平均分子量の大きさは次の関係になる。

$$\bar{M}_n < \bar{M}_\eta < \bar{M}_w$$

（3）分子量測定の留意点

分子量低下の大きさから製品の強度低下の原因であるか判断するときの留

意点は次の通りである。
　① 強度低下品の分子量が使用樹脂の限界分子量以下まで低下していれば直接原因と判断できる。
　② 分子量低下は認められるが、限界分子量以上であるときは間接的原因と考えて他の評価結果と合わせ判断する。

▶ 6.1.3　分子量に代わる測定法

　分子量を測定できないプラスチックでは、分子量に代わる方法としてMFR、MVRを測定する方法もある。**図6.5**に示すようにMFR、MVRと分子量（粘度平均分子量）の間には相関関係がある[3]。同表からわかるように分子量が低いほどMFR、MVRは大きくなるので、MVRまたはMFRを測定することで分子量低下を相対的に調べることができる。なお、MFRとMVRは同じ意味の特性値であるので、どちらかの値を測定すればよい。

　本測定法に関しては第3章の3.13.1節を参照されたい。製品のMFR、MVRを測定するには、製品からペレット程度の大きさに切り出した試料を用いる。同試料を所定の条件で予備乾燥した後、加熱シリンダに試料を入れる。所定の温度で溶融させた後、所定の荷重を加えてダイから押し出して押出時間と押出質量または体積からMRF、MVRを求める。

　MFR、MVRの測定値は分子量低下の大きさを相対的に示す値として扱う必要がある。例えば、使用材料と製品または良製品と不良製品のMFR差（Δ

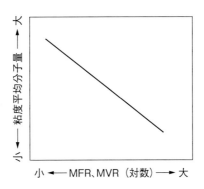

図6.5　PCのMFR、MVRと粘度平均分子量

MFR）をもとに原因究明の一つの判断データとする。

▶ 6.1.4 色相変化の測定法

成形時に熱分解した場合や使用過程における熱、紫外線、放射線などで劣化した場合には物性低下に先立って製品の色相が変化するので、熱分解または劣化の程度を評価する目的の一つとして色相を測定する。

(1) 黄色度および黄変度の測定法

JIS K7373（プラスチック-黄色度及び黄変度の求め方）に規定されており、熱、光などの環境に暴露されたプラスチックの劣化を評価するのに用いられる。

黄色度（YI）は、無色または白色から色相が黄方向に離れる度合いを表す。分光測色法または刺激値直読法による三刺激値（X, Y, Z）を測定し、次式の計算式によって算出する。

$$YI = 100(1.298X - 1.1335Z)/Y$$

（標準イルミナント D_{65} を使用し、XYZ 表色系を用いる場合）

黄変度（ΔYI）は黄色度の増加を表す特性値である

$$\Delta YI = YI - YI_0$$

ΔYI：黄変度　YI：曝露後の黄色度　YI_0：初期（曝露前）の黄色度

(2) 色差測定法

JIS Z8730（色の表示方法-物体色の色差）に規定されている。色差は、二つの色の間に知覚される色の隔たり、またはそれを数値化した値である。

色差を求めたい2つの試料について分光測色法または刺激値直読法によって明るさ、緑〜赤、青〜黄を表す特性値を測定し、次式によって計算する

$$\Delta E = [(\Delta L)^2 + (\Delta a)^2 + (\Delta b)^2]^{1/2}$$

ΔE：色差

L：明るさ　a：緑〜赤を表す特性値　b：青〜黄を表す特性値

(3) 色相測定の留意事項

一般的に熱分解や紫外線劣化によってカルボニル基のような発色団が生成するため黄変するので、黄色度または黄変度で評価することが多い。しかし、着色品では補色の関係で黄変しないこともある。そのような場合には色差で評価するとよい。

6.2 材質判別法

　製品に使用されているプラスチックが不明の場合、使用プラスチック名を判定する目的で測定する。プラスチックを判別するにはいろいろな方法があるので、目的によって方法を使い分けるとよい。

（1）簡易法

　簡易的な判別法として、比重を測定することで使用プラスチックを判定する。ただし、PS、HI-PS、AS 樹脂、ABS 樹脂などのように比重の値が似通っているプラスチックや充塡材強化材料では判定は難しい。

　表 6.2 に示すように燃焼させて煙の発生状況や臭気から材質を定性判定することもできる。

表6.2　燃焼による定性的材質判定法

現象	分子構造	プラスチック例
黒い煙を発生して燃える。フェノール臭がする。	分子鎖中に芳香環を有するもの	PS、ABS、PC、PAR、PSU、PES など
白煙を出して燃える。	分子鎖に脂肪族鎖を有するもの	PE、PP
独特な刺激臭を発して燃える[1]。	塩素基、オキシメチレン基、アミド基、硫黄基などを有するもの	PVC、POM、PA、PPS

1) 直接に煙の臭いを嗅ぐのは避けること

（2）赤外分光分析法

　ポリマー分子鎖はそれぞれ固有の振動をしている。そのような分子に赤外線の波長を連続的に変化させて照射すると、分子鎖の固有振動と同じ波数（波長$^{-1}$）のところで赤外線が吸収され、分子構造に対応したスペクトルが得られる。このスペクトルから分子の構造を判定できる。実際の分析方法は、既知の樹脂の赤外線吸収スペクトルを準備しておき、測定対象樹脂の吸収スペクトルと照合することによって判定する。

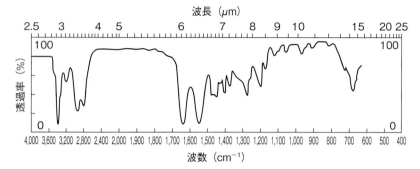

図6.6 PA6の赤外線吸収スペクトル[4]

例えば、PA6の分子式は次の通りである。

$$-[NH(CH_2)_5CO]_n-$$

PA6の赤外分光吸収スペクトルを**図6.6**に示す[4]。同図のように

① 3,400 cm^{-1}　NH 伸縮振動
② 2,940 cm^{-1}　CH$_2$ 伸縮振動
③ 2,880 cm^{-1}　CH 伸縮振動
④ 1,650 cm^{-1}　C=O 伸縮振動
⑤ 1,570 cm^{-1}　NH 変角振動
⑥ 1,205 cm^{-1}　CN 伸縮振動
⑦ 690 cm^{-1}　NH 変角振動

などに伸縮振動または変角振動による固有の吸収スペクトルが現れる。このスペクトルと同一の吸収スペクトルであれば、測定対象樹脂はPA6であると判定できる。

（3）ガラス転移温度、結晶融点の測定法

　ガラス転移温度（T_g）や結晶融点（T_m）はプラスチックによって決まる特性値である。これらの値を測定することで使用プラスチックを判定できる。示差熱分析法（DSC）による T_g、T_m の測定法については第2章の1.2.2節（2）を参照されたい。

6.3 強度低下、破壊に関する評価

▶ 6.3.1 異物の分析法

製品中に異物が混じっていると応力集中源になるため製品強度が低下することがある。また、成形品表面に露出した異物は外観不良になるため、異物を分析して対策する必要がある。異物の混入の原因を調べるために異物分析をする。

(1) 異物の種類

成形品に混入する可能性のある異物には次のものがある。

・金属異物

材料の製造工程や成形工程での設備の摩耗や何らかの原因による金属破片の混入により発生する。または、ボルトやビスが誤って材料に混入しておりスクリュで破砕したものもある。

・ゲル状異物（ブツ）

シリンダ内の滞留部において無酸素状態で長時間高温で滞留すると、高分子化、架橋化、結晶化などが起こりゲル状の異物（溶剤に溶けないもの）ができることがある。

・未溶融プラスチック（同種プラスチック）

ハイサイクル成形では可塑化時間が短いため材料（ペレット）が完全に溶解されないで、未溶融のまま成形されることがある。結晶性プラスチックのハイサイクル成形でよくみられる現象である。

・炭化物

シリンダ内の樹脂流路に滞留部があると、長時間後に炭化物が生成する。炭化物が成形品中に混入すると黒点異物になる。

・異種プラスチック

材料の供給工程や乾燥工程のハンドリングで他のプラスチックが誤って混入することがある。

・その他

着色剤、固形添加剤などで粒子径の比較的大きいもの、再生材に混入した異物などがある。

製品中に異物が存在しても必ずしも強度低下するわけではないが、次の場合には強度低下を起こしやすい。

① 最大引張応力が作用する箇所に異物が存在する場合
② 金属異物のように鋭角なコーナーをもった異物の場合
③ サイズが大きい異物が存在する場合

測定法にはいろいろな方法があるが、以下では赤外分光分析法、質量分析法、X線マイクロアナライザー分析法について述べる。

（2）赤外分光分析法（IR法）

IR法については6.2.2節で述べた。微小な異物を分析する場合には、IR装置に顕微鏡をつけた顕微IR法が適している。ポリマーの分子構造の同定にはIR法が最も多く利用されている。炭化物（完全に炭化する前の黒状物）、未溶融物（同種プラスチック）、異種プラスチックの混入などの分析には有効な分析法である。

（3）質量分析法（MS法）

低分子量有機化合物の場合、分子構造および分子量の測定には質量分析法が用いられる。

高真空の下で加熱気化した試料分子に電子流などの大きいエネルギーを与えると、分子中の電子1個がたたき出されて分子のカチオンラジカルが生じる。これらはさらに開裂を起こして、フラグメントイオンと呼ばれるイオンが発生する。これらのイオンを質量（m）と電荷（z）の比（m/z）を大きさの順に分離し記録する。分子イオンの質量数から分子量がわかるとともに、フラグメントイオンのでき方から分子の構造に関する情報が得られる。

樹脂が熱履歴を受けて高分子量化、架橋化などのゲル状の異物などの分析では熱分解ガスクロマトグラフィー質量分析法（GC-MS）を用いる。GC-MSは熱分解ガスクロマトグラィーで分解したガスを分離し、このガス成分を質量分析する方法である。

（3）X線マイクロアナライザー分析法（EDX）

細く絞った電子線を固体表面に照射すると、その表面から各元素特有の特

定 X 線が放出される。この特定 X 線をエネルギー分散型の検出器で測定し、微小部分の元素を分析する方法である。

最近では微小な異物の分析で、走査型電子顕微鏡（SEM）に EDX を取りつけた SEM–EDX 法が用いられている。この方法では、SEM で形状観察を行い、EDX でその部分の元素を分析することができる。SEM–EDX 法は、金属、塵埃（ケイ素）、炭化物（完全な炭化物）などの異物分析に用いられる。

▶ 6.3.2　結晶化度の測定法

結晶性プラスチックの成形では、結晶化度は成形条件（主に金型温度）によって変化する。結晶化度が低いと強度や弾性率が低くなるので、その原因究明には結晶化度を測定する必要がある。また、成形収縮率は結晶化度が高いと大きくなり、低いと小さくなるので、成形収縮率変動の原因を調べるために結晶化度を測定することもある。

結晶化度の測定法には X 線回折法、示差走査熱量計法（DSC 法）などもあるが、簡便的には密度法で結晶化度を求める。結晶化度の測定法は 1.2.2 (3) 節を参照されたい。

射出成形品の厚み方向の結晶構造は均一ではないことに注意しなければならない。結晶構造を調べるには厚み方向から試験片を切り出して偏光顕微鏡観察する方法がある〔1.2.2 (3) 節参照〕。一般的に表面層は金型で急冷されるため非晶相になる。その下に結晶が未成熟なトランスクリスタル層が存在し、さらに下には結晶（球晶）が成長した結晶層が存在する。

▶ 6.3.3　残留ひずみの測定法

（1）分子配向ひずみ測定法

分子配向ひずみが存在すると、光学的ひずみ（光弾性縞、複屈折）、強度の異方性、加熱収縮の異方性などの不具合が生じる。これらの不具合を解消するために分子配向ひずみを測定する必要がある。

透明成形品では光弾性縞観察法、複屈折測定法、加熱収縮法で分子配向の大きさを評価できる。不透明成形品では、加熱収縮法で評価する。また、近赤外線による評価法を適用できるとの報告もある[5]。

・光弾性縞観察法

本法は 2 枚の偏光板をクロスニコルの状態にして、透明成形品をその間に挟んで目視観察する方法である。分子配向ひずみがあると光弾性縞模様が観察される。

図 6.7 に PC 射出成形品の光弾性写真を示す[6]。同写真（a）は保圧時間が短いため分子配向ひずみが少ないので光弾性縞はほとんど観察されない。一方、保圧時間の長い同写真（b）はひずみが大きいので明確な光弾性縞が観察される。また、円板成形品周辺に認められる不規則な縞模様は冷却ひずみによるものと推定される。

・複屈折率測定法

屈折率に異方性がある成形品の厚み方向に光が透過すると位相のずれ（位相差）δ が生じる。位相差 δ は次式で示される。

$$\delta = (2\pi d \cdot \Delta n)/\lambda$$

　　δ：位相差

　　d：厚み　　Δn：複屈折率（主屈折率差）　　λ：光の波長

上式において（$d \cdot \Delta n$）は光路差である。光路差のことを複屈折（nm）という。PC、PMMA などの透明成形品では分子配向ひずみが存在すると光弾性縞や光学エラーが生じるので、複屈折率または複屈折を評価する。

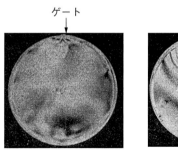

保圧時間：0.8 秒　　　　保圧時間：7.3 秒

図 6.7　PC 成形品の光弾性写真[6]
　　　　成形品：円板形状（外径 102 mm, 肉厚 3 mm）
　　　　サイドゲート方式

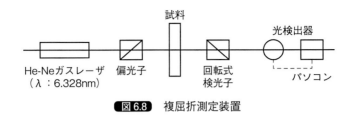

図6.8 複屈折測定装置

　複屈折率測定法には、偏光顕微鏡とコンペンセータを組み合わせる方法、レーザーラマン法などもあるが、He-Ne ガスレーザーを用いたエリプソメーター法が一般的に利用されている。複屈折測定装置の概要を図 6.8 に示す。
　He-Ne ガスレーザーから出射された光は、偏光子を介して方位角 45°の直線偏光となる。次いで直線偏光が試料に入射するが、もし試料に複屈折があれば通過した光は直線偏光からだ円偏光へ変わる。エリプソメーターは検光子の角度を変えて受光部の光の強さから位相差 δ を求め、上式から複屈折率（Δn）または複屈折（$d \cdot \Delta n$）を求める。

・加熱収縮法

　分子配向ひずみが生じたときの温度まで加熱すると、ポリマーの記憶効果によってランダムコイル形態に回復する。そのため加熱収縮が起こるので、加熱収縮率を測定することで分子配向ひずみの大きさを相対的に評価できる。

（2）残留ひずみの評価法

　ストレスクラックやケミカルクラックの限界応力より大きい残留応力が存在するとクラックが発生する。一方、残留応力が解放されるとそりが発生する。クラックやそり発生を防止するため残留応力を測定する必要がある。
　残留ひずみ測定法には表 6.3 に示す種々の方法がある[7]。これらの方法で、成形現場で比較的多く利用される方法には溶剤浸漬法と応力解放法がある。

・溶剤浸漬法

　ケミカルクラック（ソルベントクラック）を発生させる薬液を利用して残留応力の大きさを推定する方法である。具体的には、検出限界応力が段階的に変化する有機溶剤を用意して各液に成形品を浸漬し、クラックの発生の有無を観察することによって残留応力の大きさを測定する。ただし、この方法はケミカルクラックを発生させる適切な溶剤があるプラスチックにのみ適用

表6.3 プラスチックの残留ひずみ測定法[7]

測定法		長所	短所
機械的測定（物理的測定）	試片削除法	原理的にはあらゆる試料に対して測定できる。	あらかじめ残留応力の推定式を求めておく必要がある。測定作業に時間がかかり、高度の測定技術を要する。破壊測定である。
	加熱法	解析は比較的容易である。実用的な測定法である。	破壊測定である。
化学的測定	環境応力亀裂法（溶剤浸漬法など）	解析は比較的容易である。	あらかじめ較正曲線を求めておく必要がある。破壊測定である。
光学的測定	光弾性法（透過法）光弾性法（散乱法）	非破壊で測定できる。測定は短時間。	不透明なものは測定できない。解析に時間がかかる。
	光弾性法（反射法）	原理的にはあらゆる試料に対して測定できる。	透過法に比べ精度が劣る。測定作業に時間がかかる。解析に時間がかかる。
放射線測定	X線散乱法 X線小角散乱法	非破壊で測定できる。	測定領域が小さい。

できる。

　残留応力の測定に先立って、検出限界応力の低い溶剤と高い溶剤を用意して体積比率を変えて混合液を作製し、これらの各混合液の検出限界応力を予め測定しておく必要がある。検出限界応力の測定には曲げ試験法、4分の1だ円法などを用いる。

　表6.4に残留応力測定用検出液の検出応力と浸漬試験結果の例を示す[8]。A液は低い応力下でケミカルクラックを発生する薬液で、B液は高い応力下でクラックを発生させる薬液である。両液を任意の体積比で混合すると同表の検出応力になると仮定する。残留応力測定用の成形品を各混合液に浸漬したときに同表に示すクラック発生率であったとすると、残留応力は13～17 MPaと判定する。測定にあたっては、測定ばらつきを少なくするため液温と浸漬時間を一定にすること、クラックの発生はばらつきやすいので試料

表6.4 残留応力検出液の検出応力と浸漬試験結果

残留応力検出液と検出応力		成形品の浸漬試験
体積混合率（％）	検出限界応力	クラック発生個数／全試料数
A液 / B液	(MPa)	
100 / 0	4	0/5
50 / 50	8	0/5
25 / 75	13	1/5
13 / 87	17	5/5
0 / 100	21	5/5

数を多くしてクラック発生率で評価することなどに注意して測定する。

・応力解放法（試片削除法）

成形品から残留応力が存在する箇所を切り出すと残留応力が解放される。このときのひずみを測定することで残留応力を求めることができる。測定法には定量法と定性法がある。

定量法としては、ASTM E837-08 に規定された窄孔。試料に3要素ロゼット型ひずみゲージを貼り付け静ひずみ計と接続し、その中央部をドリルで窄孔するときに解放されるひずみを測定する。測定法を図6.9に示す[9]。次の手順で測定する。

① 3要素ロゼットひずみゲージを試験片の測定位置に貼り付ける。
② ロゼットひずみゲージを静ひずみ計に接続する。
③ 窄孔装置を試験片上に設置し、ドリル位置をロゼットひずみゲージのセンターに合わせる。
④ ドリルで小さく浅い穴を窄孔する。
⑤ 窄孔により解放されるひずみを測定する
⑥ 測定されたひずみから残留応力とその方向を解析する。

定性法の測定例を図6.10に示す。残留ひずみのある板状成形品から同図(a)のように短冊状試験片を切り出すと、そりが発生する。そり量から元板の残留応力を相対的に評価できる。また、残留ひずみのあるリング状成形品から同図(b)のように切断すると、応力の発生状態によってリングが開い

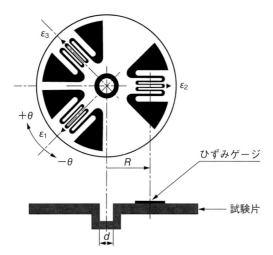

図 6.9 窄孔法による残留ひずみ測定法（定量法）[9]

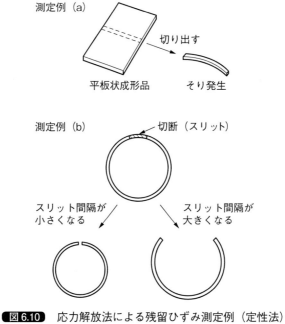

図 6.10 応力解放法による残留ひずみ測定例（定性法）

たり閉じたりする。これらの変形量から残留応力を相対的に評価できる。

（３）残留ひずみ測定における留意点
　溶剤浸漬法では次の点に注意しなければならない。
　① ケミカルクラック限界応力は液温や浸漬時間にも左右されるので温度や浸漬時間を一定にしなければならない。
　② クラック発生の有無を目視観察する場合、個人誤差、観察する光源や明るさによる観察誤差、溶剤から取り出してから観察が終了するまでの時間などによって測定バラツキが生じるので、測定条件を一定にする必要がある。
　③ 溶剤は一般に臭気や安全衛生の点では環境対策の必要なものが多いので、法令を遵守し、換気対策や作業者の防護具の着用に配慮しなければならない。
　以上のように、溶剤浸漬法は簡便的である反面、上述の注意点があるので製品の良否を判定する出荷検査には不向きである。試作段階での設計、成形における最適条件を決めるのに用いるとよい。
　一方、応力解放法では、定量法は複雑形状の成形品には適用困難であること、測定に熟練を要することなどの難点がある。定性法は残留ひずみの大きさを相対的に評価して成形条件にフィードバックするのに適している。

▶ 6.3.4　気泡、クラックの観察法

（１）気泡観察法
　成形品内部に気泡があると、使用時に応力集中源となるため強度低下することがある。透明品であれば目視または拡大鏡で気泡の有無を目視確認できるので、成形する時点で対策できる。不透明品では目視確認できないため、気付かずに製品が市場に流出して気泡が原因で割れ事故になることがある。そのため、不透明成形品では気泡の有無を確認することが必要になる。

・軟 X 線撮影法、X 線透視法
　軟 X 線は約 0.1～2 keV とエネルギーが低くて透過性の弱い X 線である。軟 X 線はプラスチックを透過するので気泡を確認できる。軟 X 線撮影では、あまり微細な気泡の観察は困難であるが直径が数 mm 程度のものであれば観察可能である。
　また、㈱エックスレイプレシジョンでは可搬式 X 線透視装置 RBOX＋

803Lを開発している[10]。同装置では20μm程度の気泡もチェックできると言われる。

・超音波探傷試験法

　超音波は細いビームとなって伝播し空洞の部分で反射されるので、反射波を計測することによって空洞の位置や大きさを知ることができる。ただ、超音波を発信・受信する探触子と試験体の間に空隙があると試験体中へ超音波が伝播しにくい。効率よく試験体中へ伝播させるため、その間を液体で満たすことにより超音波を効率よく伝達させている。一般的に接触媒質には水、油、グリセリンなどが用いられる。試験体が平面形状ではこれらの接触媒質を用いて測定できるが、凹凸のある成形品では困難である。このような場合には、水の中に試料を入れて水中超音波で測定する方法もある。

(2) クラック観察法

　透明なプラスチック製品であれば白熱灯、太陽光などの光源でクラックを観察できるが、不透明な着色品や結晶性プラスチックの製品ではクラックの観察は難しい。クラックが発生していることに気付かないで使用していると、クラックが応力集中源になって簡単に破損することがある。そのため不透明着色品や結晶性プラスチックの製品ではクラック発生の有無をチェックする必要がある。

　クラックの有無を調べる方法には、金属材料で用いられている浸透探傷試験法がある。表面に開口しているクラックに浸透液を毛細管現象で浸透させた後、表面の浸透液を洗浄液で拭き取るか、または洗浄する。クラック内に残留している浸透液を白色微粉末で吸い出し拡大指示模様を形成させて観察する方法である。

　ただし、PS、ABS樹脂、PC、mPPEなどの非晶性プラスチックは一般に使用されている浸透探傷液の溶剤成分でケミカルクラックが発生することがある。最近では、ケミカルクラックを発生させない浸透探傷液も開発されている。㈱タセトでは、プラスチック用カラーチェックPM-3Pを開発している[11]。

　生産工程でクラックを全数検査して良否判別をすることは困難である。試作段階でクラックが発生しないように製品設計や成形条件を最適化するために本法を用いるとよい。また、破損トラブルが発生したときには、同時期に

生産していた他の製品にもクラックが発生していたか調べる方法として本法を用いるとよい。

6.3.5 破面解析法

破断面には破壊原因を示す特有の痕跡が観察されるので、原因を調べる目的で破面を拡大観察する方法がとられている。破面を観察することによって次の情報が得られる。

① 破壊の起点はどこか。
② 破壊はどの方向に進展したか。
③ どのような応力によって破壊したか（静的応力、衝撃、クリープ、疲労など）。
④ ケミカルクラックの影響はあるか。

表6.5に破面解析に用いられる機器の例を示す[12]。同表の中で走査型顕微鏡を用いる方法は「ミクロフラクトグラフィ」と呼ばれ、焦点深度が深く高倍率で破面を観察できるのでプラスチック製品の破面解析に広く用いられている。

走査型電子顕微鏡（SEM）による破面撮影は次の手順で行う。

表6.5 破面解析に使用される機器[12]

機器名	手法の特徴	対象とする破面の特徴
目視観察（ルーペ）	マクロフラクトグラフィー　破断面全体の観察	クラック発生位置、クラックの成長・枝分かれ方向、クラックの進展速度、最大引張方向
反射型干渉顕微鏡	浅い被写界深度、平坦な破断面の観察	環境応力割れ（ESC）の特徴の観察、疲労破面の観察
偏光顕微鏡	スライス片の観察	せん断変形、結晶構造（球晶の不均一）、応力集中部
走査型電子顕微鏡（SEM）	低倍率から高倍率の破面の観察、深い非写界深度	衝撃破断面の観察、疲労破面の観察、複合材料・ポリマーアロイの破面の観察、破断面の元素分析
超音波顕微鏡（SAM）	内部欠陥の観察	クラックの枝分かれ、界面剥離

① 破壊品から破壊箇所を切り出し試料とする。
② 試料を試料台に接着セットする。
③ 破面を金または金パラジウムでスパッタ蒸着（膜厚 10〜100 nm）する。ただ、低真空走査型電子顕微鏡では、試料面を蒸着しなくても観察できる装置もある。
④ 適切な倍率に拡大して撮影する。

破面解析は次の手順で進める。
① 意図的に要因を与えて破壊させた試験片破面の SEM 写真を作製する。
② 製品の破壊品について破面の SEM 写真を作製し、①の試験片破面と照合して破壊要因を特定する。

次に①の SEM 写真例を示す。

図 6.11 は、PC のアイゾット衝撃破壊破断面である[13]。同図（a）は延性破壊の破面であり、筋状のパターンを示しながら破壊している。一方、同図（b）は添加剤の添加率を意図的に多くして脆化させた破面である。脆性破壊では破壊起点からパラボラ状のパターンを示し、さらに破壊が進行するとクラックが多方向に伝播したことによるささくれ立った破壊模様が観察される。

図 6.12 は、ウェルドラインを発生させた POM 試験片を引張破壊したときの破面の SEM 写真である[14]。ウェルドラインの発生した外周部が起点になって破壊が進行した様子がうかがえる。

プラスチックの破面解析では次の留意点がある。
① プラスチックの種類によって破面が変化する。
② 同一のプラスチックでも添加剤配合、充填材強化、ポリマーアロイなどの組成によっても変化する。
③ 破壊するときのひずみ速度や環境温度によっても破面は変化する。

以上のように、プラスチックの破面は種々の条件によってその様式は変化するので破面解析のみで原因を判定することは困難である。破壊が発生した現場での状況の調査、分析、加速再現試験などの結果を総合して原因を解明する必要がある。

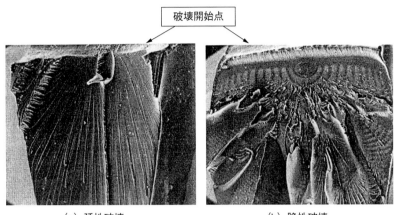

(a) 延性破壊　　　　　　　　(b) 脆性破壊

図6.11 PCのノッチ付きアイゾット衝撃破壊破面[13]

図6.12 POMのウェルド部引張破壊破面[14]

▶ 6.3.6　成形品の強度測定法

製品がプラスチック本来の強度を有しているか調べるため、製品から試験片を切り出して強度を測定する。

(1) 試験片切り出し法

フラットな部分がある製品では、切削加工によって試験片を切り出して引張や曲げ強度を測定する。ただ、脆い材料では切り出し加工時に割れるので切削加工は困難である。ゲートに対し流れ方向と直角方向から試料を切り出せば強度の異方性を測定できる。また、試験片を切り出す場合、加工面に切

削時のバイト傷があると応力集中によって引張破断ひずみや破断強度にばらつきが生じやすいので、切削面は滑らかに仕上げるように注意しなければならない。

　肉厚 0.5 mm 程度以下のシート・フイルムのような製品であれば、トムソン刃で打ち抜き加工が可能である。肉厚の厚い成形品ではパンチとダイスによる打ち抜き加工で切り出しできる。パンチ刃の形状、パンチとダイスのクリアランスの設計に注意を要する。また、ダンベル専用打ち抜き加工装置も市販されており、それによれば厚み 4 mm でも加工可能である[15]。

　試験片に切削加工したときのバイト加工痕、突出しピン跡、パーティングラインの段差などがあると、応力集中源となるため強度がばらつきやすいので注意しなければならない。

（2）衝撃試験法

　製品の衝撃試験法には落錘試験、高速衝撃試験、落下衝撃試験などがある。製品の衝撃状態に合わせて適切な試験法を選択しなければならない。衝撃試験ではばらつきが大きいので 1 条件での試料数を多くする必要がある。

　落錘試験や高速衝撃試験では、試料をセットする台の材質や固定方法、衝撃体を当てる位置などによって結果がばらつくので注意しなければならない。

　落下衝撃試験は、ケースやハウジングに内部部品を組み込んだ状態で所定の高さから落下させて損傷の有無をチェックする方法である。この場合には、落下させる方向、落下点の床材質などによって結果がばらつくので注意しなければならない。

（3）微小切削法

　この方法はサイカス法（SAICAS）と呼ばれる方法である。装置の測定部を図 6.13 に示す[16]。同図のように、水平運動する試験片と、その表面に対して垂直運動する切刃と、切刃に発生する水平分力および垂直分力を検知する検知器と、切り込み深さを測定する差動トランスから構成されている。微小切削法によって、射出成形品のせん断強度やその異方性、耐候劣化による表層の劣化挙動、塗膜の付着力などを測定できる。

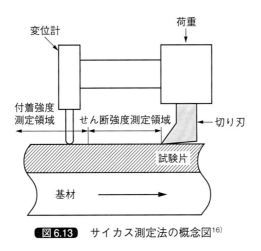

図6.13 サイカス測定法の概念図[16]

6.4 充填材強化成形品に関する評価

　充填材強化製品は、強度や弾性率の不足、成形収縮率のばらつき、そりなどの原因を調べるために図6.14に示す分析または測定をする。

(1) 充填率の測定法

　充填材の充填率によって強度、弾性率や寸法は変化する。実際には充填材の体積充填率が影響するが、通常は重量（質量）充填率で評価している。

　ガラス繊維、無機充填材などの充填率を焼成法によって測定する方法はJIS K7052に規定されている。原理的には、成形品を電気炉の中で焼成して灰分量から充填率を測定する。測定にはA法とB法がある。A法はガラス充填材の分析に、B法はガラス充填材と無機充填材を混合した充填材料に適用される。

　A法では、磁器るつぼに入れた試料を625℃に設定したマッフル炉に入れ一定質量になるまで焼成する。ガラス繊維充填率は次式で計算する。

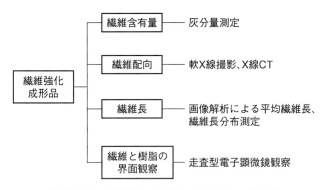

図6.14 繊維強化成形品の分析または測定法

$$M_{\text{glass}} = \frac{M_3 - M_1}{M_2 - M_1} \times 100$$

M_{glass}：元の質量に対するガラス繊維の質量の百分率
M_1：磁器るつぼの質量（g）
M_2：磁器るつぼと試料の合計質量（g）
M_3：焼成後の磁器るつぼと残分の合計質量（g）

B法は、焼成後の残分を塩酸で無機充填材を溶解した後、磁器フィルターでガラス繊維を分離する。ガラス繊維および無機充填材の含有率は次式で計算する。

$$M_{\text{glass}} = \frac{M_5 - M_4}{M_2 - M_1} \times 100$$

$$M_{\text{filler}} = \left\{ \frac{M_3 - M_1}{M_2 - M_1} \times \frac{M_5 - M_4}{M_2 - M_1} \right\} \times 100$$

M_{glass}：元の質量に対するガラス繊維の質量の百分率
M_{filler}：元の質量に対する無機充填材の質量の百分率
M_1：磁器るつぼの質量（g）
M_2：磁器るつぼと試料の合計質量（g）
M_3：焼成後の磁器るつぼと残分の合計質量（g）
M_4：乾燥したフィルターの質量（g）
M_5：フィルターと酸処理残分との合計質量、または水もしくは溶剤

で洗い落とし乾燥した後の質量（このとき $M_4=0$ となる）（g）

（2）繊維長およびアスペクト比の測定法

製品から繊維を取り出すには、上述の焼成した後のサンプルを用いるか、溶剤に溶解してフィルターで濾過、分離した繊維を用いる。このようにして分離したガラス繊維を光学顕微鏡で拡大撮影して繊維長やアスペクト比（繊維長／繊維径）を測定する。画像解析装置を用いると、写真画像を装置に取り込み平均繊維長、繊維長分布、平均アスペクト比などを自動的に計測できる。

（3）繊維配向の測定法

繊維配向状態を測定する方法には軟X線撮影法やX線CT法がある。

軟X線観察法は次の手順で測定する。

成形品から観察する部分をミクロトームで厚さ50 μm程度の薄片を切り出す。これを軟X線照射装置にセットし、超微粒子高感度フィルムに像影する。この像を光学顕微鏡で拡大観察、または写真に撮影する。

X線CT法は、被写体のX線吸収係数を画像化する手法である。繊維強化成形品では繊維配向をいろいろな方向から三次元画像として観察できる利点がある。

（4）繊維とマトリックスの接着状態測定法

強化材とマトリックス界面の接着状態を観察するには、成形品の破断面を走査型電子顕微鏡（SEM）で観察する。接着力が弱い場合は繊維と樹脂は完全に剥離しているが、接着力が強い場合は、繊維表面に樹脂が付着している。

6.5 非相溶ポリマーアロイ成形品の評価

非相溶ポリマーアロイ成形品のモルフォロジー分析法を**図6.15**に示す。非相溶ポリマーアロイ成形品では、次のケースで強度低下や層状剥離など

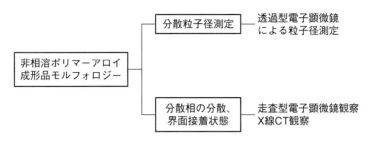

図6.15 非相溶系ポリマーアロイのモルフォロジー分析法

の不具合が生じる。

① 成形工程でアロイ成分のプラスチックが熱分解して、各成分の粘度比が変化したためにモルフォロジーが変化する。例えば、分散相のゴム粒子径が変化すると衝撃強度が変化することがある。

② 成形時の充填過程でせん断力によって相分離構造に変化が生じる。相溶性の良くない樹脂成分同士のアロイ材料では、射出過程で高せん断力が作用すると相分離して層状剥離を起こす。

③ ウェルドライン部のモルフォロジーが不適であるために、ウェルド強度が低下する。

このような不具合の原因を究明するために製品のモルフォロジーを分析する必要がある。

モルフォロジーは透過型電子顕微鏡（TEM）や走査型電子顕微鏡（SEM）を用いて観察するが、専門的な分析技術と熟練を要する。電子顕微鏡による微細構造観察技法については、専門的立場からの詳しい報告がある[17]。同報告によれば、TEMを用いてモルフォロジーを調べるには次の3点が重要であるとされている。

① 試料前処理技術
② 観察技術
③ 像の解釈

試料の前処理の手順では染色やエッチングが重要な要素技術である。

図6.16はPC／エラストマーアロイ成形品のウェルド部をSEMで観察したときのモルフォロジーである[18]。成形品の切断断面を溶剤で処理してPC

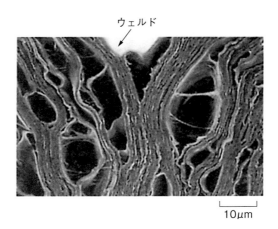

図6.16 PC／エラストマーアロイのウェルド部 SEM 写真[18]

成分を溶解・除去した後、エラストマー成分の分散状態を SEM で撮影したものである。ウェルド部ではゴム成分が層状に分散しており、ウェルド強度が低くなった理由を理解できる。

参 考 文 献

1) 本間精一、桜井正憲：プラスチックスエージ、33（5）、p.121～128（1987）
2) F.C.Chang and H.c.Hsh：J.Appl.Polym.143,p.1025～1036（1991）
3) 三菱エンジニアリングプラスチックス：ユーピロン／ノバレックスカタログ、p.12（2002）
4) 伊保内賢：プラスチックス、21（9）、p.113（1970）
5) 吉井正樹、金田愛三：成形加工、1（1）、p.402～404（1989）
6) 甲田広行：高分子化学、25（267）、p.254～263（1968）
7) 吉井正樹、金田愛三：成形加工、1（1）、p.400（1989）
8) 三菱エンジニアリングプラスチックス：ユーピロン／ノバレックス技術資料、成形編、p.21（2003）
9) 東京測器研究所：2011～2012 製品総合カタログ
10) エックススレイプレシジョン：可搬式 X 線透視装置カタログ
11) 坂部昇也、谷峰：プラスチックス、2012年7月号、p.34～37
12) 水谷潔、芳川忠作、奥村俊彦：平成12年度大阪府立産業総合研究所報告、No14、p14（2000）
13) 三菱ガス化学：ユーピロン技術資料 PCR203、p.3～4（1993）

14)三菱ガス化学：ユピタール技術資料 ITR-001、p.18
15)㈱ダンベルカタログ
16)木嶋芳雄、西山逸雄：成形加工、6（1）、p.41〜45（1994）
17)佐野博成：成形加工、12（3）、p.146〜150（2000）
18)奥園敏昭：プラスチックスエージ、Mar.1993、p.161、

索　引

●あ行●

アイオノマー……………………… 75
アイソタクチック ………………… 21
アイソタクチック PP …………… 69
アイゾット衝撃試験 …………… 149
アタクチック ……………………… 21
アタクチック PP ………………… 69
圧縮強度 ………………………… 145
圧縮成形法 ……………………… 59
後染め …………………………… 54
穴あけ …………………………… 54
アブレシブ摩耗 ………………… 184
網状ポリマー …………………… 12
アレニウスプロット法 ………… 166
一次結合 ………………………… 11
一次酸化防止剤 ………………… 226
異物 ……………………………… 301
インサートひずみ ……………… 274
印刷 ……………………………… 53
インターカレーション ………… 248
ウェルドライン ………………… 268
打ち抜き ………………………… 54
永久ひずみ ……………………… 34
液晶ポリマー …………………… 91
液体潤滑剤 ……………………… 230
エチレンビニルアルコール共重合体 …76
エポキシ樹脂 …………………… 117
延伸ブロー成形法 ……………… 49
延性破壊 ………………………… 137
エントロピー …………………… 39
鉛筆硬度試験 …………………… 181

黄色度 …………………………… 298
黄変度 …………………………… 298
応力-ひずみ曲線 ……………… 140
応力解放法 ……………………… 307
応力緩和 ………………………… 35
応力集中係数 …………………… 278
応力集中源 ……………………… 278
屋外暴露 ………………………… 194
押出成形法 ……………………… 49
オゾン劣化 ……………………… 42
オリゴマー ……………………… 10
オレフィン ……………………… 66

●か行●

開環重合法 ……………………… 18
回転成形法 ……………………… 50
回転摩擦溶着 …………………… 53
外部滑剤 ………………………… 227
化学的分解 ……………………… 206
架橋構造 ………………………… 12
架橋収縮 ………………………… 13
架橋反応 ………………………… 55
架橋密度 ………………………… 13
拡散 ………………………… 44, 206
拡散係数 ………………………… 44
拡散光線透過率 ………………… 191
核生成速度 ……………………… 31
荷重たわみ温度 ………………… 167
加水分解 ………………………… 40
ガス透過係数 …………………… 203
ガス透過性 ……………………… 202
ガス透過度 ……………………… 203

321

滑剤	227
加熱収縮法	305
ガラス転移温度	27
環状ポリオレフィン	106
官能基	55
キセノンウェザー試験法	194
基礎化学原料	14
気泡	309
キャピラリレオメーター	217
球晶成長速度	31
球晶層	34
吸水率	127
共重合	19
共重合体	20
凝着摩耗	184
共有結合	11
極性分子	43
金属異物	301
クラック	282, 310
グラフトコポリマー	20
クリープ	35, 156
クリープ曲線	36
クリープ破壊	36, 156
クレーズ	282
クロロトリフルオロエチレン-エチレン共重合体	104
結晶化温度	30
結晶核剤	227
結晶化度	32, 265, 303
結晶構造	33
結晶性プラスチック	14, 24
ケミカルクラック	207, 286
ゲル状異物	301
限界PV値	186
限界平均分子量	38
高周波溶着	53
工程再生	279
降伏点	140
高分子	10
高密度PE	66
コールドカット方式	22
固体潤滑剤	230
コポリマー	20
コンパウンディング	14, 22

●さ行●

材質判別法	299
窄孔法	307
サンシャインウェザー試験法	194
酸素指数	201
サンドブラスト	54
残留応力	272
残留ひずみ	272, 303
ジアリルフタレート樹脂	117
紫外線吸収剤	230
紫外線劣化	41, 193, 230
色差	298
色相変化	298
試験片切り出し法	313
自己消火性	198
自己補強効果	92
示差熱分析法	292
湿式めっき	54
質量分析法	302
自動酸化劣化	39
試片削除法	307
脂肪族PA	77
射出成形法	49, 59
射出ブロー成形法	49
シャルピー衝撃試験	149
重縮合法	18
充填率	315
樹脂	11
樹脂再生	279

衝撃強度	149
衝撃試験法	314
シリコーン樹脂	118
真空蒸着	54
真空成形法	50
シンジオタクチック	21
シンジオタクチックPP	69
シンジオタクチックポリスチレン	108
振動溶着	53
水圧転写法	53
水素結合	11
水中置換法	123
垂直燃焼試験法	200
水平燃焼試験法	200
数平均分子量	36
スチールウール試験	181
スチレン系樹脂	71
ストレスクラック	283
ストレッチブロー成形法	49
スーパーエンジニアリングプラスチック	14, 89
スパッタリング	54
スプレイアップ成形法	60
寸法安定性	187
脆化温度	173
成形温度	262
成形収縮率	220
脆性破壊	137
生分解性プラスチック	111
静摩擦係数	184
赤外分光分析法	299
積層成形法	60
絶縁破壊	212
切削	54
切断	54
接着剤接着	53
全光線透過率	191

せん断強度	147
全芳香族PA	77
線膨張係数	134
造核剤	227
双極子	43
相溶系ポリマーアロイ	239
塑性ひずみ	141
ソフトセグメント	112

●た行●

耐アーク性	213
対向流ウェルドライン	268
耐候劣化	196
体積抵抗率	211
耐電防止剤	228
耐トラッキング性	213
耐薬品性試験法	207
滞留時間	262
縦弾性係数	139
多目的試験片	259
炭化物	301
弾性ひずみ	34, 140
遅延弾性ひずみ	141
逐次重合	18
着色材料	24
注型成形法	60
超音波探傷試験法	310
超音波溶着	53
直鎖状低密度PE	66
低重合体	10
低密度PE	66
テーバー摩耗試験	181
テトラフルオロエチレン-エチレン共重合体	104
テトラフルオロエチレン-パーフルオロアルキルビニルエーテル共重合体	104
テトラフルオロエチレン-ヘキサフルオ	

ロプロピレン……………………104	粘度法………………………………295
デュロメーター硬さ………………177	ノボラックタイプ…………………114
電気陰性度……………………………43	
電磁誘導加熱溶着……………………53	●は行●
導電剤…………………………………238	バーコル硬さ………………………177
動摩擦係数……………………………185	パーコレーション…………………237
透明ABS樹脂…………………………73	ハードセグメント…………………112
塗装……………………………………53	ハイインパクトポリスチレン………71
トランスクリスタル層………………34	バイオマスプラスチック…………110
トランスファー成形法………………59	橋かけ構造……………………………12
	パフ加工………………………………54
●な行●	破面解析……………………………311
内部滑剤………………………………227	ハロゲン系難燃剤…………………228
ナノコンポジット…………………247	パンクチャー衝撃試験……………152
ナフサ…………………………………14	ハンドレイアップ成形法……………60
軟X線撮影法…………………………309	半芳香族PA……………………………77
難燃剤…………………………………228	汎用エンジニアリングプラスチック
二次結合………………………………11	……………………………………14, 77
二次酸化防止剤……………………226	汎用プラスチック……………14, 66
二次転移点……………………………27	ヒートサグ温度……………………167
ねじ切り………………………………54	比較温度インデックス……………174
熱安定剤………………………………226	ビカット軟化温度…………………167
熱拡散係数……………………………135	光弾性縞観察法……………………304
熱可塑性PI……………………………102	引抜き成形法…………………………60
熱可塑性エラストマー……………112	ピクノメータ法……………………123
熱可塑性プラスチック…………11, 16	比重…………………………………122
熱硬化性プラスチック……12, 55, 114	非晶性プラスチック…………14, 24
熱重量法………………………………292	微小切削法…………………………314
熱伝導率………………………………132	ひずみ速度…………………………151
熱板溶着………………………………53	非相溶系ポリマーアロイ…………240
熱ひずみ………………………………276	引張応力……………………………138
熱風接合………………………………53	引張強度……………………………138
熱分解……………………………39, 261	引張衝撃試験………………………149
熱溶着…………………………………53	引張弾性率…………………………139
熱劣化…………………………40, 174, 230	引張破壊強度…………………………36
燃焼性…………………………………198	引張ひずみ…………………………138
粘弾性…………………………………34	引張ひずみ速度……………………141

索　引

比熱	129
非熱可塑性 PI	102
比容積	124
表面抵抗率	211
表面濃縮効果	229
疲労破壊	161
疲労摩耗	184
ヒンダードアミン系光安定剤	231
ファンデルワールス結合	11
フィックの理想拡散式	44
フィラーナノコンポジット	247
フィラメントワインディング	60
フェノール樹脂	114
付加重合法	16
吹込み成形法	49
複屈折率測定法	304
浮沈法	123
フッ素樹脂	103
不飽和ポリエステル	117
フルオレン系ポリエステル	107
プレポリマー	15
ブロー成形法	49
ブロックコポリマー	20
分岐構造	22
分光光線透過率	191
分子配向	38
分子配向ひずみ	303
分子量低下	293
平行光線透過率	191
ヘイズ	192
ベローズ法	125
変性ポリフェニレンエーテル	83
ポアソン比	140
放射線劣化	41
膨潤	206
飽和吸液量	44
飽和ポリエステル	86
ボールプレッシャ温度	167
補強効率	232
ホットスタンプ	53
ポリアセタール	80
ポリアミド	77
ポリアミドイミド	100
ポリアリレート	94
ポリイミド	102
ポリウレタン	118
ポリエーテルイミド	99
ポリエーテルエーテルケトン	98
ポリエーテルスルホン	97
ポリエチレン	66
ポリエチレンテレフタレート	87
ポリエチレンナフタレート	89
ポリ塩化ビニリデン	75
ポリ塩化ビニル	70
ポリオレフィン	66
ポリカーボネート	82
ポリクロロトリフルオロエチレン	104
ポリシクロヘキサンジメチレンテレフタレート	89
ポリスチレン	71
ポリスルホン	95
ポリ乳酸	110
ポリビニリデンフルオライド	104
ポリビニルフルオライド	104
ポリフェニレンエーテル	83
ポリフェニレンスルフィド	89
ポリフタルアミド	78
ポリブチレンテレフタレート	86
ポリブチレンナフタレート	89
ポリフルオロエチレン	103
ポリプロピレン	68
ポリマー	10
ポリマーアロイ	239
ポリメチルペンテン	76

●ま行●

曲げ強度	143
曲げクリープ弾性率	157
曲げクリープひずみ	156
曲げ弾性率	144
曲げひずみ	144
密度	122
密度勾配管法	123
密度法	32
未溶融プラスチック	301
無機系難燃剤	228
無極性分子	43
メタクリル樹脂	74
メラミン樹脂	116
メルトボリュームフローレイト	216
メルトマスフローレイト	216
モノマー	14
モルフォロジー	240, 317

●や行●

融点	27
誘電正接	213
誘電率	213
ユリア樹脂	115
溶解度パラメーター	47
溶剤浸漬法	305
溶剤接着	53
溶媒和	47, 206
予備乾燥	264
4分の1だ円法	286

●ら行●

落砂試験	181
ラジカル重合	16
ランソンミラー法	161
ランダムコイル	39
ランダムコポリマー	20
流動長	218
良溶媒	47, 206
リングフィブリル	31
リン系難燃剤	228
冷却ひずみ	272
レーザーマーキング	54
レーザー溶着	53
レゾールタイプ	114
連続重合	16
ロックウェル硬さ	177

●英字●

AAS樹脂	73
ABS樹脂	73
ACS樹脂	73
AES樹脂	73
AS樹脂	71
BMC成形法	60
CA	76
CAB	76
COC	106
COP	106
DSC	27, 292
ECTFE	104
EP	117
ETFE	104
FEP	104
GPC	294
HALS	231
LCP	91
LIM	60
MBS樹脂	73
MF	116
MFR	216
mPPE	83
MVR	216

索引

OI ……………………………… 201	PMP ……………………………… 76
PA ………………………………… 77	POM ……………………………… 80
PA6 ………………………………… 77	PP ………………………………… 68
PA66 ……………………………… 77	PPA ……………………………… 78
PA66/ゴムアロイ ……………… 243	PPE ……………………………… 83
PA/PPE/エラストマー ………… 246	PPE/PA アロイ ………………… 85
PAI ……………………………… 100	PPE/PS-HI アロイ …………… 84
PAR ……………………………… 94	PPS ……………………………… 89
PA 系ナノコンポジット ………… 248	PS-GP …………………………… 71
PBN ……………………………… 89	PS-HI …………………………… 71
PBT ……………………………… 86	PSU ……………………………… 95
PC ………………………………… 82	PTFE …………………………… 103
PC/ABS アロイ ………………… 243	PUR …………………………… 118
PC/PBT アロイ ………………… 244	PVC ……………………………… 70
PC/PET アロイ ………………… 245	PVDF …………………………… 104
PCT ……………………………… 89	PVF …………………………… 104
PCTFE ………………………… 104	PvT 特性 ……………………… 125
PDAP …………………………… 117	RIM ……………………………… 60
PE ………………………………… 66	RTM ……………………………… 60
PE-HD …………………………… 66	SAN ……………………………… 71
PE-LD …………………………… 66	SI ……………………………… 118
PE-LLD ………………………… 66	SMC 成形法 ……………………… 60
PEEK …………………………… 98	SP 値 …………………………… 47
PEI ……………………………… 99	SPS …………………………… 108
PEN ……………………………… 89	S-S 曲線 ……………………… 140
PES ……………………………… 97	TGA …………………………… 292
PET ……………………………… 87	UF …………………………… 115
PF ……………………………… 114	UL 規格 ………………………… 199
PFA …………………………… 104	UP …………………………… 117
PI ……………………………… 102	X 線透視法 …………………… 309
PLA …………………………… 110	X 線マイクロアナライザー分析法…302
PMMA …………………………… 74	

327

◎著者略歴◎

本間精一（ほんま　せいいち）

1963年、東京農工大学工学部工業化学科卒業。三菱江戸川化学（株）〔現・三菱ガス化学（株）〕入社。ポリカーボネートの応用研究、技術サービスなどを担当。
1989年、プラスチックセンターを設立、ポリカーボネート、ポリアセタール、変性PPEなどの研究に従事。
1994年、三菱エンジニアリングプラスチックス（株）の設立に伴い移籍。技術企画、品質保証、企画開発、市場開発などの部長を歴任。
1999年、同社常務取締役。
2001年、同社退社。本間技術士事務所を設立。

●著　書

「プラスチックポケットブック」（技術評論社）、「材料特性を活かした射出成形技術」（シグマ出版）、「射出成形特性を活かすプラスチック製品設計法」（日刊工業新聞社）、「要点解説　設計者のためのプラスチックの強度特性」（丸善出版）、「プラスチック製品の強度設計とトラブル対策」（エヌ・ティ・エス）、「基礎から学ぶ射出成形の不良対策」（丸善出版）、「プラスチック製品の設計・成形ノウハウ大全」（日経BP社）、「実践　二次加工によるプラスチック製品の高機能化技術」（エヌ・ティ・エス）、「やさしいプラスチック成形材料」（三光出版社）、「知っておきたいエンプラ応用技術」（三光出版社）

技術大全シリーズ
プラスチック材料大全　　　　　　　　　　　NDC 578.4

2015年12月19日　初版 1 刷発行
2025年 4 月25日　初版15刷発行

定価はカバーに表示してあります

Ⓒ　著　者　本間　精一
　　発行者　井水　治博
　　発行所　日刊工業新聞社
　　　　　　〒103-8548　東京都中央区日本橋小網町 14-1
　　電　話　書籍編集部　03（5644）7490
　　　　　　販売・管理部　03（5644）7403
　　FAX　　03（5644）7400
　　振替口座　00190-2-186076
　　URL　　https://pub.nikkan.co.jp/
　　e-mail　info_shuppan@nikkan.tech
　　印刷・製本　新日本印刷（POD11）

落丁・乱丁本はお取り替えいたします。
2015 Printed in Japan
ISBN 978-4-526-07488-2　C3043

本書の無断複写は、著作権法上の例外を除き、禁じられています。